"十四五"普通高等教育本科部委级规划教材

非织造过滤材料

张 恒 主 编

甄 琪 宋卫民 崔景强 副主编

中国纺织出版社有限公司

内 容 提 要

本书系统介绍了非织造过滤材料的发展前景、过滤材料的特点以及非织造过滤材料用原料，详细介绍了非织造过滤材料的过滤机理、成型技术、过滤材料的基本参数、气体过滤和液体过滤，并涉及非织造过滤材料的测试方法和标准，以及基于复合非织造材料产品的开发等内容。

本书可作为高等院校非织造材料与工程专业师生的教学用书，也可供从事非织造产品研发、生产以及相关学科领域的工程技术人员参考。

图书在版编目（CIP）数据

非织造过滤材料 / 张恒主编；甄琪，宋卫民，崔景强副主编. --北京：中国纺织出版社有限公司，2023.8

"十四五"普通高等教育本科部委级规划教材

ISBN 978-7-5229-0458-0

Ⅰ. ①非… Ⅱ. ①张… ②甄… ③宋… ④崔… Ⅲ.
①非织造织物—过滤材料—高等学校—教材 Ⅳ. ①TS17
②TB34

中国国家版本馆 CIP 数据核字（2023）第 053617 号

责任编辑：孔会云 特约编辑：陈彩虹 责任校对：楼旭红
责任印制：王艳丽

中国纺织出版社有限公司出版发行
地址：北京市朝阳区百子湾东里 A407 号楼 邮政编码：100124
销售电话：010—67004422 传真：010—87155801
http://www.c-textilep.com
中国纺织出版社天猫旗舰店
官方微博 http://weibo.com/2119887771
三河市宏盛印务有限公司印刷 各地新华书店经销
2023 年 8 月第 1 版第 1 次印刷
开本：787×1092 1/16 印张：16.75
字数：369 千字 定价：56.00 元

前　言

过滤材料在环保、工农业生产、国防及人们日常生活中占有重要的地位。社会经济的发展、科技创新的更迭、新兴产业的兴起、人类生活水平的提高，都极大地推动了过滤技术的进步，也对非织造过滤材料提出了更高的要求。非织造过滤材料作为一种新型的纺织滤料，以其优良的过滤效能、高产量、低成本、易与其他滤料复合的优势，成为理想的滤材从而得到广泛应用。尤其近年来随着新型熔喷技术、静电纺丝技术和湿法复合技术的发展，市场上涌现出多种多样的新型非织造过滤材料。比如以微纳米非织造材料为基材的高性能医用过滤材料，可以有效地过滤病毒、屏蔽细菌和阻隔液体穿透，是应对诸如新型冠状病毒和埃博拉病毒疫情等公共卫生紧急事件的战略性基础材料。为此，本书以过滤机理、原料和非织造成型技术为主线，以非织造过滤材料结构设计及组合应用实例为补充，紧跟行业发展趋势。本书不仅可以作为高校相关专业学生的教科书，还可以作为科研院所、非织造材料生产企业和过滤材料制备商的参考资料。本书注重启发创新能力和创新意识，培养专业自信、科学精神和爱国意识，彰显"以产出为导向"的教育理念。

本书由中原工学院张恒担任主编并负责通稿，中原工学院甄琪、苏州多琭新材料科技有限公司宋卫民和河南驼人医疗器械集团有限公司崔景强担任副主编，全书共8章。第1章由中原工学院张恒编写，第2章由中原工学院张恒、李贺编写，第3章由中原工学院张恒、许秋歌、曹阳编写，第4章由中原工学院张恒、曹阳、甄琪编写，第5章由中原工学院甄琪编写，第6章由中原工学院甄琪、张恒编写，第7章由中原工学院甄琪、苏州多琭新材料科技有限公司宋卫民编写，第8章由中原工学院张恒、河南驼人医疗器械集团有限公司崔景强编写。

本书在编写过程中得到了社会各界人士的大力支持，在此对参与本书编写的刘琳、黄静妍和姚亮等同学表示感谢，对为本书提供资料的光山县白鲨针布有限公司表示感谢，感谢相关非织造企业、各大高校及中国纺织出版社有限公司对本书提出的建议。编写过程中参考了一些相关文献资料和产品图片，在此谨向有关资料的作者表示诚挚的感谢。

由于编者水平有限，书中难免存在不足之处，欢迎广大读者批评指正。

编者

2023 年 3 月 5 日

目　录

第 1 章　绪论 ･･ 1

1.1　非织造过滤材料的定义与分类 ･････････････････････････････ 2
 1.1.1　非织造过滤材料的定义 ･･････････････････････････････ 2
 1.1.2　非织造过滤材料的分类 ･･････････････････････････････ 4
1.2　非织造过滤材料的特点 ･･･････････････････････････････････ 11
1.3　非织造过滤材料的市场发展现状及趋势 ･････････････････････ 12
参考文献 ･･･ 14

第 2 章　过滤机理 ･･･ 15

2.1　概述 ･･･ 15
2.2　过滤理论 ･･･ 17
 2.2.1　运动方程和连续方程 ･････････････････････････････ 17
 2.2.2　流通式多孔介质：通道理论 ･･････････････････････ 18
 2.2.3　流通式多孔介质：单元模型理论 ･･････････････････ 21
2.3　过滤机理 ･･･ 29
 2.3.1　过滤机制的分类 ･････････････････････････････････ 29
 2.3.2　单纤维过滤机理 ･････････････････････････････････ 29
 2.3.3　纤维层过滤机理 ･････････････････････････････････ 36
参考文献 ･･･ 41

第 3 章　非织造过滤用原料 ･･････････････････････････････････ 44

3.1　纤维素纤维 ･･･ 44
 3.1.1　木棉纤维 ･･･････････････････････････････････････ 44
 3.1.2　椰子纤维 ･･･････････････････････････････････････ 45
 3.1.3　天丝纤维 ･･･････････････････････････････････････ 46
 3.1.4　木浆纤维 ･･･････････････････････････････････････ 47
 3.1.5　纳米纤维素及其衍生物 ･･･････････････････････････ 47
3.2　有机聚合物及纤维 ･･･････････････････････････････････････ 50
 3.2.1　聚丙烯 ･･･ 50
 3.2.2　聚乳酸 ･･･ 50

3.2.3 聚苯硫醚 ·· 51
3.2.4 聚丙烯腈 ·· 52
3.2.5 聚四氟乙烯 ·· 52
3.2.6 芳纶 ·· 53
3.2.7 芳砜纶 ·· 53
3.2.8 聚酰亚胺 ·· 54
3.3 无机纤维 ·· 55
3.3.1 玻璃纤维 ·· 55
3.3.2 陶瓷纤维 ·· 56
3.3.3 玄武岩纤维 ·· 56
3.3.4 不锈钢纤维 ·· 58
3.3.5 碳纤维及其衍生物 ······································ 58
3.4 新型非织造过滤原料 ······································ 61
3.4.1 驻极体 ·· 61
3.4.2 细菌纤维素 ·· 62
3.4.3 热塑性弹性体 ·· 63
参考文献 ·· 65

第4章 非织造过滤材料成型技术 ································ 69
4.1 纤网成型技术 ·· 69
4.1.1 干法成网 ·· 69
4.1.2 湿法成网 ·· 96
4.1.3 熔融纺丝成网 ·· 99
4.2 固网技术 ·· 107
4.2.1 针刺 ·· 107
4.2.2 水刺 ·· 109
4.2.3 缝编 ·· 111
4.2.4 热黏合 ·· 112
4.2.5 化学黏合 ·· 117
4.3 后整理技术 ·· 119
4.3.1 抗菌整理 ·· 119
4.3.2 疏水整理 ·· 121
4.3.3 抗静电整理 ·· 123
4.3.4 烧毛整理 ·· 125
4.3.5 驻极处理 ·· 126
4.3.6 其他后整理技术 ·· 128

参考文献 ·· 129

第5章 非织造过滤材料的应用领域 ································ 130

5.1 交通运输 ·· 130

5.1.1 转向器检测过滤芯 ··· 130

5.1.2 发动机滤清器 ·· 131

5.1.3 油漆过滤袋 ··· 132

5.2 医疗卫生 ·· 133

5.2.1 口罩 ·· 133

5.2.2 血液过滤 ·· 138

5.3 民用过滤 ·· 139

5.3.1 烟尘过滤 ·· 139

5.3.2 净水器 ·· 140

5.4 污染治理 ·· 141

5.4.1 高温烟气过滤 ·· 141

5.4.2 污水治理 ·· 142

5.4.3 湿法冶金 ·· 145

5.5 食品过滤 ·· 145

5.5.1 啤酒过滤 ·· 146

5.5.2 茶包 ·· 146

5.5.3 牧场牛奶过滤 ·· 147

5.6 其他 ·· 148

5.6.1 电池隔膜 ·· 148

5.6.2 油水分离 ·· 149

参考文献 ·· 149

第6章 非织造过滤材料的测试方法和标准 ···················· 151

6.1 非织造过滤材料的特性要求 ·· 151

6.1.1 袋式除尘用针刺非织造过滤材料 ·································· 151

6.1.2 聚苯硫醚纺粘水刺复合过滤材料 ·································· 151

6.1.3 燃煤锅炉烟气过滤用聚四氟乙烯类材料 ·························· 154

6.1.4 熔喷空气过滤材料 ··· 155

6.2 非织造过滤材料的结构特征表征与分析 ···································· 158

6.2.1 纤维结构特征 ·· 158

6.2.2 纤网结构特征 ·· 160

6.2.3 孔隙结构特征 ·· 163

6.3　非织造过滤材料的常规特性测试与分析 ··· 169

6.3.1　吸湿性测试 ·· 169

6.3.2　耐热性测试 ·· 171

6.3.3　力学性能测试 ·· 171

6.3.4　抗静电性能测试 ·· 173

6.3.5　耐腐蚀性能测试 ·· 174

6.3.6　耐磨性测试 ·· 175

6.4　非织造过滤材料的过滤性能测试与分析 ·· 176

6.4.1　透气量测试 ·· 176

6.4.2　容尘量测试 ·· 178

6.4.3　过滤效率测试 ·· 179

参考文献 ··· 189

第7章　非织造过滤材料结构设计及组合实例 ··· 190

7.1　结构设计 ··· 190

7.1.1　纤维形态结构 ·· 190

7.1.2　聚集体形态结构 ·· 202

7.2　非织造过滤材料组合技术 ··· 214

7.2.1　原料组合技术 ·· 214

7.2.2　成型工艺组合技术 ··· 217

7.2.3　组合技术典型实例 ··· 223

参考文献 ··· 229

第8章　非织造过滤材料前沿技术 ··· 235

8.1　非织造过滤材料的纳米成型技术 ··· 235

8.1.1　静电纺丝成型技术 ··· 235

8.1.2　溶液喷射纺丝成型技术 ·· 240

8.1.3　离心纺丝成型技术 ··· 243

8.1.4　闪蒸纺丝成型技术 ··· 246

8.2　非织造过滤材料的先进整理技术 ··· 248

8.2.1　等离子体处理技术 ··· 248

8.2.2　光催化处理技术 ·· 252

参考文献 ··· 256

第1章　绪论

过滤材料在环保、工农业生产、国防及人们日常生活中占有重要地位。过滤材料的发展首先是基于工业发展的需要，其次是基于人们生活水平的提高及工业发展带来的环境污染问题。社会经济的发展和人类的进步、各种产业的发展和改造、人类生活水平的提高，都会极大地推动和促进过滤材料的发展和改进，过滤技术也将面临更高的要求。

纤维过滤材料是过滤材料中应用极为广泛的一种，也是发展极快的一种。纤维过滤材料可分为机织、非织造材料及滤纸三大类。随着整个非织造行业的发展，非织造过滤材料成为继机织过滤材料后的一种新型过滤材料，是其他过滤材料无法代替的高效过滤材料。传统的过滤材料多为机织物，其过滤通道多为直通孔，具有过滤阻力低的优点，但也存在过滤效率低的缺点。非织造过滤材料因其结构多为三维交错随机排列（图1-1），孔道多为曲线立体型，故过滤效果好。而且随着工业生产发展的需要及非织造技术的进步，非织造过滤材料的品种不断增多，品质也不断提高。

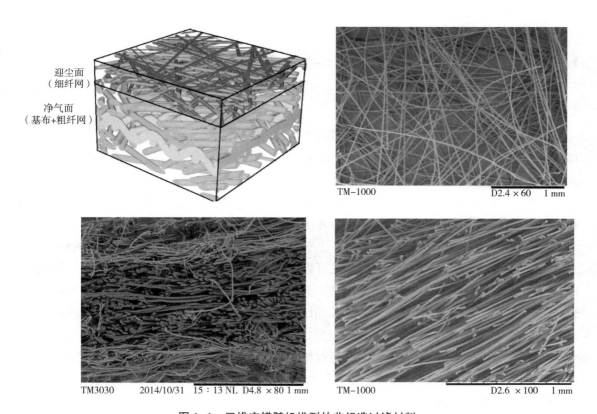

图1-1　三维交错随机排列的非织造过滤材料

非织造技术结合纺织、造纸、皮革和塑料四大柔性材料（图 1-2）加工技术，并充分结合和运用诸多现代高新技术，如计算机控制、信息技术、高压射流、等离子体、红外和激光技术等，是一门新型的交叉学科。由非织造技术制备的过滤材料具有过滤效能好、产量高、成本低、易与其他滤料复合等优点，且易在生产线上打褶、折叠和模压成型等深加工。非织造过滤材料发展迅速，很快取代了大量传统的机织、针织过滤材料，广泛应用于冶金、选矿、电子、化工和环境保护等行业。

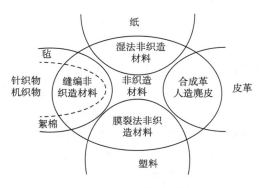

图 1-2　四大柔性材料

1.1　非织造过滤材料的定义与分类

1.1.1　非织造过滤材料的定义

过滤是将一种分散相从一种连续载流相中分离出来的过程，而分散相是粒子状的分散材料，也就是将分散于气体、液体或较大颗粒状物质中的小颗粒物质或微小粒子等分离、捕集出来的一种方法或技术。

非织造过滤材料，即用非织造工艺生产的过滤材料。我国国家标准 GB/T 5709—1997 赋予非织造材料的定义：定向或随机排列的纤维通过摩擦、抱合或黏合，或者这些方法的组合而相互结合制成的片状物、纤网或絮垫。不包括纸、机织物、簇绒织物、带有缝编纱线的缝编织物以及湿法缩绒的毡制品。所用纤维可以是天然纤维或化学纤维；可以是短纤维、长丝或直接形成的纤维状物。为了区别湿法非织造材料和纸，还规定了在纤维成分中长径比大于300 的纤维占全部质量的 50% 以上，或长径比大于 300 的纤维虽只占全部质量的 30% 以上但密度小于 $0.4 g/cm^3$ 的，属于非织造材料，反之为纸。

除此之外，关于非织造材料的定义还有许多，从其时间发展脉络来说，非织造材料的定义在不断地被改进和完善。

Manual of Nonwovens 在 1971 年赋予非织造材料以下定义：

非织造材料是一种由纤维层组成的纺织品，可以是由梳理形成的纤维网或者以其他铺网方式形成的杂乱无序或者定向排列的纤维网与传统纺织品或者非纺织品（塑料薄膜、泡沫层、金属箔）复合而成，复合的方式可以是机械加固和化学黏合加固。此时，仍然把非织造材料归类为纺织品范畴。

美国材料与试验协会（ASTM）在 1989 年赋予非织造材料以下定义：

ASTM 定义非织造材料为一种由相互固结或者相互缠结的纤维组成的结构，纤维的固结和缠结可以是通过机械、化学、热或者溶剂等加工方式的一种或者几种；不包括纸、机织物、针织物、簇绒织物，或者羊毛毡制品。

这个时期，可以看出非织造材料的定义已经由"一种纺织品"拓展到了"一种结构"，而加工方式也拓展到热加工和溶剂加工等，同时由于范畴的拓展，也初步对什么不属于非织造材料进行了限定。

随后在 1993 年，W. E. Houfek 在 *Nonwovens：Theory，Process，Performance，and Testing* 中重新定义了非织造材料：

非织造材料为一种由定向排列的纤维组成的片状物、纤维网或絮状物；这些纤维可以通过机械、热或者化学黏合的方式相互固结或缠结；不包括纸、机织物、针织物、簇绒织物、湿法缩绒毡制品。纤维既可以是天然的，也可以是人造的。

在 1999 年，*Nonwoven Fabrics Handbook* 赋予非织造材料以下定义：

非织造材料为一种由短纤维或者长丝不形成纱线，而直接组成的片状物、纤维网或絮状物，纤维可以是人造纤维或天然纤维；纤维之间的缠结可以有多种方式。同时，定义里面阐明了非织造材料不包括纸。

ISO 9092—2019 赋予非织造材料以下定义：

A manufactured sheet，web or batt of directionally or randomly orientated fibers，bonded by friction，and/or cohesion and/or adhesion，excluding paper（see note）and products which are woven，knitted，tufted，stitch-bonded incorporating binding yarns or filaments，or felted by wet-milling，whether or not additionally needled.

The fibers may be of natural or man-made origin. They may be staple or continuous filaments.

INDA（International Nonwovens and Disposable Association）赋予了非织造材料以下定义：

Nonwoven fabrics are broadly defined as sheet or web structures bonded together by entangling fiber or filaments（and by perforating films）mechanically，thermally or chemically. They are flat，porous sheets that are made directly from separate fibers or from molten plastic or plastic film. They are not made by weaving or knitting and do not require converting the fibers to yarn.

2019 年，ISO 9092—2019 赋予非织造材料以下定义：

Nonwovens are structures of textile materials，such as fibers，continuous filaments，or chopped yarns of any nature or origin，that have been formed into webs by any means，and bonded together by any means，excluding the interlacing of yarns as inwoven fabric，knitted fabric，laces，braided fabric or tufted fabric.

NOTE：Film and paper structures are not considered as nonwovens.

鉴于非织造工业的持续快速发展和其广泛性及复杂性，在 2019 年 ISO 9092—2019 赋予了非织造材料以下最新的定义：

非织造材料为一种物理或者化学手段赋予其所需结构、性能和（或）功能的以平面状为主，但除机织物、针织物和纸张以外的工程纤维集合体。

非织造过滤材料是由随机排列的纤维或长丝组成的多孔织物，其功能是通过介质过滤或分离输送流体的相和成分，该材料是长度足以卷绕成卷的片状结构。尽管纤维网的骨架是无规纤维结构，但它可能含有其他成分，这些组分包括（但不限于）颗粒填料（黏土、钙和吸附粉末等）、上浆剂、抗微生物添加剂、增塑剂、阻燃剂、染料和软化剂等。

1.1.2 非织造过滤材料的分类

非织造材料的原料来源广泛，加工方法灵活多变，所以其产品种类繁多、结构多样，分类方法多种多样，根据载流体的形态可分为气体过滤、液体过滤及固体过滤等；根据过滤颗粒的尺寸和浓度大小可分为粗滤、精滤及超细过滤等；根据过滤方式可分为表面筛滤、深层过滤、滤饼过滤及十字流过滤等；根据加工工艺可分为针刺、水刺、纺粘、熔喷、静电、湿法、复合技术过滤材料等。

1.1.2.1 按载流体的形态分类

（1）空气过滤

空气过滤产品主要用于车辆进气、商用和住宅空气调节（HVAC）系统、洁净室、实验室罩、个人防护装置（如面罩和呼吸器）、大型袋式除尘器、烟气洗涤器、工业除尘器和吸尘器、袋式过滤器等。空气过滤中最常见的纤维包括聚丙烯（PP）、聚酯（PET）、玻璃纤维和纤维素纤维。

（2）液体过滤

与空气过滤行业一样，液体过滤也在其终端市场得到了广泛应用。它们可以分成两类：食品液体过滤和非食品液体过滤。食品液体过滤最终用途包括水过滤（淡水和废水，包括用于海水淡化和净水工程的反渗透过滤器）、茶袋和咖啡过滤器、食用油、其他食品和饮料（如牛奶、啤酒和葡萄酒）过滤。非食品液体过滤包括用于各种运输方式的油、液压、润滑和燃料过滤器、工业/制造液体过滤（包括切削油过滤器）、游泳池和温泉过滤器以及用于血液净化的生化过滤器。用于液体过滤的常见纤维包括 PP、聚乙烯（PE）、PET、聚对苯二甲酸丁二醇酯（PBT）、尼龙、玻璃纤维和纤维素纤维。

1.1.2.2 按过滤方式分类

（1）表面筛滤

如图 1-3 所示，过滤介质有较大的孔隙，当固体粒子的尺寸大于孔隙尺寸时，它们就会沉淀在过滤介质表面，而尺寸小于孔隙的固体粒子，则会随滤波一起通过介质。此种过滤机理在杆筛、平纹编织网及膜上都起着主要作用。由于粒子是沉淀在介质的表面上，所以此种过滤现象称为表面筛滤。

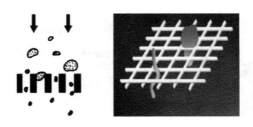

图 1-3　表面筛滤示意图

（2）深层过滤

如图 1-4 所示（图中的 1，2，3 代表颗粒物），如果过滤出现在介质的深处——流道窄小到比固体粒子尺寸还小的地方，那么此种筛滤称为深层过滤。例如毡子、非织造材料及膜等介质，都具有深层过滤机制。具备深层过滤机制的介质具有立体孔道结构，能捕集尺寸小于孔隙的固体粒子，甚至远小于孔隙（流道）的固体粒子，也能在介质的深部被捕集，滤孔贯穿于整个介质厚度。

图 1-4　深层过滤示意图

（3）滤饼过滤

如图 1-5 所示，由于悬浮液中部分固体颗粒的粒径可能会小于介质孔道的孔径，因而过滤之初会有一些细小颗粒穿过介质而使液体浑浊，但颗粒会在孔道内很快发生"架桥"现象，并开始形成滤饼层，滤液由浑浊变为清澈，此时真正起截流颗粒作用的是滤饼层而不是过滤介质。

（4）十字流过滤

如图 1-6 所示，在十字流过滤中，固体颗粒的运动受到沿膜面平行流动的剪切流以及垂直于膜面的过滤渗透流共同作用，渗透流趋向于将固体颗粒压向膜面，剪切流力图保持颗粒悬浮，将其随循环流带出膜器。

1.1.2.3　按加工工艺分类

（1）针刺加工

性能特点：强度高、孔隙率高、孔隙小且均匀和过滤效率高等。

应用领域：主要应用于高温含尘气体过滤、污水净化和油漆净化等。

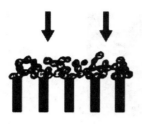

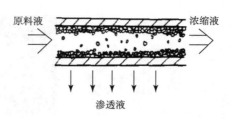

图 1-5　滤饼过滤示意图　　　　图 1-6　十字流过滤

纤维原料：大多纤维都能加工，如 PP、PET 及聚酰亚胺类耐高温纤维等。

（2）水刺加工

性能特点：柔软、蓬松度好、良好的吸收性、孔隙紧密和纳污能力强等。

应用领域：水刺擦布、水刺合成革基布、医用水刺及婴儿尿布等。

纤维原料：棉、黏胶纤维、PET、Lyocell、甲壳质纤维和真丝等。

（3）熔喷加工

性能特点：纤维直径小、孔隙分布均匀、结构蓬松和比表面积大等。

应用领域：血液过滤、汽车用过滤介质和水处理等过滤。

纤维原料：主要采用 PP。

（4）纺粘加工

性能特点：高强力、孔隙率高和容污量大等。

应用领域：冶金、水泥、煤炭和化工等过滤行业。

纤维原料：多采用 PP、PET。

（5）静电纺丝成型

性能特点：比表面积大、孔隙率高和内部孔隙具有良好的连通性等。

应用领域：主要用于高效空气过滤材料、吸附性过滤材料，但液体过滤有待研发。

纤维原料：聚乙烯醇（PVA）、聚苯乙烯（PS）、聚丙烯腈（PAN）和聚砜（PSU）等。

（6）湿法加工

性能特点：蓬松度高且易调节，有利于控制材料的过滤效率和过滤阻力等。

应用领域：过滤纸及过滤袋，如热封型茶叶袋纸、干燥剂袋纸等。

纤维原料：品种十分广泛，如棉短绒、维纶、PP 和 PE 等。

1.1.2.4　按用途分类

非织造过滤材料的特点使其在以下几个领域有着广泛的应用，并且有很好的应用与发展前景。

（1）固相和气相分离的非织造过滤材料

这种非织造过滤材料根据固体分散相在分离过程前的质量浓度与粒子浓度加以区分，质量浓度大于 $5mg/m^3$ 一般属于工业除尘范围，其介质多采用非定向排列的纤维网制成的非织造材料，在过滤时能快速形成尘桥结构，可改善载体相中粒子分离的效果，一般采用特殊结构的增强型针刺法非织造材料，具有较高的纵向强力和伸长稳定性，定量为 $200 \sim 600g/m^2$。质量浓度小于 $5mg/m^3$ 则属于空气和气体净化范围，主要用于空调设备的空气过滤器，以捕集低浓度尘粒为主，气体通过滤材时，将粒子分离和储存在过滤介质的内部来达到气体的净化。

①空气净化的非织造过滤材料。大气环境中漂浮着各种各样肉眼看不到的尘埃粒子和微生物等，这些微粒悬浮在空气中形成所谓气溶胶，即气体作为分散介质，固体（液体）粒子作为分散相的一种分散体系。通常情况下这些微粒的存在对人们的工作、生活不会产生太大影响，然而对于航天、电子、精密机械等工业部门及医疗卫生，制药、食品等行业，则有较大危害，主要原因在于现代电子工业、计算机工业的产品越来越微型化、集成化，精度要求越来越高，即使极其微小的粒子落到产品表面上，都有可能损害其可靠性和耐久性，因此产品的加工环境需要很高的洁净度；手术室及特殊护理病房（如治疗白血病、烧伤等），必须要求无菌的病房或无菌手术室，否则将危及患者的生命和安全，动物实验室、遗传工程、生物制品和食品行业等也要求无菌的环境。

考虑到产品质量和健康安全的需要，上述情况都必须严格控制空气环境的质量，除去有害微粒和微生物，使空气达到较高的洁净度，这就是空气净化技术的主要目的。关于空气洁净度级别划分的标准有多种，根据国际标准 ISO/TC 209，空气洁净度可以划分为九个等级，见表 1-1。以级别 1 为例说明其意义：该级别单位体积（m^3）的空气中 $0.1\mu m$ 的微粒数不超过 10 个，$0.2\mu m$ 的微粒数不超过 2 个。

表 1-1　空气洁净度等级划分

级别	级别限值/（$\mu m/m^3$）					
	0.1	0.2	0.3	0.5	1.0	5.0
1	10	2	—	—	—	—
2	100	24	10	4	—	—
3	1000	237	102	35	8	—
4	10000	2370	1020	352	83	—
5	100000	23700	10200	3520	832	29
6	1000000	237000	102000	35200	8320	293
7	—	—	—	352000	83200	2930
8	—	—	—	3520000	832000	2900
9	—	—	—	35200000	8320000	293000

空气净化按其过滤对象可以分为工业净化和生物净化，工业净化的对象主要是空气中各种影响到产品质量的微小粒子；生物净化的对象主要是细菌和病毒，由于大多数细菌和病毒在空气中不能单独生存，而是常常附着在比它们大数倍的尘粒上，同时细菌和病毒也不是以

单体形式存在，而是以菌团或孢子的形式存在，所以对于空气中大部分浮游菌来说，可以看成是具有15μm的等价直径的微粒。"活"的细菌和微生物不会贯穿滤材，而且很难在滤材上繁殖。因此，对于微生物粒子的过滤一般是几种过滤器结合在一起使用，先用粗效、中效过滤器滤除粒径在1μm以上的较大微粒，然后再用高效过滤器滤除小于1μm的微粒，尤其是0.3~0.5μm的微粒。高效过滤器的质量好坏是决定空气能否达到高度洁净的最重要的因素，多种过滤器结合在一起使用，可以减轻高效过滤器的负荷，使之更有效地发挥作用，确保空气达到高度洁净。表1-2为过滤器的等级划分。

高效过滤器（High Efficiency Particle Air Filter, HEPA），定义为：在额定风量下，对粒径大于0.3μm粒子的捕集效率在99.97%以上，而压力损失在245Pa（24.5mmH$_2$O）以下的空气过滤器。高效过滤器中的滤纸通常做成折叠形式，以增大过滤面积，对不能折叠但能粘接的过滤材料也可采用滤管式。

表1-2 过滤器的等级划分

类别		性能指标			备注
		额定风量下的 效率/%	20%额定风量下的 效率/%	额定风量下的 初阻力/Pa	
粗效		80>η≥20（粒径≥5μm）	—	≤50	效率为大气尘 的计数效率
中效		70>η≥20（粒径≥1μm）	—	≤80	
高中效		99>η≥70（粒径≥1μm）	—	≤100	
亚高效		99.9>η≥95（粒径≥0.5μm）	—	≤120	
高效	A	≥99.9	—	≤190	A、B、C三类 效率为钠烟法效 率；D类为计数 效率
	B	≥99.99	≥99.99	≤220	
	C	≥99.999	≥99.999	≤250	
	D	≥99.999（粒径≥0.1μm）	≥99.999（粒径≥0.1μm）	≤280	

用于空气净化的过滤材料以低填充率的纤维过滤器为主，包括非织造材料过滤器和薄层滤纸过滤器等，其纤维的填充密度较低而孔隙率较大。普通的非织造材料过滤器主要用做粗中效过滤，而高效过滤器通常为滤纸形式。最初的高效过滤材料使用的是石棉超细纤维复合普通纤维素纤维的滤纸，由于其产量很低，而且石棉被证实具有致癌作用，因此已基本被淘汰。目前主要使用的是玻璃超细纤维滤纸（厚度小于1mm，纤维细度小于1μm，填充密度小于10%），在过滤器单元中以折叠形式存在，它的主要优点在于：过滤效率高，玻璃超细纤维的高效过滤器效率可以达到99.99999%，阻燃耐高温和耐腐蚀性好。对于加工精度要求极高同时又有防火要求的电子行业来说，这些特点至关重要。然而，玻璃纤维的高效过滤器也存在一些严重缺点：玻璃纤维的脆性较大，折叠之后易断裂，影响过滤效率；过滤阻力大，不仅大幅增加了能耗，而且可能产生较大的噪声，这对于要求安静环境的生物洁净室是非常不利的；近年来的研究表明，超细的玻璃纤维在加工使用中因脆性断裂脱落后有潜在的致癌

可能，危及人体健康。

随着熔喷非织造技术的成熟，人们开始尝试将熔喷非织造材料用于高效过滤器。熔喷非织造材料纤维细度很低（2~4μm），结构上蓬松多孔，适合用做过滤材料。实践证明：它具有高效低阻的特点，在经过驻极处理之后过滤效率可以达到或接近高效过滤器，过滤效率可以达到99.99999%，而其阻力在相同的效率范围内只有玻璃超细纤维过滤材料的1/6左右，这对于节约能耗，降低噪声非常有利。此外熔喷非织造过滤材料还具有以下特点：熔喷非织造材料驻极处理后三个月内衰减非常小；熔喷非织造材料在80%的相对湿度下增湿4h，对其效率和阻力无显著影响；使用温度为0~110℃，在50℃下烘烤4h未见效率和阻力有明显变化；纵横向抗拉强度玻璃纤维滤纸大一半以上；无毒无味，不霉不蛀。

但是PP熔喷非织造材料应用于高效过滤器还存一些在问题：由于工艺的原因，熔喷纤维的直径很难达到玻璃超细纤维那样的细度，限制了效率的进一步提高；熔喷非织造材料中纤维的均匀分布性较差，导致PP熔喷非织造材料的性能尚不够稳定，有时达不到HEPA的要求；其他还有PP的一些固有弱点，如熔点偏低，使熔喷过滤材料很难应用于防火要求较高的部门；另外，PP不耐紫外光的照射，用于经常需要用紫外光照射的消毒、杀菌的医药行业时，熔喷过滤材料要定期更换。所以目前熔喷非织造材料尚不能取代高效超细玻璃纤维滤料，但它价格低廉、性能优良的特点使之具有很大的发展潜力。综上所述，研究高效过滤器的材料结构及其过滤性能对于优化结构、改善性能既具有理论价值又有实际意义。

②工业烟尘过滤用非织造材料。普通的烟尘过滤如纺织厂、面粉加工厂等场所的常规空气过滤，其主要目的是去除空气中的微纤维、尘土或其他对人体伤害不大的颗粒。对于纺织厂中的风道空气过滤，当空气中的微纤维含量达到一定浓度而不及时有效去除，将可能引起爆炸。这类非织造材料的要求极高，其实验室过滤效果应达99.9999%，在实际应用中也应达99.99%，粉尘排放浓度（标准状态下）可达到10mg/m³以下，甚至可以达到1mg/m³。这类过滤材料对原料的要求及加工方法并不苛刻，一般选用PET、PP等纤维，采用普通针刺加工即可。

③特种过滤。特种过滤主要是工业废气的过滤。众所周知，目前大气污染的主要来源是工业废气的排放，工业废气中含有大量对人体和环境有害的气体（如SO_2、H_2S等）或金属悬浮物（如铝等金属）。这类材料根据过滤物温度的高低分为常温过滤和高温过滤。常温过滤主要根据所过滤烟尘的特点在滤材的原料上进行选择，如耐酸碱等；而高温过滤对滤料的要求较高，主要用于钢铁冶炼业、沥青业、水泥生产、化工等领域。目前世界上应用较为广泛的是针刺过滤毡，所使用的原料主要有德国公司生产的Basofil，奥地利Lenzing公司生产的P84，日本东洋纺株式会社生产的PPS，日本帝人公司生产的Conex，美国杜邦公司生产的Nomex、Teflon、Tefaire等。此外常用的还有玻璃纤维、腈纶预氧化纤维或碳纤维等。目前耐高温滤料的主要产品见表1-3。

表 1-3　耐高温滤料的主要产品

产品名称	耐受温度/℃	特性
美塔斯（Metamax）针刺过滤毡	204~240	强度高、耐磨性好、耐折皱性好
莱顿（Ryton）针刺过滤毡	190~220	耐酸碱及化学腐蚀性好
聚酰亚胺（P84）针刺过滤毡	260	表面过滤效果好
三聚氰胺（Basofil）针刺过滤毡	180~200	表面过滤效果好、价格低
诺美克斯（Nomex）针刺过滤毡	200	耐酸碱及其他腐蚀性气体
特氟龙（Teflon）针刺过滤毡	180~260	耐气候、耐化学腐蚀、耐辐射、耐酸碱
特费尔（Tefaire）针刺过滤毡	240~260	耐酸碱、但怕氢氟酸
玻璃纤维针刺过滤毡	260~300	耐磨、耐折性较差，不宜选用过高的过滤风速

另外，特种过滤还有防静电过滤、拒水拒油过滤和高密面层过滤等。其中防静电过滤主要用于煤粉除尘等有爆炸性粉尘层的工作场合。拒水拒油过滤用于空气湿度大、气体粉尘含有水或油等复杂场合的粉尘处理。高密面层过滤主要用于有再生需要的袋式除尘器，其加工方法是通过针刺毡结构和采用特殊的后整理技术研制而成的。这种滤料的结构特点是：滤料由三部分组成，底层为传统的针刺毡，中间层为高密度的面层，最上层为光滑的透气表层。其特性如下：洁净的高密面层针刺毡的阻力与一般针刺毡相近，但低于覆膜针刺毡；高密面层针刺毡的静态捕尘率高出一般针刺毡一个数量级，而与覆膜针刺毡接近；高密面层针刺毡的动态捕尘率高出一般针刺毡两个数量级，也与覆膜针刺毡接近；针刺滤毡由于增加了高密面层并具有光滑的表面，粉尘难以进入滤料的深层，清灰时表面的粉尘易脱落，提高了粉尘剥离率，有利于降低滤料的动态阻力和提高滤料的寿命。

（2）固相与液相分离的非织造滤材

这类滤材是将悬浮于液体中的固体颗粒进行过滤与去除，以达到纯净液体的目的。滤材的形式有板式、滤袋和滤液芯筒等几种。按过滤的颗粒大小来分有以下四种：

①含有高质量浓度的载体，一般采用形成滤饼结构的表面过滤，有时还需采用过滤助剂。滤饼在达到一定厚度之后，就可连续地或非连续地去除。这种过滤可采用真空旋转式过滤器、压滤式过滤器等。由于在分离中具有较高的压力负荷，以及在去除滤饼时较高的剪切负荷，因此对非织造材料滤材的强力、伸长特性和表面性质等方面要求较高。一般采用由机织布与结构紧密且表面光滑的针刺非织造材料复合而成滤材，其中机织布起加固作用。

②对于含有低质量浓度的载体，可从液相中分离出粒径为纳米级的微粒。一般采用多孔介质分离法来分离纳米粒子，作为滤材的非织造材料定量为 $15~150g/m^2$。可按规定的质量浓度分成若干分离范围，根据所选择的方法及所需达到的过滤效果来决定将滤饼和过滤介质同时去除，或是去除滤饼后再重复使用，以达到经济的目的。

③超细过滤，可采用以超细纤维为原料的非织造材料，目前应用最多的是熔喷法生产的超细蓄电池隔板过滤材料及由熔喷和纺粘法复合生产的 SMS 过滤材料等。

④涂层隔膜结合载体来使用的非织造过滤材料，对其表面的性质、结构、顶破强力、拉伸强力、伸长特性以及卫生等方面要求都很高。一般把这种非织造材料称为"精致非织造材料"，其定量为 $50 \sim 200 g/m^2$。

此类非织造材料主要用于湿法冶金、油漆过滤、医疗和食品工业等领域。湿法冶金是通过酸碱或盐等化学溶剂从矿山中提取金属的过程，要经过矿物浆化、浸出、沉降和过滤等过程，其中过滤性能的好坏直接影响产品质量。其中，油漆过滤分为普通过滤和高附加值过滤，普通过滤颗粒较粗，粒径约在 $60 \mu m$，属于粗加工，如各种瓷漆、底漆等；高附加值过滤颗粒较细，要求也高，主要用于飞机、汽车、精密仪器及军事领域。产品档次根据颗粒细度分为 $\leqslant 20 \mu m$、$\leqslant 10 \mu m$、$\leqslant 5 \mu m$、$\leqslant 2 \sim 3 \mu m$ 四种。选用原料主要是丙纶，因为丙纶强力较好，且具有优良的耐化学腐蚀性能，适用于各种具有腐蚀性的油漆过滤。用于食品加工业的非织造过滤材料是使用湿法非织造材料技术生产的过滤板，改变了传统的过滤技术，成为过滤啤酒、饮料、食用产品、化工产品的新型滤料。其中食用油过滤采用湿法非织造技术生产的活性炭过滤纸，对油可进行独特过滤，能保证油的反复使用，降低成本，解决了余油处理的困难。

1.2　非织造过滤材料的特点

非织造材料用于过滤除尘的历史悠久。由于纺织材料的结构是具有无数微小孔隙的三维网状结构，尘埃微粒必须沿着纤维曲折的网状路径行进，随时都有可能与纤维发生碰撞而被截留，因此过滤效率很高。非织造滤料作为一种新型的纺织滤料，以其优良的过滤效能、高产量、低成本、易与其他滤料复合且容易在生产线上进行打褶、折叠、模压成型等深加工处理的优点，逐步取代了传统的机织和针织滤料，在各行各业得到了广泛应用，用量越来越大。

一般而言，非织造过滤材料具有如下优点。

（1）过滤效率高，过滤质量好

这主要与滤材的结构和厚度有关，原有的滤纸或机织物等滤材往往是平面结构，厚度较小，而非织造过滤材料中纤维呈三维立体结构、分布杂乱、容尘量大，使载体相在流过过滤材料的纤维曲径式系统时，可加强分散效应，因此，使欲分离的粒子悬浮相有更多的机会与单纤维碰撞、吸附或粘连，从而提高了过滤效率。另外，由于非织造材料加工方法灵活多样，其加工方法对纤维的适应性强，能够同时采用不同粗细和长度的纤维一起进行加工，使生产加工的产品结构更加合理，甚至有些用传统方法无法加工的纤维也能够得到合理利用，使滤材的过滤效率和质量进一步提高。

（2）过滤速度快

因为非织造过滤材料中的纤维呈三维立体杂乱结构，这种结构对流体产生的阻力小，捕集效率高，尺寸稳定性好，除可提高过滤效率外，还可提高载体相的流动速度，即加速了过滤过程。

（3）经济合理

众所周知，非织造材料的加工方法有很多，其最大的特点是工艺流程短、生产速度快。

由于加工方法的不同，非织造材料的生产速度可以是传统机织布的几倍甚至几十倍，同时可以按照过滤材料的特定用途要求来灵活选择加工方法，从而形成最佳的纤维曲径式系统，使过滤材料的生产加工更为经济合理，产品性能更能满足使用要求。

（4）使用寿命长

非织造过滤材料具有耐酸碱的化学稳定性，抗褶皱性、耐磨性强等特点，从而延长了滤材的使用寿命。

（5）耐高温性、抗菌性和防爆性能好

采用特种纤维（如芳砜纶、芳香族聚酰胺纤维、聚四氟乙烯纤维、玻璃纤维等）生产的过滤材料，可耐 200℃ 以上的高温，适用于冶金、化工等部门的过滤。如在原料中加入不锈钢纤维，可产生防爆过滤材料，用于军工、化工、煤气等部门的过滤。

（6）其他

这些特点是由非织造材料特有的加工方法所决定的。如复合性，即可以同时将几种非织造设备进行组合，一次生产出层级分明、结构复杂、满足复合性要求的产品（如 SMS 产品、木浆与黏胶纤维的复合吸附过滤材料、活性炭夹层吸附过滤材料等）。

非织造过滤材料具有上述优异性能，使其成为理想的滤材而获得广泛应用，可作为空气净化滤料、防爆滤料、耐高温滤料、防毒滤料、一般滤料、药用滤料、饮料食品滤料、纺织滤尘材料、汽车滤芯、电池隔板滤料、超滤膜底布等，近年来新出现的还有抗静电、防紫外线、防电磁波等特种环保型过滤材料。

1.3 非织造过滤材料的市场发展现状及趋势

滤料的发展是从制品回收、防止公害的角度开始进行研究和生产的，随着工业的发展及人类对环境要求的提高而进一步发展改进，如今已成为人类开创舒适环境必不可少的手段。目前的环保标准，要求排放浓度（标准状态下）必须低于几十 mg/m^3。惯性除尘器和旋风除尘器主要用于粉体回收；袋式除尘器和静电除尘器主要用于气体除尘，而且除尘效率基本都能满足环保要求。湿式除尘器除特殊用途外主要用于污水处理，静电除尘器主要用于电力、钢铁、水泥、纸浆行业特大风量的集尘。目前世界上用于除尘的非织造滤材大部分是涤纶针刺毡，耐高温针刺滤料中 FMS 占 71%，PPS 占 19%，Felfen 占 5%，P84 占 4%，其他占 1%。其中 BASF 纤维的用量也在逐年增加，呈上升趋势。

就非织造过滤材料的市场发展趋势而言，美国产业用纺织品的纤维总消费量在 20 世纪 90 年代呈稳定增加态势，至 2000 年即已达 200 万吨，至 2014 年仍维持约 220 万吨的消费量。近年来，发达国家经济下行、汽车等过滤材料主要应用领域的不景气也是造成其国内市场非织造过滤介质增速放缓的主要原因。另外，长期的研发投入使其他新型的可替代过滤材料发展迅速，分离提纯技术的进步，使市场竞争愈发激烈。因此，未来几年北美和欧洲非织造过滤材料的市场将以中等速率增长（年均复合增长率为 7.2%，低于全球平均水平的 7.7%），这也迫使一些发达国家和地区加快了其拓展海外市场的步伐，比如美国已经在中国、印度等亚太地区新兴经济体国家布局其环保产业，尤其是高端过滤材料领域，其以技术封锁垄断市场的趋势尤为明显。

相比北美等经济发达地区，亚太地区新兴经济体国家快速增长的工业和经济，以及不断加重的环境问题正使其成为未来几年全球环保过滤产业的主阵地。据统计，2015 年亚太地区非织造过滤介质市场规模为 14.2 亿美元，2024 年有望以 8.7% 的年复合增长率增至 30 亿美元，成为全球增长最快的地区，并进一步确立全球最大市场的地位，市场占比将由 2015 年的 33% 增加至 2024 年的 36.1%。另外，中东和非洲的发展中国家，如沙特阿拉伯，则主要由于石油加工拉动非织造过滤介质需求的增长，南非经济体也由于工业化程度的提高和终端市场的需求迎来非织造过滤介质的较快增长。

亚太地区对环保过滤材料的需求主要来自水过滤、汽车和工业领域。同时，中国、印度、东南亚国家的制造业也进入了结构调整和设备升级的战略发展期，随着非织造材料行业的发展及相关技术装备的快速升级，将为非织造过滤材料提供扩大市场的基础保障，从而不断从市场、技术、人才等多个方面缩短与西方发达国家的差距。从亚太地区的中国、印度和日本 3 个主要国家来看，中国非织造过滤介质的市场规模最大，且增速最快；日本虽然占据技术和装备优势，但由于其工业化高度发达，加上国内需求、原料和产能等因素的限制，增速最慢；印度制造业的快速发展使其增速与中国相当，但其相对中国起步较晚，在市场规模、生产技术、装备、人才等方面与中国相比还存在一定差距。

目前，我国过滤与分离用纺织品的应用领域十分广泛，受国家环保政策的影响，过滤与分离纺织品行业继续保持快速增长，高温过滤纺织品增速明显。根据协会统计，过滤与分离用纺织品的纤维加工总量已从 2011 年的 64.9 万吨增长到 2021 年的 170.3 万吨，如图 1-7 所示。

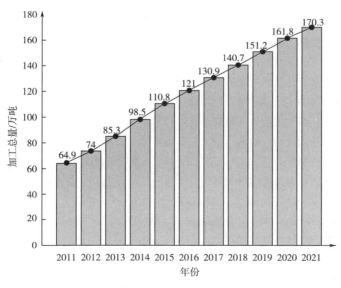

图 1-7　2011~2021 年过滤与分离用纺织品的纤维加工总量

我国的高效过滤材料和袋式除尘技术是同步发展的，环保滤料产业的分布格局大体以"南有浙江天台，北有辽宁抚顺，东有江苏阜宁，西有河北泊头"的产业集群的形式发展。近几年，阜宁县环保滤料行业发展突出，形成具有集群优势的阜宁滤料产业集群。据统计，2016 年仅阜宁县就有环保滤料企业 176 家，其中规模以上（年产值超过 2000 万元）企业 48 家，已形成从原料到环保滤料毡布及配套设备的完整产业链，近年来吸引了多家国内滤料骨干企业入园，极大地提升了当地滤料产品的档次和研发水平，带动了集群整体竞争水平的提高和区域品牌的影响力。

家用过滤器的普及率正在逐年提高，室内空气净化器是空气过滤材料的又一潜在市场，美国空气净化器市场的年增长率在 10% 以上，我国尚处于起步阶段，普及率不高。分离膜应用涉及反渗透、纳滤、超滤、微滤、电渗析等单元操作或集成的膜法水处理系统，气体混合物的膜法分离，液体混合物分离的渗透汽化膜过程，以及医用血液透析膜等。与国外相比，我国某些工艺技术已接近国际水平，但膜组器技术和性能与国际水平相比仍有较大差距，复合膜性能比国外低且尚未规模化生产，卷式元件和中空纤维组件离海水淡化的目标较远。根据我国过滤与分离用纺织品行业情况分析可知，在技术层面上，国内目前没有特别重视对过滤材料的研究，在原材料、梯度成型技术、膜复合技术、检测技术和模拟理论等方面的研究与国外差距较大，很多过滤材料仍依赖进口；在产品层面上，外资公司占据了国内高端耐高温滤料产品的大部分江山，市场比例达到 29.2%。

非织造过滤材料是 20 世纪中期随着非织造技术的发展而发展起来的。过滤材料工业是一个大型的产业，非织造材料的各种加工技术，如针刺法、纺粘法、熔喷法、湿法等几乎都适用于过滤材料的生产。过滤材料共有六大市场：滤芯、汽车过滤、空气过滤、膜过滤、液体过滤和滤袋空气过滤，其中滤袋空气过滤发展速度最快，其次是膜过滤。

参考文献

[1]李筱一，缪旭红．针织气体过滤材料的应用与开发[J]．产业用纺织品，2015,33(7):34-37.

[2]刘永胜，钱晓明，张恒，等．非织造过滤材料研究现状与发展趋势[J]．上海纺织科技，2014,42(6):10-13.

[3]李存禄，李瑛，宋允国，等．压滤机过滤机理及过滤介质的选用[J]．煤炭工程，2011,43(S1):78-80,83.

[4]胡源，佟石．重点污染源 PM2.5 防控技术的经济性探讨[J]．中国环保产业，2014(1):41-46.

[5]方为茂，陈文梅．十字流微滤过滤机理研究评述[J]．过滤与分离，1997,7(3):7-13,20.

[6]杨海华，靳向煜．非织造布过滤材料的应用及发展趋势[J]．产业用纺织品，1998,16(5):6-8.

[7]姜伟康．技术标准的前瞻性与实践的互动性讨论[J]．洁净与空调技术，2013(1):45-49.

[8]李洪群，臧华东．高效过滤器生产线电气系统设计与应用[J]．自动化技术与应用，2013,32(7):41-43,57.

[9]赵璜，屠恒忠．超细玻璃纤维过滤纸[J]．纸和造纸，2004(2):56-59.

[10]宋七棣，姚群．袋式除尘行业 2017 年发展综述[J]．中国环保产业，2018(4):5-10.

[11]陈焕祺．发展中国纺织过滤材料的探讨[J]．新纺织，2000(7):18-19.

[12]周欢，李从举．过滤粉尘用纺织材料的发展现状[J]．产业用纺织品，2011,29(1):7.

[13]张荫楠．全球非织造过滤材料市场发展现状及趋势展望[J]．纺织导报，2016(S1):8-18.

第2章 过滤机理

2.1 概述

过滤是指将一种分散相从一种连续相中分离出来的过程，连续相是载流相，而分散相是粒子状的分散材料，也就是分离、捕集分散于气体、液体或较大颗粒状物质中的颗粒状物质或粒子的一种方法或技术。过滤材料是一种用于过滤的具有较大内表面和适当孔隙的物质，它能有效地捕获和吸附固体颗粒或液体粒子，使之从混合物质中分离出来。如从工业窑炉中排放粉尘烟灰，从印染、造纸、电镀等工业中排放废水，饮料食品工业中去除杂质以及油水分离等。过滤理论认为，捕集比过滤材料孔径大的颗粒是靠过滤材料本身的筛分作用，而捕集孔径较小的颗粒则是靠其内部过滤作用。内部过滤作用主要用于滤材内的纤维捕集颗粒，而表面过滤作用是指在滤材中或滤材表面累积形成的颗粒层（俗称滤饼）所产生的过滤作用。

过滤是个古老的话题，人类应用过滤材料的历史远比研究过滤理论早得多，在元朝之前，由于没有蒸馏技术，而且由于酒是粮食酿造的，比如唐朝的酒，多为米酒，酿造好之后，难免会有米糟等物质残留，喝的时候为了不影响口感，就需要用有网眼的筛子来过滤，就有了"筛酒"一说，如图2-1所示。

图 2-1　古人筛酒

1931年，Albrecht首次应用理想流体方程，研究了在二维空间内含有粒子的气流通过半径为 R 的横向圆柱的情形。1936年，Kaufmann将惯性沉积和布朗运动的概念吸收到纤维过滤器的理论中，使过滤理论研究前进了一大步，但是Albrecht和Kaufmann的理论是建立在理想流体运动的基础上的，实际上通过纤维过滤器纤维的气流通常是黏性层流，与理想流体相比有着完全不同的流线，因此不同流体对粒子沉淀的影响差别也很大。对过滤理论最早进行系统研究的是 Langumuir，他利用小雷诺数下的 Lamb 流体动力学方程来建立孤立横向纤维附近的速度场，并对由于邻近纤维（圆柱）的存在引起的孤立圆柱周围流场的变化做了修正，Langumuir 的工作是经典过滤理论的基础，他所提出的"孤立纤维法"得到了广泛应用。Kuwabara 和 Happel 还对纤维系统的速度场进行了较为准确的计算，使过滤理论的研究达到新的水平。近年来，一些研究者仍在试图对纤维周围的速度场做更准确地描述。

纤维过滤气溶胶粒子时，三个主要的影响因素是：分散介质、分散粒子和纤维过滤材料。三者的主要特征决定了过滤过程的基本参数（过滤效率、过滤阻力和容尘特性），这些主要特征包括：

分散介质：气流速度，气体密度，绝对温度，压力，黏性和湿度；

分散粒子：粒子大小，粒径分布，粒子密度，粒子电荷和化学组成，粒子浓度；

纤维过滤材料：过滤的面积和厚度，组成过滤器的纤维直径与形态、过滤器的孔隙率和荷电情况。

纤维尺寸和几何形状不仅影响过滤材料的孔径大小，还直接决定过滤效率和压降；具有较大线密度和圆形横截面的纤维可能会导致更大的孔隙率和渗透率，从而降低压降，但可能不利于提高过滤效率和颗粒捕获能力。细旦纤维和不规则截面的纤维往往具有较大的表面积，这会影响非织造过滤材料的透气性、除尘能力和对特定尺寸粉尘颗粒的滞留能力。纤维尺寸和纤维几何形状的组合液会显著影响过滤效率和压降。因此，非织造过滤材料可以设计成均匀的结构作为过滤元件，也可以利用组合的非织造技术将其设计成复合结构、梯度结构和层状结构。

就纳米纤维而言，影响纳米纤维过滤材料性能的最重要因素是纤维直径（或纤维直径分布）、孔隙率及其均匀性。纳米过滤材料的过滤效率和材料厚度上的压降通常随纤维直径的增加而减小。虽然纳米过滤材料含有大量比目标颗粒更小的孔径，以捕获比其孔径大的颗粒，但也可以基于单一过滤机制捕获小于其孔径的颗粒。此外，当纳米纤维的尺寸小于 1000nm 时，会产生纳米效应—流动滑移效应，这种纳米效应有助于颗粒的沉积，并使其保留在纤维表面，可改进压降和颗粒保持能力。

除了纳米纤维的尺寸外，纳米纤维材料的孔隙率在控制过滤器的压降而不影响其过滤效率方面也起着决定性的作用。有许多方法可以控制纳米纤维材料中的孔隙率，包括向静电纺丝溶液中添加盐颗粒或冰晶；形成电喷雾聚合物珠粒，并在后期去除；或者混合微米尺寸的纤维。二维卷曲形状或三维螺旋形状的纳米纤维也可以增加纳米纤维材料的孔隙率，并有可能在保持高过滤效率的同时降低压降。分层结构的纳米纤维可以通过在双组分纳米纤维和一些特定聚合物的静电纺丝中使用皮芯、并排、不规则形状或平行的针尖来生产。

总的来说，过滤理论的基本问题就是要解决过滤效率和过滤阻力与微粒特性、分散介质和过滤材料结构参数之间的函数关系。

2.2　过滤理论

非织造过滤材料是一种多孔介质，适用于流通多孔介质理论。非织造过滤材料有两种主要理论：通道理论和单元模型理论。最初的通道理论是基于沙子等非纤维填充床的过滤，通常被称为毛细管模型，假设通道是一个圆柱体，从介质的一个表面到另一个表面，并且不一定垂直于这些表面。通道理论可以应用于液体过滤中使用的非织造过滤材料，特别是当过滤材料具有高堆积密度（高密实度）的紧密结构时。

单元模型理论是阻力模型理论的一种变形。基于通过单根纤维的流体和构成介质的纤维组织，大部分单元模型和阻力模型理论都是针对空气过滤开发的，最适用于低堆积密度的开放结构。对于非织造材料，纤维表示为圆柱体。单元模型理论假设了一系列圆柱体，每个圆柱体的周围都具有圆柱形的流体包络，具有这种流体包络的圆柱体通常被视为一个单元。单元模型理论同样可以用于液体过滤，也是最为常用的空气过滤理论。一般情况下，通道理论适用于堆积密度大于 0.2 的材料；单元模型理论和阻力模型理论更适用于堆积密度小于 0.2 的材料。

2.2.1　运动方程和连续方程

运动方程和连续性方程是推导过滤理论的基本方程。

2.2.1.1　连续方程

连续方程简单地说就是流经固定体积的流体的质量平衡。在这个体积中，质量积累的速率等于质量输入减去质量输出的速率。式（2-1）所示为其矢量方程式：

$$\frac{\partial \rho}{\partial t} = -(\nabla \cdot \rho v) \tag{2-1}$$

式中：ρ 为密度（kg/m³）；t 为时间变量（s）；v 为速度矢量（m/s）；$\nabla \cdot \rho v$ 为矢量，表示质量通量 ρv 的分散，其中 ∇ 的单位为长度的倒数（1/m）。

2.2.1.2　运动方程

在流体不可压缩时，式（2-1）简化为运动方程：

$$\nabla \cdot v = 0 \tag{2-2}$$

与连续性方程类似，运动方程是单位体积流体的动量平衡。动量积累的速度等于动量输入减去动量输出的速率加上作用在系统上的所有其他力的总和。式（2-3）所示为其矢量方程式：

$$\rho \frac{\mathrm{d}v}{\mathrm{d}t} = -\nabla p - [\nabla \cdot \tau] + \rho g \tag{2-3}$$

式中：ρ 为密度（kg/m³）；t 为时间变量（s）；$\rho \dfrac{\mathrm{d}v}{\mathrm{d}t}$ 为单位体积动量累积的速率 [kg/（m² · s²）]；∇p 为单位体积内作用在元件上的压力（Pa）；$\nabla \cdot \tau$ 为单位体积内单元上的黏滞力

$[kg/(m^2 \cdot s^2)]$；τ 为剪切应力 $[kg/(m \cdot s^2)]$；ρg 为单位体积内作用在元件上的重力 $[kg/(m^2 \cdot s^2)]$；g 为重力加速度，$9.807m/s^2$。

$\boldsymbol{\nabla} \cdot \tau$ 可以用流体黏度 μ 来修正，假设 μ 和 ρ 是常数，可用式（2-4）表示：

$$[\boldsymbol{\nabla} \cdot \tau] = \mu \boldsymbol{\nabla}^2 \cdot v \tag{2-4}$$

当 μ 和 ρ 是常数时，式（2-4）还可以变形为：

$$\rho \frac{dv}{dt} = -\boldsymbol{\nabla}p - [\mu \boldsymbol{\nabla}^2 \cdot v] + \rho g \tag{2-5}$$

式（2-5）为纳维—斯托克斯方程。当 $\boldsymbol{\nabla} \cdot \tau = 0$ 时，式（2-5）可以简化为式（2-6），即欧拉方程：

$$\rho \frac{dv}{dt} = -\boldsymbol{\nabla}p + \rho g \tag{2-6}$$

2.2.2 流通式多孔介质：通道理论

2.2.2.1 达西（Darcy）定律

对于流通式多孔介质，连续和运动方程可以用以下等式替换：

$$\varepsilon \frac{\partial \rho}{\partial t} = -(\boldsymbol{\nabla} \cdot \rho v_0) \tag{2-7}$$

$$v_0 = -\frac{k}{\mu} \boldsymbol{\nabla}p - \rho g \tag{2-8}$$

式中：ε 为孔隙率或空隙体积比率（cm^3/cm^3 或 m^3/m^3）；v_0 为通过介质表面流体的速度（m/s）；μ 为流体黏度（$Pa \cdot s$）；$\boldsymbol{\nabla}p$ 为整个介质的压力梯度（Pa/m）；ρ 为流体密度（kg/m^3）；g 为引力常数（m/s^2）；k 为多孔介质的一种性质，称为渗透常数（m^2）。

式（2-8）被称为达西定律。它是有关通过多孔介质流动的基本方程之一。在流体流动垂直于平面多孔介质表面时，达西定律可以简化为：

$$v_0 = -\frac{k}{\mu} \frac{dp}{dz} \tag{2-9}$$

式中：dp/dz 为介质厚度的压差（Pa/m）。

如果介质是非织造材料，式（2-9）可以进一步简化为：

$$v_0 = \frac{k}{\mu} \frac{\Delta p}{L} \tag{2-10}$$

式中：v_0 为介质的表面速度，即每单位介质面积的体积流量 $[m^3/(m^2 \cdot s)]$；Δp 为在非织造材料厚度为 $L(m)$ 上的压降（Pa）。

达西定律仅适用于黏性流动且雷诺数小于1的材料。雷诺数 Re 是一种可用来表征流体流动情况的无量纲数，利用雷诺数可区分流体的流动是层流或湍流，也可用来确定物体在流体中流动所受到的阻力，通常由平均体积与表面尺寸的比率来确定，如式（2-11）所示。

$$Re = \frac{\rho v d}{\mu} \tag{2-11}$$

式中：d 为颗粒尺寸（m）。

非织造过滤材料孔结构的尺寸足够小，以致高雷诺数和相关湍流的问题通常不适用。而达西定律可以应用于非织造材料，透气性试验就是基于达西定律而去衡量过滤材料的基础。该测试是测量在指定压降下通过指定区域的过滤材料的空气流量，这样测量的空气流量称为过滤材料的透气性。

2.2.2.2 哈根—泊肃叶（Hagen—Poiseuille）方程

哈根—泊肃叶方程是毛细管黏度法的基本方程，描述了流体在水平圆管中的层流运动，如方程式（2-12）所示：

$$Q = \frac{\pi (P_0 - P_L) r_c^4}{8 \mu L} \tag{2-12}$$

式中：Q 为通过圆管的体积流量（m^3/s）；r_c 为圆管的半径（m）；P_0 为圆管入口侧的压力（Pa）；P_L 为圆管出口侧的压力（Pa）；μ 为流体黏度（Pa·s）；L 为圆管的长度（m）。

2.2.2.3 科泽尼—卡尔曼（Kozeny—Carman）方程

达西定律［式（2-10）］中的渗透常数 k 是由科泽尼—卡尔曼方程定义的：

$$k = \frac{1}{K S_0^2} \frac{\varepsilon_0^3}{(1 - \varepsilon_0)^2} \tag{2-13}$$

式中：K 为科泽尼常数，可表示孔隙结构的曲折性；ε_0 为有效孔隙率（m^3/m^3）；S_0 为每单位体积固体材料的表面积（m^2/m^3）。

科泽尼—卡尔曼［式（2-13）］是以哈根—泊肃叶方程［式（2-12）］的速度形式推导出的：

$$\mu' = \frac{\pi (P_0 - P_L) r_c^2}{8 \mu L} \tag{2-14}$$

式中：μ' 为通过圆柱体的平均速度（m/s）。

假设毛细管的方向是与介质表面成 45°，流体也以 45°的方向接近介质；则流体在接触毛细管表面时损失的流动能量与流动流体在与介质的实际内表面接触时所损失的能量相似。水力半径（水力半径是水力学中的一个专有名称，指某输水断面的过流面积与跟水体接触的输水管道边长，即湿周长之比，与断面形状有关，常用于计算渠道隧道的输水能力）D_h（m）定义为：

$$D_h = 4 \frac{\varepsilon_0}{S_0 (1 - \varepsilon_0)} \tag{2-15}$$

对于理想型的圆柱体，D_h 和 D_c（$D_c = 2 r_c$）是相同的，但是在实际介质中，孔径并不是理想完美的圆柱体，其内部路径是曲折的。假设穿过孔的曲折路径的长度是 L_e（m），L_e 除以介质的厚度 L 是曲折因数：

$$\frac{L_e}{L} = 曲折因数 > 1 \tag{2-16}$$

如果式（2-14）中的 μ' 表示通过理性圆柱型孔洞的速度，那么通过曲折孔（m/s）的速度 v 与 μ' 有关：

$$v = \mu' \frac{L_e}{L} \tag{2-17}$$

当 $L = L_e$，$v = \mu'$，式（2-14）可以变换成：

$$v = \frac{\pi(P_0 - P_L)D_h^2}{32\mu L} \tag{2-18}$$

v 与达西定律中 v_0 的关系可以用下式表示：

$$v = \mu' \frac{L_e}{L} = \frac{v_0}{\varepsilon_0} \frac{L_e}{L} \tag{2-19}$$

将式（2-15）和式（2-19）整理到式（2-18）中，可以得出：

$$v_0 = \frac{\varepsilon_0^3(P_0 - P_L)}{k_0\mu S_0^2(1-\varepsilon_0)^2 L}\left(\frac{L}{L_e}\right)^2 \tag{2-20}$$

如果孔是理想的圆形，则 k_0 的值为2；但是，对于矩形、环形和椭圆形，k_0 的取值范围为 2~2.5。假设当流过介质的毛细管的流体与中层表面成45°时，$(L_e/L)^2 = 2$，式（2-13）中的科泽尼常数变为：

$$K = k_0\left(\frac{L_e}{L}\right)^2 \tag{2-21}$$

此时取 $k_0 = 2.5$，$(L_e/L)^2 = 2$，得出 $K=5$，代入式（2-20）可以得到：

$$v_0 = \frac{\varepsilon_0^3(P_0 - P_L)D_h^2}{5\mu S_0^2(1-\varepsilon_0)L} \tag{2-22}$$

科泽尼—卡尔曼方程适用于堆积密度 χ_0 [$\chi_0 = (1-\varepsilon_0)$] >0.2 或 ε_0 <0.8 的基体材料。ε_0 为有效纤维孔隙率，即纤维结构外部的空隙体积，而不是真实孔隙率 ε，χ_0 为表观堆积密度而不是真实堆积密度 χ，这是由于非织造材料中的大部分空隙并不适用于流体渗透，例如，纤维素纤维如棉花、木浆等纤维具有不能渗透气流的内部单元结构，在过滤材料中，这些内部单元可能会一定程度上增加介质的空隙体积，但并不是可渗透空隙的一部分。对于固体和无孔纤维，如玻璃和许多非多孔纤维来说，$\varepsilon_0 \approx \varepsilon$，然而过滤材料纤维壁外可能存在的盲孔和闭孔，虽然盲孔不允许流体流动，但它们可吸附流体，捕获小颗粒并参与反应。

Lindsay 将具有不利于流体流动单元结构的纤维称为膨胀纤维，将 ε_{rel} 定义为可流动孔隙空间占总孔隙空间的比例，其测量表明 ε_{rel} 的范围为 45%~75%。Lindsay 还用 a 和 c 定义了 ε_0：

$$\varepsilon_0 = 1 - ac \tag{2-23}$$

式中：a 为介质中每单位纤维质量的膨胀纤维的体积（m^3/kg）；c 为单位体积介质中纤维的质量浓度（kg/m^3）。

将式（2-23）代入式（2-13），可以得到：

$$(kc^2)^{1/3} = \left(\frac{1}{5.55 S^2}\right)^{1/3}(1 - ac) \tag{2-24}$$

式中：S 为比表面积；5.55 为科泽尼常数的一个值。

$$S = aS_0 \tag{2-25}$$

2.2.3 流通式多孔介质：单元模型理论

2.2.3.1 戴维斯（Davies）方程

科泽尼—卡尔曼方程是基于液体流过平面过滤介质而建立的，可应用于纤维网。Davies 则为通过纤维衬垫的气流建立了以下关系式：

$$\frac{\Delta P d_f^2 A}{\mu Q L} = 64(1-\varepsilon)^{1.5}\left[1+56(1-\varepsilon)\right]^3 \tag{2-26}$$

式中：L 为纤维垫的厚度（μm）；A 为过滤面积（m^2）；d_f 为平均纤维直径（m）；μ 为流体黏度（Pa·s）；$1-\varepsilon$ 为堆积密度（m^3/m^3），即 $\chi = 1-\varepsilon$。

戴维斯理论是基于通过单根纤维的流量和达西定律而建立的。他断言在堆积密度 χ 和无量纲组之间必须存在一种独特的关系：

$$\frac{\Delta P d_f^2 A}{\mu Q L} = 64\chi^{1.5}(1+56\chi)^3 \tag{2-27}$$

式（2-26）仅适用于雷诺数 Re 不超过 1 的材料，其中 $Re = v d_f / \mu$，v 是流体路径内的平均速度。由于戴维斯理论是基于通过单根纤维的流量而建立的，因此纤维直径 d_f 对其影响很大。

2.2.3.2 朗缪尔（Langmuir）模型

在戴维斯工作之前，几位先驱研究人员研究了平行圆柱阵列周围的流动模式。为考虑相邻纤维的干涉效应，朗缪尔假设一组与流动方向平行的平行圆柱体，代表纤维的每个圆筒都被六边形空隙空间包围，该空隙与相邻纤维的相似空隙空间邻接。朗缪尔蜂窝模型如图 2-2 所示。

图 2-2 朗缪尔蜂窝模型

朗缪尔假定每个六边形都可以近似为一个面积等于六边形的圆，内圆柱体是纤维周边，外圆柱体是相邻圆柱体的流体边界。假设压力梯度只是沿着轴线方向，并没有惯性效应的情况下，速度则是与轴线（x）之间的径向距离（r）的函数，并且流体在轴（x）的方向上不发生加速或减速：

$$\frac{dp}{dx} = \mu\left(\frac{1}{r}\frac{dv}{dr} + \frac{d^2v}{dr^2}\right) \tag{2-28}$$

式（2-28）给出了从纤维表面到外筒壁的速度分布：

$$v = \frac{1}{2\mu}\frac{\Delta P}{L}\left[b^2\ln\frac{r}{a} - \frac{1}{2}(r^2-a^2)\right] \tag{2-29}$$

式中：L 为圆柱模型的长度（m）；r 为距纤维轴线的径向距离（m）；b 为外筒的半径（m）；a 为纤维的半径（m）。

体积流量 Q（m³/s）可以通过式（2-29）的积分获得：

$$Q = \int_0^{2\pi} \int_a^b vr\mathrm{d}r\mathrm{d}\theta \tag{2-30}$$

可以得到：

$$Q = \frac{\pi\Delta Pa^4}{4\mu L\chi^2}\left(-\ln\chi + 2\chi - \frac{\chi^2}{2} - \frac{3}{2}\right) \tag{2-31}$$

χ 为堆积密度或纤维占据的过滤体积的比重（体积分数）（m³/m³）：

$$\chi = \left(\frac{a}{b}\right)^2 \tag{2-32}$$

朗缪尔将式（2-31）括号部分的倒数定义为了一个新的函数 φ：

$$\varphi = \frac{1}{\left(-\ln\chi + 2\chi - \frac{\chi^2}{2} - \frac{3}{2}\right)} \tag{2-33}$$

朗缪尔将哈根—泊肃叶方程中通过圆柱体的层流和欧姆电阻定律进行了类比，并得出了下列表达式：

$$Qp = \frac{p_a(P_0 - P_L)}{R} \tag{2-34}$$

式中：Q 为式（2-31）中的圆管流量（m³/s）；p 为圆管中任意点的压力（Pa）；$P_0 - P_L$ 为压降（Pa）；p_a 为圆管内的平均压力（Pa），（$P_0 - P_L$）/2；R 为流动阻力（Pa·s/m³）。

$$R = R_0\left(1 + \frac{\Delta L}{L}\right) \tag{2-35}$$

式中：L 为圆管的长度（m）；ΔL 为进入圆管的流体的最终修正量（m）；R_0 为圆管内流动的阻力。

$$R_0 = \frac{8\mu L}{\pi r^4} \tag{2-36}$$

结合式（2-31）、式（2-33）、式（2-34）和式（2-36）可以得到模型的阻力：

$$R = \frac{4\mu L\chi\varphi}{Aa^2} \tag{2-37}$$

式中：A 为过滤器的总面积（m²）。

朗缪尔模型并不代表真实的过滤介质，因为实际过滤器的纤维具有大致平行于介质表面的轴线；纤维并不相互平行，而是以各种角度交叉排列，它们在空间中的分布远小于模型中的分布。

根据流体在椭球体中的流动情况，可以引入一个修正系数来使得到的数值更接近于真实情况。该模型是一个长椭球体，长椭球体是通过绕其长轴旋转椭圆来获得的，这样三维形状就像一个鸡蛋。如果 a 是椭球体的长轴长度，b 是椭球体短轴长度，则 a/b 的比率近似于纤维的长径比。朗缪尔计算出当椭球体的长轴与流动方向平行时，使其移动的力 F_T 大于使其移

动的力 F_L。F_T/F_L 随 a/b 的增大而增大，但当 a/b 趋于无穷大时，F_T/F_L 趋近于 2。通过将这一原理与过滤介质的纤维联系起来，朗缪尔认为横向纤维的流动阻力永远不应超过其模型计算的平行纤维阻力的两倍，约为 1.4 倍。因此，在式（2-38）中引入修正因子 B。

$$R = \frac{4B\mu\chi\varphi}{Aa^2}$$ （2-38）

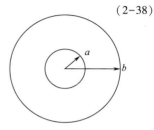

图 2-3　Happel—Kuwabara
单元模型

2.2.3.3　Happel—Kuwabara 模型

朗缪尔开发了基于与流体平行的纤维流通式过滤介质的模型，然后对横向于流动的纤维进行了校正。Happel 和 Kuwabara 则解决了横向流动问题，两种解决方案均基于两个同心圆柱体来代表流过组合体的流体模型。如图 2-3 所示，这个模型的出发点和朗缪尔模型十分相似。

图 2-3 中的单元格的堆积密度为：

$$\chi = \left(\frac{a}{b}\right)^2$$ （2-39）

式（2-39）与上面的 Langmuir 模型中式（2-32）相同，如果在过滤域中有 N 个这样的单元，则式（2-39）代表整个模型的堆积密度。Happel 模型视过滤介质由 Happel-Kuwabara 单元格堆积而成，并提出了以下假设：

①边界 a 和 b 没有发生滑移；

②与内筒的尺寸 a 相比，气体分子的平均自由程（自由程是指一个分子与其他分子相继两次碰撞之间，经过的直线路程。对个别分子而言，自由程时长时短，但大量分子的自由程具有确定的统计规律。大量分子自由程的平均值称为平均自由程；概念把分子两次碰撞之间走过的路程称为自由程，而分子两次碰撞之间走过的平均路程称为平均自由程）非常小；

③单元格的横截面形状由一个圆表示，其面积与实际单元格几何图形的横截面相同，b 处单元的外边界是一个圆柱体。

Happel 模型从运动方程出发，并利用了流函数 ψ，当内圆柱轴线 $r=0$ 时：

$$v_r = \frac{1}{r}\frac{\partial\psi}{\partial\theta}, \quad v_\theta = -\frac{\partial\psi}{\partial r}$$ （2-40）

式中：v_r 和 v_θ 分别为径向坐标 θ（°）和 r（m）处的速度分量（m/s）。

假定该系统可以用双调和方程表示：

$$\nabla^4\psi = 0$$ （2-41）

式（2-41）的一般解为：

$$\psi = \sin\theta\left[\frac{1}{8}Cr^3 + \frac{1}{2}Dr\left(\ln r - \frac{1}{2}\right) + E'r + \frac{F}{r}\right]$$ （2-42）

式中：C，D，E'，和 F 为从边界条件获得的常数。

为了得到边界条件常数，Happel 假定图 2-4 中的圆柱体正在运动，流体包络静止不动，并允许在圆柱体表面的以下边界假设，其中 $r = a$：

$$u = v_f \qquad (2\text{-}43)$$

$$v_r = v_f\cos\theta \qquad (2\text{-}44)$$

$$v_\theta = v_f\sin\theta \qquad (2\text{-}45)$$

u 和 v_f 分别是圆柱体的速度及其表面速度，如图 2-4 所示。

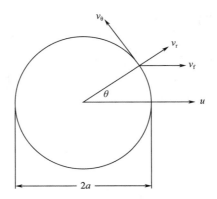

图 2-4 Happel 模型内圆柱处的边界条件

在图 2-4 中 $r = b$ 的外圆柱上，Happel 假定没有剪切应力 $\sigma_{r\theta} = 0$，并且没有径向速度分量，$v_r = 0$。Yuan 推导出了圆柱坐标下的运动方程，并给出法向应力 σ_{rr} 和剪切应力 $\sigma_{r\theta}$ 的关系：

$$\sigma_{rr} = -p + 2\mu\varepsilon_{rr} - 2/3\mu(\nabla\cdot v) \qquad (2\text{-}46)$$

$$\sigma_{r\theta} = \mu\gamma_{r\theta} \qquad (2\text{-}47)$$

式中：ε_{rr} 为法向应力；$\gamma_{r\theta}$ 为剪切应力。

由式（2-2）可知，对于黏性不可压缩流体，连续性方程等于零：

$$\nabla\cdot v = 0 \qquad (2\text{-}48)$$

Happel 假设 $v_r = 0$ 时，那么则有：

$$\varepsilon_{rr} = \frac{\partial v_r}{\partial r} = 0 \qquad (2\text{-}49)$$

将式（2-48）和式（2-49）整合到式（2-46）中，则有：

$$\sigma_{rr} = -p \qquad (2\text{-}50)$$

剪应变 $\gamma_{r\theta}$ 为：

$$\gamma_{r\theta} = \frac{\partial v_\theta}{\partial r} - \frac{v_\theta}{r} + \frac{1}{r}\frac{\partial v_r}{\partial\theta} \qquad (2\text{-}51)$$

如果 $\sigma_{r\theta} = 0$ 成立，那么将式（2-51）整理到式（2-47）中可以得到：

$$\frac{\partial v_\theta}{\partial r} - \frac{v_\theta}{r} + \frac{1}{r}\frac{\partial v_r}{\partial\theta} = 0 \qquad (2\text{-}52)$$

当 $v_r = 0$ 时，式（2-52）成为 Happel 模型的边界条件。

与 Happel 的工作类似，Kuwabara 在 $r = b$ 的外圆柱上假设为 $v_r = 0$。但是与 Happel 相反，

Kuwabara 假设外筒没有漩涡流。因此其边界方程是：

$$\frac{\partial v_{\theta}}{\partial r} + \frac{v_{\theta}}{r} - \frac{1}{r}\frac{\partial v_{r}}{\partial \theta} = 0 \tag{2-53}$$

通过比较式（2-53）和式（2-52），可以注意到唯一的区别是正负号的变化，但却会使得两个等式产生截然不同的结果。Happel 和 Kuwabara 在平行于圆柱体的流动方程的解都是相同的，并且与 Langmuir 相同［式（2-38）］。Happel 和 Kuwabara 的横向流动模型如下：

Happel：

$$\frac{\Delta P d_{\mathrm{f}}^{2}}{\mu v_{0} L} = \frac{32\chi}{-\ln\chi - (1 - \chi^{2})/(1 + \chi^{2})} \tag{2-54}$$

Kuwabara：

$$\frac{\Delta P d_{\mathrm{f}}^{2}}{\mu v_{0} L} = \frac{32\chi}{-\ln\chi + 2\chi - \chi^{2}/2 - 3/2} \tag{2-55}$$

式（2-54）和式（2-55）以 Davies 的无量纲排列［式（2-28）］表示。Happel 模型和 Kuwabara 模型之间的差异引发了一个问题，即哪个模型最准确。Kirsch 和 Fuchs 使用直径为 20~30μm 且密度与周围流体相等的球体，发现与 Happel 模型相比，Kuwabara 得到的速度更加具有一致性。Kuwabara 方程［式（2-55）］中的分母除以 2 可以得到 Kuwabara 流体动力学因子。

$$K_{u} = -\frac{1}{2}\ln\chi - \frac{3}{4} + \chi - \frac{\chi^{2}}{4} \tag{2-56}$$

2.2.3.4　单元模型理论进展

关于 Kuwabara 和 Happel 提供的理论有了深入研究。Pich 假设内圆柱体表面有一些滑移修改了 Kuwabara 的模型。Davies 无量纲项的结果方程是：

$$\frac{\Delta P d_{\mathrm{f}}^{2}}{\mu v_{0} L} = \frac{32\chi(1 + 1.996 K_{\mathrm{n}})}{-\ln\chi + 2\chi - \frac{\chi^{2}}{2} - \frac{3}{2} + 1.996 K_{\mathrm{n}}\left(-\ln\chi + \frac{\chi^{2}}{2} - \frac{1}{2}\right)} \tag{2-57}$$

式中：K_{n} 为克努森（Knudsen）数。克努森数表示气体分子的平均自由程 λ 与流场中物体的特征长度 L 的比值。一般认为，当克努森数小于 0.001 时，气体流动属于连续介质范畴。

$$K_{\mathrm{n}} = \frac{2\lambda}{d_{\mathrm{f}}} \tag{2-58}$$

式中：λ 为气体分子的平均自由程（m）；d_{f} 为纤维直径（m）。

式（2-58）适用于 λ 相对于纤维直径 d_{f} 非常小的情况下，适用的范围是 $K_{\mathrm{n}} < 0.25$。Grafe 和 Graham 指出，在纤维直径较低（0.5μm）时应考虑滑移效应。滑移在纳米纤维（如静电纺丝纤网）过滤中已成为重要的考虑因素，纳米纤维用于气相深度过滤的优点之一就是滑移效应。

Brown 认为单元模型理论的优势在于其简单性，并且认为在单个圆形纤维周围发现气流是过滤材料的典型特征。Brown 指出，在真实的媒体中，并不是所有的纤维都与流体流动方向垂直，而且纤维的直径也是不均匀的。此外，纤维横截面也不一定是圆形的，并且堆积密度因介质本身而异。

Kirsch 和 Fuchs 开发了一种扇形模型方法。这种方法由平行纤维的连续平面组成，每个平面中的纤维相对于前一个平面中的平行纤维以任意角度旋转，扇形模型基于纤维的完美均匀分散。在实际过滤器中，纤维分散的并不均匀。扇形模型预测的阻力比实际过滤器更高，可以引入不均匀因子以使实际过滤器与扇形模型保持一致。

过滤介质层之间的距离与层内的纤维间距离相同的假设不一定正确。在深度过滤器中，平行纤维的连续阵列是开发理论模型的最简单方法。图 2-5 描述了两个这样的阵列，其中圆柱体代表垂直于流动方向的平行纤维段，每个垂直的圆柱行代表一层过滤介质，一层内平行纤维之间的距离为 $2L$，层与层之间的距离为 $2e$。通道结构假定每层中的纤维直接排列在其前面纤维层后面。交错模型表示层与层之间的交叉的情况。Brown 展示了四种结构：一种通道结构和三种交叉结构。

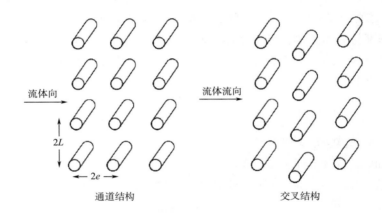

图 2-5　平行纤维的排列

如果在连续层之间存在交错，则需要除纤维尺寸、堆积密度以及纤维间距和层间距之间的比之外的第四个参数来描述交叉情况。Brown 提出了四种方法：

（1）扩展单元模型到相邻纤维之中

在这种方法中，双调和方程［式（2-41）］需要比式（2-42）的简单单元模型更高阶的级数解。径向分量连续变化，它们不能简单地由单元模型的单元半径和纤维半径来定义。

（2）数值方法

有限差分法是将复数微分方程分解为联立方程组的一种方法。Fardi 和 Liu 使用这种方法来求解 Navier—Stokes 方程的简化分量以及流体速度的连续性方程。如果在地面施加适当的边界条件，数值分析将会给出非常好的结果。计算机流体力学（CFD）对于解决这一问题有很大帮助。

（3）变分法

Helmholtz 原理可以用来找出由黏性阻力引起的最低能量耗散率的流动模型。使用变分模型进行计算，发现当纤维间距和层间距离相等时，压降对纤维排列不敏感；但当纤维间距和层间距不相等时，结构的表现是不同的，如果层间距小于纤维间距，则可以模拟压缩的效果，此外，连续层是流通的还是交叉的同样影响过滤材料的结构。

（4）边界元法

该方法利用涡量将双调和方程分解为两个方程，从而得到两个积分方程组。这个问题就归结为联立方程组的解。用这种方法得到的流型和压降与变分方法得到的流型和压降相似。

2.2.3.5　阻力模型理论

阻力模型理论是基于在通过物体流体的阻力。阻力模型的方程为：

$$F = \frac{1}{2}\rho u^2 A C_{\mathrm{d}} \tag{2-59}$$

式中：F 为阻力（N）；ρ 为流体密度（kg/m^3）；u 为物体在流体中移动的速度（m/s）；A 为物体的参考面积（m^2）；C_{d} 为阻力系数（无量纲）。

如果纤维横穿于流体，并由长圆柱体的单位长度表示，则：

$$F = \frac{1}{2}\rho u^2 \, d_{\mathrm{f}} C_{\mathrm{d}} \tag{2-60}$$

式中：d_{f} 为纤维直径（m）。

式（2-59）中参考面积 A 为在式（2-60）即单位长度圆柱体的截面（d_{f}×单位长度）。

将 Lamb 的解决方案应用于单根纤维：

$$F = \frac{4\pi\mu v}{2.0022 - \ln Re} \tag{2-61}$$

式中：Re 为雷诺数。

$$Re = \frac{v d_{\mathrm{f}} \rho}{\mu} \tag{2-62}$$

式（2-61）中的兰姆阻力系数为：

$$C_{\mathrm{d}} = \frac{8\pi}{Re(2.022 - \ln Re)} \tag{2-63}$$

Lamb 方程的问题在于它是用于单根纤维，并没有考虑过滤介质中其他附近纤维的干涉效应。在上面的一些模型中，通过将纤维组织成平行阵列并在每根纤维周围放置一个流体单元边界可以解决这一问题，即在每个单元边界处建立边界条件以允许相邻单元的相互作用。

White 发现在流体槽中运动的圆柱体的阻力系数可以通过以下公式表达：

$$\frac{C_{\mathrm{dx}}}{2} \cdot Re = \frac{k'}{\ln k'' \dfrac{d_{\mathrm{b}}}{d_{\mathrm{f}}}} \tag{2-64}$$

式中：C_{dx} 为某一堆积密度下的阻力系数；k' 和 k'' 为常数。

Chen 通过使用相邻纤维作为边界来建立阻力系数，他假定在低雷诺数下，纤维间距

（d_b）与纤维直径（d_f）的比与堆积密度（χ）的平方根成反比。Chen 用 White 的方程式（2-64）建立了自己的模型，其模型是由一个正方形的纤维矩阵形成的平面。在 x 和 y 方向的纤维之间的面内距离为 d_b。每个平面在过滤器中形成一个单独的层，d_b 也是层之间的距离。

从 Chen 的模型中提出的阻力方程如下：

$$\frac{C_{dx}}{2} \cdot Re = \frac{k_4}{\ln k_5 \times \chi^{-0.5}} \tag{2-65}$$

$$\Delta p = \frac{4}{\pi} \frac{k_4}{\ln k_5 \times \chi^{-0.5}} \frac{\chi}{1-\chi} \frac{\mu v_s L}{(d_f)_s^2} \tag{2-66}$$

式中：k_4 和 k_5 为方程的常数；Δp 为过滤器上的压降（Pa）；μ 为流体黏度（Pa·s）；v_s 为通过过滤器的表面速度（m/s）；L 为过滤器的厚度（m）；$(d_f)_s$ 为表面平均纤维直径（m）。

Chen 的实验表明，阻力系数项 $\frac{C_{dx}}{2}Re$ 在很大雷诺数范围内是不变的（$Re = 10^{-3} \sim 10^{-1}$）。Chen 还确定了常数 k_4 和 k_5 的最佳拟合数据分别为 6.1 和 0.64。

Kahn 开发了一种平面模型方法，他称为"偏移平面模型"，它由两排平行纤维组成，并且两排平行纤维相互垂直，如图 2-6 所示。区域 $\overline{L} \times \overline{L}$ 的由其中一排 $\overline{N}$ 个等间隔的纤维和另一派中的 $\overline{M}$ 个等间隔的纤维组成。Kahn 将各向异性参数定义为：

$$R_{pa} = \frac{\overline{M}}{\overline{N}} \tag{2-67}$$

Kahn 将各向异性参数与真实介质中纤维的取向相关联，该模型解释了不同的结构性质：纤维尺寸，堆积密度和各向异性。Kahn 认为他的模型预测的压降十分准确，除了扩散，拦截和惯性机制同等重要的领域外，粒子捕获效率与实验数据相当吻合。他还表明，各向异性只影响大于堆积密度大于 0.2 压降。

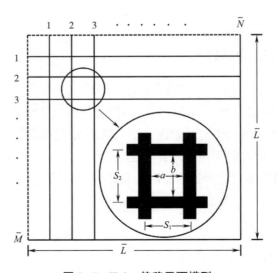

图 2-6　Kahn 偏移平面模型

2.3 过滤机理

2.3.1 过滤机制的分类

过滤是一个相当复杂的过程，Sutherland 和 Purchas 提出了三种基本的过滤机制：表面过滤、深度过滤和滤饼过滤。

（1）表面过滤

即大于过滤介质孔径的颗粒被截留在其过滤介质的表面；而小于过滤介质孔径的颗粒通过介质，不被过滤。表面过滤也是实现滤饼过滤的过程。

（2）深度过滤

深度过滤适用于毛毡和非织造材料，指当颗粒通过多孔材料时，大尺寸的固体颗粒污染物被截留于表面以及滤材深部流道缩口处，其余小尺寸的固体颗粒污染物伴随流体流经通道时，由于静电力、布朗扩散、惯性力等作用力作用下，导致小尺寸的颗粒污染物被吸附于通道内壁的一种过滤形式。

（3）滤饼过滤

滤饼过滤涉及表面过滤，它是通过滤料表面捕获的颗粒形成滤饼层从而参与过滤过程。袋式除尘系统中使用的表面改性针刺毡就是利用这种过滤机制而实现过滤效果的。然后通过脉冲或反向流动清洗操作，可以容易地去除滤饼，从而使过滤材料得以重新使用。滤饼的可回收性使得其在一些过滤领域中很有价值。非织造材料通常可以作为滤饼支撑物。

2.3.2 单纤维过滤机理

单纤维过滤机理是为了从气流中过滤气溶胶颗粒而开发的，下面从戴维斯的理论出发给予解释。

单位横截面的纤维过滤器在 x 方向上的厚度为 h（m），δx（m）为该方向上的一个增量，过滤元件和流体与过滤材料呈垂直状态，如图 2-7 所示。

如果 d_f 是纤维直径（m），并且 L_f 是过滤垫的单位厚度 δx 中的纤维长度（m），则该元件的堆积密度为：

$$\chi = \frac{\pi d_f^2 L_f}{4} = 1 - \varepsilon \tag{2-68}$$

式中：ε 为纤网的孔隙率。

若过滤材料中一根纤维的轴线与图 2-8 所示的流向横切，d_f 是该纤维横截面的直径（m），在该纤维上游的一定距离处是宽度为 y（m）的流体，其中该流体中的所有颗粒都是将撞击纤维的颗粒，那么单根纤维的过滤效率是：

$$E = \frac{y}{d_f} \tag{2-69}$$

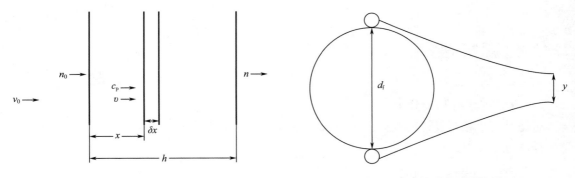

图 2-7　厚度为 h 的过滤元件　　　　　图 2-8　单纤维过滤效率模型

设 v（m/s）为过滤材料内流体流动的速度：

$$v = \frac{v_0}{1 - \chi}$$ (2-70)

式中：v_0 为过滤材料表面的流体速度（m/s）。

设 c_p 为接近过滤元件的气流的颗粒浓度（颗粒数/m³），那么 $v \times c_p$ 是接近过滤器的颗粒速率［颗粒数/（m²·s）］。如果过滤颗粒的纤维截面积为 $L_f \times d_f$（m²），那么：

$$\delta c_p = - c_p E L_f d_f \delta x$$ (2-71)

颗粒清除率为：

$$\frac{dc_p}{dx} = - c_p E L_f d_f$$ (2-72)

式（2-72）在整个厚度 h 上的积分后得：

$$\frac{n}{n_0} = \exp(- E L_f d_f h)$$ (2-73)

式中：n_0 是进入过滤器的气溶胶颗粒浓度（颗粒数/cm³）；n 是离开过滤器的气溶胶颗粒的浓度（颗粒数/cm³）。

过滤材料的特征往往在于其渗透率，其中 $P = 1 - E$。但 n/n_0 不是过滤器的效率，而是上游颗粒穿透过滤材料的比例（渗透率）。过滤效率而言通常定义为：

$$E = \frac{n_0 - n}{n_0} = 1 - \exp(- E L_f d_f h)$$ (2-74)

其中，γ 值等于 $E L_f d_f$，被称为过滤指数，其单位为 1/m。若将渗透率 P 表示为百分比，式（2-74）就变成了：

$$P = \frac{n}{n_0} \times 100\% = \exp(- \gamma h) \times 100\%$$ (2-75)

如果纤维是圆柱形且半径恒定的，结合方程式（2-68）和式（2-75）可得：

$$\gamma = \frac{4 E \chi}{\pi d_f}$$ (2-76)

表 2-1 为过滤指数和渗透率的数值关系。

表 2-1 过滤指数和渗透率的数值关系

过滤指数	渗透率/%	过滤指数	渗透率/%
13.9	0.0001	4.6	1.0
12.2	0.0005	3.0	5.0
11.5	0.001	2.3	10
9.9	0.005	1.61	20
9.2	0.01	0.694	50
7.6	0.05	0.511	70
6.9	0.1	0.223	80
5.3	0.5	0.105	90

非织造材料通常是 3D 纤维结构，纤维沿厚度方向排列，而非织造过滤材料通常简化为材料平面上高孔隙率的 2D 纤维网络层。在过滤过程中，流体中的一小部分颗粒能够穿透非织造过滤材料，但大部分颗粒可被纤维层阻挡，并逐渐沉积在非织造材料表面。非织造材料过滤结构中的纤维逐渐被颗粒覆盖形成滤饼，从而使过滤结构的渗透性逐渐降低。滤饼在形成的过程中会导致阻力上升，但因此能够阻挡更小的颗粒，有利于过滤效率的提高。

理想中最高效的滤料应当在具有最大过滤能力的同时阻力最低，这两个参数在滤料的使用寿命内基本不变。衡量过滤器性能的主要标准包括过滤效率、压降和过滤质量性能。

①过滤效率 E 。

$$E = \frac{n_0 - n}{n_0} \tag{2-77}$$

②压降 Δp 。为上游流体压力 $p_{\pm}$ 和下游流体压力 $p_{\mp}$ 在滤层厚度上的差：

$$\Delta p = p_{\pm} - p_{\mp} \tag{2-78}$$

③过滤质量性能 Q 。也叫过滤质量系数，表征过滤效率与压降的关系：

$$Q = -\frac{\ln(1 - E)}{\Delta p} \tag{2-79}$$

多数情况下，非织造材料过滤是一种深度过滤，而不是表面过滤。非织造过滤材料的颗粒捕获能力基于目标颗粒、过滤材料的单个纤维和流体分子之间的相互作用。非织造材料由许多独立纤维组成，因此它的过滤效率取决于单纤维的过滤效率。对于任意粒度 d_f 和该组条件，定义干燥空气过滤中非织造材料的总过滤效率 $Y(d_f)$ 的计算公式如下：

$$Y(d_f) = 1 - \exp\frac{-4XEh}{\pi(1 - X) d_f e_f} \tag{2-80}$$

式中：$Y(d_f)$ 为干燥空气过滤中非织造材料的总过滤效率（%）；d_f 为纤维直径；X 为堆积密度；E 为单纤维收集效率；e_f 为有效长度系数，它是 Kuwabara 流场的理论压降与实验压降之比。

$$e_f = \frac{16\mu v X h}{K_u d_f^2 \Delta P} \tag{2-81}$$

根据经典的过滤理论，非织造材料中单一纤维有主要六种捕集微粒的机制：拦截效应、惯性效应、布朗扩散、重力沉降、静电吸附作用和分子间力作用力，如图 2-9 所示。粒子在纤维上的沉降为几种机理共同作用的结果，如图 2-10 所示，分别表示在不同的过滤机理下，气溶胶粒子随着气流向过滤器内的单纤维靠近，然后离开气流线被捕集到纤维（圆柱）上的过程，图中虚线部分为气流线，实线部分为纤维所捕集的最外围的粒子轨迹，叫作极限粒子轨迹。

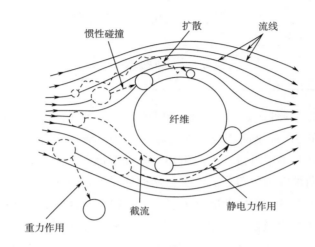

图 2-9　纤维过滤机制

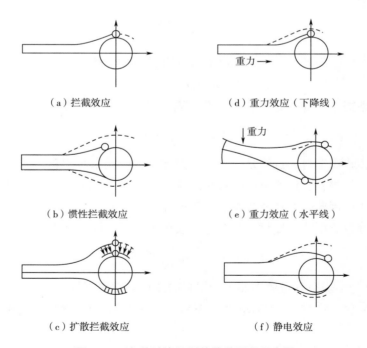

（a）拦截效应　　　　　　　　　　（d）重力效应（下降线）

（b）惯性拦截效应　　　　　　　　（e）重力效应（水平线）

（c）扩散拦截效应　　　　　　　　（f）静电效应

图 2-10　各种过滤机制的简单原理示意图

2.3.2.1　拦截效应

在纤维层内，当微粒沿气流流线刚好运动到纤维表面附近时，如果流线（即微粒中心线）到纤维表面的距离小于或等于微粒半径，微粒就在纤维表面被拦截而沉积下来，这种作用称为拦截效应。此外，由于颗粒与颗粒之间的引力作用使颗粒之间相互凝聚，使颗粒集合体整体尺寸变大而被捕集。筛分效应也属于拦截效应。粒径越大，拦截效应越明显，但与滤速基本无关。需要说明的是：不能将纤维过滤器视作一个筛子，筛子只是筛去尺寸大于其孔径的微粒，而在纤维过滤器中，并非所有小于交错纤维所形成的网格网眼的微粒都能穿透；微粒也并不都能在纤维表面沉积，实际上微粒一般都深入纤维层内很多，因此微粒被捕集还有其他作用。拦截效应是过滤小颗粒的主要机理，直接拦截成功的概率与颗粒直径和纤维直径的比值有关。大多数小于 $1\mu m$ 的颗粒由于具有较高的分子迁移率，会被过滤材料直接拦截。

2.3.2.2　惯性效应

由于纤维排列复杂，所以气流在纤维层内穿过时，其流线要屡经激烈的拐弯，当微粒质量较大或速度较大时（可以看成气流速度），在流线拐弯时，微粒由于惯性来不及跟随流线同时绕过纤维，因而脱离流线向纤维靠近，并碰撞在纤维上而沉积下来。随着粒子直径或气流速度增大，惯性效应越明显。

2.3.2.3　扩散效应

由于气体分子热运动对微粒的碰撞而产生微粒的布朗运动，使粒子的运动轨迹不与气体流线一致，粒子从气流中可以扩散到纤维表面上沉积下来因而被捕获。小颗粒粉尘做无规则布朗运动，颗粒越小布朗运动越明显，常温下 $0.1\mu m$ 的微粒每秒扩散距离达到 $17\mu m$，这个距离比纤维间距大几倍到十几倍，这就使微粒有更大的机会沉积下来。小于 $0.1\mu m$ 的颗粒，主要做布朗运动，越小越容易被除去；大于 $0.5\mu m$ 的颗粒主要做惯性运动，越大越容易被除去；$0.1\sim0.5\mu m$ 之间的颗粒，扩散和惯性效果都不明显，较难除去。对于微细颗粒，由于布朗运动的影响，当颗粒通过纤维介质时会发生偏离而无规则的移动，因而可能与纤维介质发生接触而被捕集。当颗粒与纤维尺寸相比极其小的时候，布朗运动主导着颗粒运动，粒子越小，布朗运动越剧烈，扩散沉降作用也就越显著。

2.3.2.4　重力效应

微粒通过纤维层时，在重力的作用下发生脱离流线的位移，即通过重力沉降而沉积到纤维上。对于直径小于 $0.5\mu m$ 的微粒，由于气流通过纤维过滤器的时间非常短，当它还没有沉降到纤维上时已通过过滤层，所以重力沉降通常可以忽略。

2.3.2.5　静电效应

由于某种原因，纤维或微粒上可能带上电荷，产生吸引微粒的静电效应。但除有意识地使微粒或纤维带电（如驻极）外，如在纤维处理过程中因摩擦或感应带上的电荷，既不能长期存在，而且电场强度也很弱，可以完全忽略。对于粒径较小的普通大气颗粒来说，起主要作用的过滤机理是惯性效应、拦截效应和扩散效应，如果有外加静电场的作用，才有静电捕获。

2.3.2.6　分子吸引力作用

当颗粒与纤维非常接近时（0.1μm），如果颗粒与纤维具有偶极，则出现分子吸引力而使颗粒被纤维捕集，从而提高捕集效率。

2.3.2.7　最具穿透性颗粒尺寸（MPPS）

在纤维的过滤中，有一种更小尺寸的颗粒，这种颗粒足够小，足以与流线保持在一起，而远离孔壁表面，能够通过或穿过所有障碍，从纤维孔径的出口侧完整地出现，如图2-11所示。在评估滤波器性能时，这种最具渗透性的颗粒尺寸（MPPS）是一个重要的属性。

由上一节所述，颗粒大小是影响捕获机制的主要因素。极小的颗粒容易被扩散效应捕获，大粒子有更大的动量，它们更有可能脱离流体流线，并根据惯性机制被捕获。对于在0.04~0.4μm的小尺寸颗粒，对于实质性的扩散效应来说，它太大了，而对于惯性效应，它又太小了，没有足够的动量。这种大小的颗粒是最难被过滤介质捕获的。

图2-11　最具穿透性的颗粒穿过纤维的示意图

已经有许多学者对MPPS进行了研究，图2-12显示了不同污染物颗粒经过合成纤维网时的MPPS。

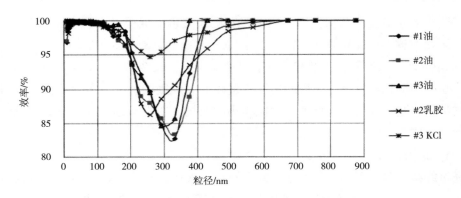

图2-12　不同污染物颗粒经过合成纤维网时的MPPS

MPPS也与速度有关，随着速度的增加，MPPS的大小会减小，如图2-13所示。其中，50cm/s时的MPPS小于10cm/s时的MPPS。从图2-12中可知，对于小颗粒，除了MPPS外，还存在最大穿透速度，在这个速度之上和之下，粒子的穿透力都较小。在此速度之下，扩散和布朗运动主导分离过程。在这个速度之上，惯性的竞争过程开始占据主导地位，如图2-14所示。

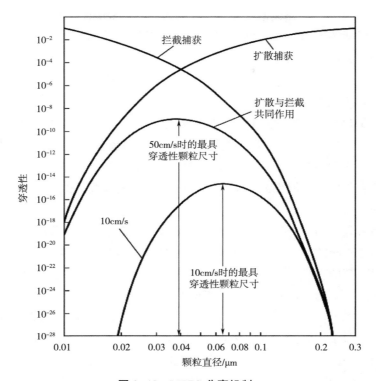

图 2-13 MPPS 分离机制

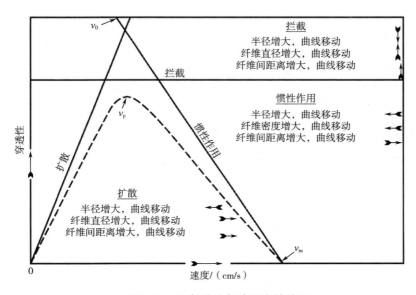

图 2-14 颗粒速度与渗透率的关系

在一个纤维过滤器内，微粒被捕集是各种机理共同作用的结果，其中一种或某几种机理起主要作用，从理论上可以计算出在每一种捕集机理下单纤维的捕集效率，但是单纤维的总捕集效率并不是各种机理下捕集效率的简单相加，实际各种捕集机理之间存在着相互作用，因而单纤维的总的捕集效率的计算也不相同，这要根据微粒的尺寸、密度、纤维粗细、纤维层的堆积密度、气流速度等条件决定。

2.3.3 纤维层过滤机理

纤维层过滤是目前最主要的烟尘净化方法之一。近年来，在世界范围内，纤维过滤器（如布袋除尘器）的应用，无论在数量上还是在投入上都较其他防尘设备有更快的增长速度。特别是覆膜技术的应用与推广，具有陶瓷覆膜的高温陶瓷纤维滤料的出现，使纤维层过滤效率更高、清灰效果更好，耐温更高，甚至可以净化有一定黏性的烟尘，从而进一步促进了纤维层过滤技术的发展。

纤维层过滤可以分为两种过滤方式：内部过滤和表面过滤。内部过滤又称深层过滤，首先是含尘气体通过洁净滤料，这时，起过滤作用的主要是纤维，因而符合纤维过滤机理；然后，阻留在滤料内部的粉尘和纤维一起参与过滤过程。当纤维层达到一定的容尘量后，后续的尘粒将沉降在纤维表面，此时，在纤维表面形成的粉尘层对含尘气流将起主要的过滤作用，这就是表面过滤。对于厚而蓬松、孔隙率较大的过滤层，如针刺毡、未经表面处理的绒布，内部过滤较明显；对于薄而紧、孔隙率较小的过滤层，如编织滤布、覆膜滤料，主要表现为表面过滤。无论何种过滤方式，收集效率和过滤阻力都随时间而变化，这一现象称非稳态过滤，如图2-15所示。于是，过滤层的除尘效率既是单根纤维捕集体收集效率的函数，又是过滤时间的函数。

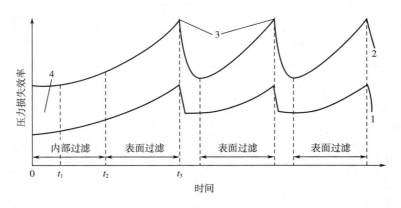

图2-15 纤维层收集效率和过滤阻力随时间变化的非稳态过滤
1—阻力变化曲线 2—效率变化曲线 3—清灰 4—洁净过滤

由于研究非稳态过滤对评价纤维滤料的收尘性能（效率、粉尘载荷、压损等）和运行管理（清灰方式、清灰效果、清灰时间控制和滤料使用寿命等）具有重要意义，所以关于非稳态过滤一直是纤维过滤理论及应用中的一个重要研究课题，许多学者提出了非稳态过滤的效率和压力损失数学模型，其中，关于纤维层内部非稳态过滤的研究比较成熟，而表面非稳态过滤的研究较少，同时还存在着建模方法不完善、表达式较复杂、某些参数难以确定等问题。

2.3.3.1 纤维层稳态过滤

如图 2-15 所示，过滤过程分 3 个阶段：洁净滤料的稳态过滤（时间 $0 \sim t_1$）、含尘滤料的非稳态过滤（时间 $t_1 \sim t_2$）和滤料表面有粉尘层的表面非稳态过滤（时间 $t_2 \sim t_3$）。传统的过滤理论主要考虑洁净滤料和含尘滤料的过滤阶段。

对于洁净滤料的过滤理论有两个基本假设条件：

①粒子一旦与收集表面接触就被捕集；

②沉降在纤维表面的粒子不再影响后续的过滤过程。在这种过程中，两个基本参数——过滤效率和压力损失都与时间无关，即过滤过程是稳态的。

洁净滤料开始过滤时，表现为内部过滤，粒子进入滤料内部，随过滤过程的进行沉积在滤料中的粒子如同球形捕尘体，开始与纤维一起共同参与对后续粒子的收集作用。

设滤料充填率为 β，纤维直径 $2a$，过滤层迎风面积 A，层厚 L，气溶胶进入纤维层前的速度 v_0，浓度为 c_0。在如图 2-16 所示的滤料中取微元体 dh，粒子在此微元体内的浓度为 c。单一纤维各过滤效应的综合收集效率为 η_1。在面积为 A 的微元体 dh 内。纤维总长 $L_f = \beta A dh / (\pi a^2)$，则粒子在单位时间内在微元体纤维上的沉降量为：

$$2avL_f c\eta_1 = \frac{2ac\eta_1 v\beta A dh}{\pi a^2} \tag{2-82}$$

式中：v 为纤维层中的气流速度，$v = v_0 / (1 - \beta)$。

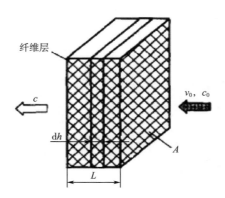

图 2-16 洁净滤料纤维层—内部稳态过滤

当含尘气流通过面积为 A 的洁净滤料纤维层时，在单位时间内气流中粒子的减少量为 $-Av_0 dc$，此量应等于在微元体纤维上的沉降量：

$$-Av_0 dc = 2ac\eta_1 \frac{v_0}{1 - \beta} \frac{\beta A dh}{\pi a^2} \tag{2-83}$$

令 $C_1 = \frac{2\eta_1}{\pi a} \frac{\beta}{1 - \beta}$，式（2-83）可以写成：

$$\frac{dc}{c} = -C_1 dh \tag{2-84}$$

浓度从 c_0 到 c，厚度从 0 到 L_f 对式（2-84）进行积分，并且由效率定义可以得出洁净滤料的纤维层除尘效率公式：

$$\eta_0 = 1 - \frac{c}{c_0} = 1 - \exp\left(- C_1 L_f\right) \tag{2-85}$$

2.3.3.2 纤维层非稳态过滤

（1）滤料内部积尘的非稳态过滤

当滤料内部沉积粉尘粒子后，在滤料中的粉尘粒子如同球形捕尘体、开始与纤维一起共同过滤含尘烟气中的粒子。出现了"尘滤尘"现象。由于随时间的增加，粉尘的沉积量是连续增多的，除尘效率会随时间改变，出现了内部过滤的非稳态过程。

如果在微元体内已沉积数量为 W 个粒子，这些粒子变为捕尘体，设单一粉尘的收集效率为 η_2，d_p 为颗粒直径，λ_2 为考虑粒子多分散性、非球形及相互影响的修正系数，当无试验数据时，取 $\lambda_2 = 0$。在单位时间对后续粒子的捕集量为：

$$\frac{\pi}{4} d_p^2 W v c \lambda_2 \eta_2 = \frac{\pi}{4} d_p^2 W \frac{v_0}{1-\beta} c \lambda_2 \eta_2 \tag{2-86}$$

在微元体 $\mathrm{d}h$ 内，原有已沉积的粒子数 W 是靠纤维过滤经历了时间 t 后才形成的，于是：

$$W = 2ac\eta_1 \frac{v_0}{1-\beta} \frac{\beta A \mathrm{d}h}{\pi a^2} t = C_1 A c t \mathrm{d}h \tag{2-87}$$

含尘气流通过面积为 A 的非洁净滤料纤维层时，在单位时间内气流中粒子的减少量为 $- A v_0 \mathrm{d}c$，此量应等于纤维和已沉积粒子共同捕集的粒子量，即：

$$- A v_0 \mathrm{d}c = 2ac\eta_1 \frac{v_0}{1-\beta} \frac{\beta A \mathrm{d}h}{\pi a^2} + \frac{\pi}{4(1-\beta)} v_0 d_p^2 C_1 A c^2 t \lambda_2 \eta_2 \mathrm{d}h \tag{2-88}$$

令 $C_2 = \dfrac{\pi}{4(1-\beta)} d_p^2 \lambda_2 \eta_2$，式（2-88）改写为：

$$\frac{\mathrm{d}c}{c} = - C_1 (1 + C_2 c t) \mathrm{d}h \tag{2-89}$$

将 C_1、C_2 代入式（2-89），同理，浓度从 c_0 到 c，厚度从 0 到 L_f 对式（2-89）进行积分，得到滤料内部积尘的非稳态过滤：

$$\eta_A = 1 - \frac{1 - \eta_0}{1 + \dfrac{\pi \lambda_2 \eta_2 v_0 t c_0}{4(1-\beta)^2 d_p^2} \eta_0} \tag{2-90}$$

显然，当 $t = 0$ 时，式（2-90）为洁净滤料的稳态过滤效率。于是，稳态过滤可看成是非稳态过滤的一个特例。

（2）表面非稳态过滤

随着粒子在滤料中的不断沉积，滤料的孔隙率逐渐变小，当纤维滤料的孔隙率等于粒子层的孔隙率时，粒子开始在滤料沉积，形成很薄的粉尘层。此时，沉积在滤料表面的粉尘层将参与过滤作用，即表面过滤开始。表面过滤不仅在传统纤维滤料的过滤过程中起重要作用，而且在现有的烟尘过滤技术中起主导作用。如经表面处理的普通纤维滤料，特别是覆膜滤料，几乎一开始就是表面过滤。因此，在纤维过滤过程中，最有意义的是表面过滤的理论研究。

　　以往的研究者是把内部过滤和表面过滤同时考虑，其分析过程极为烦琐。得出的计算式也非常复杂。有的研究采取类似于洁净滤料过滤效率的推导方法，建立表面过滤模型。还有的研究者用类似于滤料内部积尘的非稳态过滤建模方法，得出表面非稳态过滤的理论计算式。这些分析方法既有合理的一面，也有不足的地方。对于洁净滤料从稳态发展到非稳态过滤，表面过滤已经存在，即粉尘粒子既沉积于滤料层内部，也有沉积在纤维滤料表面的粒子。所以，内部过滤和表面过滤同时考虑是有道理的。然而，实际过滤过程中洁净滤料在第一次清灰后直到使用寿命终结就不再是洁净滤料了。同时为了防止过度清灰使纤维过滤器效率下降，总希望在滤料表面残留一层很薄的粉尘，于是，对于这种情况，纤维内部过滤几乎消失。特别是对于覆膜滤料，一开始就几乎没有内部过滤。因此，用内部过滤机理来建立表面过滤模型是有缺陷的。上述研究均拘泥于传统的纤维过滤建模方法，对"尘滤尘"机理还缺乏认识。

　　向晓东等把内部过滤和表面过滤分开，在表面过滤开始后，只考虑粉饼对后续气溶胶粒子的过滤。假定在过滤过程中，粉尘层的孔隙率基本保持不变，随过滤时间的增加，所收集的粉尘直接导致粉尘层增厚。而且，沉积的粉尘层均质，即各向同性。于是，"尘滤尘"现象和颗粒层过滤过程是相同的，所以可以用经典的球形颗粒层过滤理论。

　　表面非稳态过滤建模分析如图 2-17 所示。请注意图中粉尘层微元体 dh 的取法，这是数理分析的关键也是建模方法的创新点。

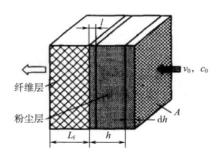

图 2-17　表面非稳态过滤建模分析图

　　设沉积在滤料外侧迎风面上的粉尘层厚为 h，孔隙率为 ε_p。含尘气流进入粉尘层前的速度为 v_0，初始浓度为 c_0。在时间 dt 内，沉积的粉尘层增厚 dh。所增加的粉尘层体积，应等于在时间 dt 内收另的粉尘层体积（包括空隙的体积）。即有下式成立：

$$Adh = \frac{Av_0c_0\eta_p}{(1-\varepsilon_p)\rho_p} \tag{2-91}$$

厚度为 h 的粉尘层的过滤效果等于 N 个单元层的串联过滤效果，粉尘层的过滤效率为：

$$\eta_p = 1 - (1-\eta_1)^{h/l} \tag{2-92}$$

由颗粒层过滤理论，单元层厚度 l 为：

$$l = \left[\frac{\pi}{6(1-\varepsilon_p)}\right]^{1/3} d_p \tag{2-93}$$

因单元层效率 $\eta_1 \leqslant 1$，对上式级数展开，有：

$$\eta_p = 1 - (1-\eta_1)^{h/l} = 1 - \left[1 - \frac{h}{l}\eta_1 + \frac{1}{2}\frac{h}{l}\left(\frac{h}{l}-1\right)\eta_1^2\cdots\right] \approx \frac{h}{l}\eta_1 \tag{2-94}$$

表面过滤开始时，必须有一较薄的粉尘层，其厚度不小于单元层厚度 l。将式（2-94）代入式（2-91），在区间 $[1, h]$ 和时间 $[0, t]$ 范围内对式（2-91）积分，得：

$$\frac{h}{l} = \exp\left[\frac{v_0 c_0 \eta_1}{\rho_p(1-\varepsilon_p)l}t\right] \tag{2-95}$$

将式（2-92）代入式（2-95），得表面非稳态过滤效率计算式：

$$\eta_p = \eta_1\exp\left[\frac{v_0 c_0 \eta_1}{\rho_p(1-\varepsilon_p)l}t\right] \tag{2-96}$$

式（2-96）中单元层效率为：

$$\eta_1 = 1.209\,\varepsilon_p(1-\varepsilon_p)^{2/3}\eta_{sp} \tag{2-97}$$

式中：η_{sp} 为球形颗粒的综合除尘效率。

上述分析采用了颗粒层内部过滤理论。纤维层表面过滤的直观表现是沉积的粉尘层增厚。这种粉尘层空隙的容尘是有限的（对亚微米粒子更是如此），可以认为，应用颗粒层内部过滤的理论得到的效率要高于实际粉尘层对后续的烟尘的收集效率。虽然上述研究解决了纤维层表面的非稳态过滤，但随之而来的粉尘层表面非稳态过滤问题还要待进一步研究。另外，对于微尘形成的粉尘层，筛滤作用不容忽视。因此，纤维非稳态过滤还需要进行深入的研究。

表面非稳态过滤效率随时间和粉尘粒径的变化规律如图 2-18 所示。从图中看出：表面过滤开始时，粉尘层对微尘的过滤效率较低，而对较大的尘粒过滤效率高。随过滤时间增加，粉尘层增厚，粉尘层对细尘的过滤效率将高于对粗尘的过滤效率。这是符合表面过滤机理的。

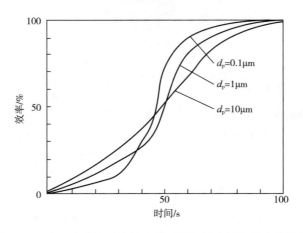

图 2-18 表面非稳态过滤效率随时间和粉尘粒径的变化规律

原因是：由于细尘单元层的效率，在开始时，"尘滤尘"的效率较低。在气体含尘浓度不变的情况下，随过滤时间的增加，积尘粉饼总厚度增加，由于细尘单元层的厚度较薄，单元层的层数急剧增加，其过滤效率比粗尘具有更快的增长速度。

表面非稳态过滤效率随时间的增加提高得很快，这和实际规律是一致的，如成膜滤料在数十秒的时间内，过滤效率接近100%。这也意味着过滤阻力增加极快。其结果会使粉尘（未沉积和已沉积的粉尘）在较大的压力和较高的过滤层内部风速的共同作用下穿过滤料层，导致效率急剧下降。对非表面处理的滤料，如果过度清灰，破坏了纤维表面的粉尘层，会失去表面过滤作用，也会使效率下降。

过滤机理是极其复杂和多变的，进行过滤理论的研究有利于改善非织造过滤材料的性能，并且能够提升其在过滤领域的高质应用。目前，关于过滤机理的研究还在不断的探索和创新之中。

参考文献

[1] 刘永胜,钱晓明,张恒,等. 非织造过滤材料研究现状与发展趋势[J]. 上海纺织科技,2014,42(6):10-13.

[2] 启歌乐. 中华传统文化在高中化学教科书中的呈现形式及教学中应用分析[D]. 呼和浩特:内蒙古师范大学,2021.

[3] 覃小红,王善元. 静电纺纳米纤维的过滤机理及性能[J]. 东华大学学报:自然科学版,2007,33(1):52-56.

[4] KELLIE G. Advances in technical nonwovens[M]. Cambridge:Woodhead Publishing,2016.

[5] 董锋,王航,滕士英,等. 梯度复合聚丙烯腈纳米纤维膜的制备及其过滤性能[J]. 纺织学报,2018,39(9):1-7.

[6] HUTTEN I M. Handbook of nonwoven filter media[M]. Oxford:Butterworth-Heinemann,2015.

[7] NEUMAN S P. Theoretical derivation of Darcy's law[J]. Acta mechanica,1977,25(3):153-170.

[8] 孙佳美,余新晓,樊登星,等. 模拟降雨下植被盖度对坡面流水动力学特性的影响[J]. 生态学报,2015,35(8):2574-2580.

[9] CAI J C,PERFECT E,CHENG C L,et al. Generalized modeling of spontaneous imbibition based on Hagen-Poiseuille flow in tortuous capillaries with variably shaped apertures[J]. Langmuir,2014,30(18):5142-5151.

[10] CHAPUIS R P,AUBERTIN M. On the use of the Kozeny Carman equation to predict the hydraulic conductivity of soils[J]. Canadian Geotechnical Journal,2003,40(3):616-628.

[11] 贾宝玲,李阳. 明渠流条件下沉水植被缓冲带粗糙度及阻力特性研究[J]. 水电能源科学,2021,39(6):112-115.

[12] JENA A,GUPTA K. Advanced technology for evaluation of pore structure characteristics of filtration media to optimize their design and performance[J]. Inc:Ithaca,NY,USA,2002,14850:1-36.

[13] DAVIES C N. Definitive equations for the fluid resistance of spheres[J]. Proceedings of the Physical Society,1945,57(4):259-270.

[14] SPIELMAN L,GOREN S L. Model for predicting pressure drop and filtration efficiency in fibrous media[J]. Environmental Science & Technology,1968,2(4):279-287.

[15] HAPPEL J. Viscous flow relative to arrays of cylinders[J]. AIChE Journal,1959,5(2):174-177.

[16] KUWABARA S. The forces experienced by randomly distributed parallel circular cylinders or spheres in a viscous

flow at small Reynolds numbers[J]. Journal of the Physical Society of Japan,1959,14(4):527-532.

[17] LEVINE S,NEALE G H. Theory of the rate of wetting of a porous medium[J]. Journal of the Chemical Society, Faraday Transactions 2:Molecular and Chemical Physics,1975,71:12-21.

[18] YUAN S W. Foundations of Fluid Mechanics(Book on fluid mechanics foundations for introductory and/or secondary fluid mechanics course,with appendices containing vector analysis,inviscid fluid flow equations,etc)[J].ENGLEWOOD CLIFFS,N J,PRENTICE-HALL,INC,1967 627 P,1967.

[19] KIRSCH A A,FUCHS N A. The fluid flow in a system of parallel cylinders perpendicular to the flow direction at small Reynolds numbers[J]. Journal of the Physical Society of Japan,1967,22(5):1251-1255.

[20] PICH J. Pressure drop of fibrous filters at small Knudsen numbers[J]. The Annals of Occupational Hygiene, 1966,9(1):23-27.

[21] 郝茂磊. 纳米孔隙中混合气体流动及边界滑移特性研究[D]. 镇江:江苏大学,2017.

[22] BROWN R. Airflow through filters-beyond single-fiber theory[J]. Advances in Aerosol Filtration. Lewis Publishers,1998:153-172.

[23] KIRSCH A A,FUCHS N A. Studies on fibrous aerosol filters—Ⅱ. Pressure drops in systems of parallel cylinders [J].The Annals of Occupational Hygiene,1967,10(1):23-30.

[24] KIRSCH A A,FUCHS N A. Studies on fibrous aerosol filters—iii diffusional deposition of aerosols in fibrous filters [J].The Annals of Occupational Hygiene,1968,11(4):299-304.

[25] FARDI B,LIU B Y. Flow field and pressure drop of filters with rectangular fibers[J]. Aerosol Science and Technology,1992,17(1):36-44.

[26] BROWN R. Theory of airflow through filters modelled as arrays of parallel fibres[J]. Chemical Engineering Science,1993,48(20):3535-3543.

[27] LAMB H. Hydrodynamics[M]. Cambridge:Cambridge University Press,1924.

[28] WHITE C. The drag of cylinders in fluids at slow speeds[J]. Proceedings of the Royal Society of London Series A Mathematical and Physical Sciences,1946,186(1007):472-479.

[29] CHEN C Y. Filtration of aerosols by fibrous media[J]. Chemical Reviews,1955,55(3):595-623.

[30] KHAN A M. Offset screen and pseudodiffusion models for prediction of filtration phenomena in real fibrous filter media[D]. Kingston:University of Rhode Island,1990.

[31] PURCHAS D,SUTHERLAND K. Handbook of filter media[M]. Amsterdam:Elsevier Science,2001.

[32] DAVIES C N. Air filtration[M]. New York:Academic Press,1973.

[33] 刘雷艮,韩茹. 静电纺 PA6/CS 复合纤维膜的过滤性能研究[J]. 产业用纺织品,2015,33(5):15-18.

[34] 王玉婕,强天伟. 羊毛滤料对颗粒物的过滤机理及其过滤效率的影响因素分析[J]. 制冷与空调(四川), 2011,25(5):489-492.

[35] 王强,李俊琴. 大型火电机组电袋除尘技术浅析[C]. 中国环境保护产业协会电除尘委员会,第十五届中国电除尘学术会议论文集,2013:573-577.

[36] 刘道清. 空气过滤技术研究综述[J]. 环境科学与管理,2007,32(5):109-113.

[37] 鲍爱兵. 用于 PM2.5 净化的静电纺丝材料研制及其性能调控[D]. 广州:华南理工大学,2017.

[38] PODGÓRSKI A,BAŁAZY A,GRADOŃ L. Application of nanofibers to improve the filtration efficiency of the most penetrating aerosol particles in fibrous filters[J]. Chemical Engineering Science,2006,61(20):6804-6815.

[39] SPURNY K R. Advances in aerosol gas filtration[M]. Florida:CRC Press,1998.

［40］RAMSKILL E A，ANDERSON W L. The inertial mechanism in the mechanical filtration of aerosols［J］. Journal of Colloid Science，1951，6（5）：416-428.

［41］刘君侠，彭伟功，向晓东．纤维面层表面非稳态过滤效率的研究［J］.建筑热能通风空调，2002，21（3）:16-19,22.

［42］荣伟东，张国权．纤维层非稳态过滤的理论分析与实验研究［J］.通风除尘，1992，11（3）:8-12,29.

［43］向晓东，刘君侠，彭伟功．纤维层表面非稳态过滤研究［J］.环境工程，2002，20（6）:31-34,3.

第3章　非织造过滤用原料

过滤材料在日常生产和生活中起着重要的作用。许多工业生产和环境保护装置中都涉及气体和液体的过滤，过滤装置的核心是过滤介质。

载体相在流过过滤材料的纤维曲径式系统时，非织造过滤材料中杂乱分布的纤维可以加强分散效果，使欲分离的粒子悬浮相有更多的机会与单纤维碰撞和黏附。非织造过滤用材料作为一种新型过滤材料，因其独特的物理结构以及优良的性能在日常生活用品、汽车制造、医疗、工业高温过滤等各领域得到了广泛应用，并具有很大的潜在市场。其中，根据应用领域不同，可选择不同原料制备满足不同过滤要求的非织造过滤材料。

非织造过滤用原料通过合适的加工工艺、处理或者后整理，形成一种多孔隙率、小孔洞尺寸的网状结构，用来过滤固体、液体以及气体。

过滤的用途不同，所需要的原料不同。按照用途将原料进行分类，便于根据产品的用途更快地寻找到合适的原料。过滤用原料一般可以分为纤维和聚合物。过滤用原料一般按照过滤的物质进行分类的，用于过滤固体物质时，由于其尺寸大且硬度大，一般用无机物及其纤维；用来过滤液体时，需要采用吸水性较差的材料，一般都采用有机聚合物及其纤维；过滤气体时，需要孔隙尺寸小且材料更换频率高，可降解绿色环保，可以选用纤维素纤维作为原料。

3.1　纤维素纤维

3.1.1　木棉纤维

木棉为木棉科木棉属的植物，木棉纤维是一种从木棉果实中提取的纤维，主要由纤维素、木质素和多糖组成。木棉纤维呈淡黄棕色或淡黄色，原产地为中国、越南、缅甸、印度至大洋洲等地，如图3-1所示。纤维平均长度为 $8 \sim 32 \mu m$，直径为 $20 \sim 45 \mu m$，是天然纤维中最细（只有棉的50%）、最轻、中空结构比最高（超过86%，是棉纤维的 $2 \sim 3$ 倍）的纤维。蓬松度为 $0.3 g/m^3$，仅为棉的20%（ $1.54 g/m^3$ ），双折射率为0.017低于棉花（ $0.040 \sim 0.051$ ），结晶度为35.90%，细胞壁的结构比棉花结构松散。具有较好的耐热性，296℃时开始分解，354℃时发生炭化。由于木棉纤维表面含有少量蜡质，因此疏水性能很强。

木棉纤维的中空度高，质量超轻，导热系数小，细度小，是良好的保暖材料，再加之细胞壁表面的沟槽和凹凸痕，吸湿放湿性良好，但其强度低，耐稀酸、稀碱，不耐强酸，经强碱处理后，纤维结构塌陷变成扁平状，细胞壁变薄、强力降低、弹性受损、手感光泽变差。但木棉纤维经过浓碱快速处理放置几秒后，纤维的中空度会迅速回复，几乎无损伤。同时木

图 3-1　木棉纤维实物图

棉纤维具有良好的抗静电性、导湿放湿性、隔热保暖性、热舒适性和较中空涤纶好的染色均匀性。

木棉纤维的形态结构如图 3-2 所示，从横向形貌可以观察到，纤维截面近似椭圆形，为中空薄壁结构。从纵向形貌可以看出，木棉纤维表面十分光滑，并呈现出圆柱形的结构，无转曲现象。

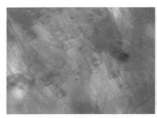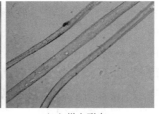

（a）横截面结构　　　　　　　　（b）纵向形态

图 3-2　木棉纤维的形态结构图

由于木棉纤维导热系数小、细度小、中空度高，保暖效果很好，经常将木棉纤维与羊毛结合降低保暖材料的成本。

杨娜等将氧化石墨烯涂层到木棉纤维上制备出一种简单、绿色、低成本的亲水-水下疏油性的过滤膜；杨家喜研究了木棉纤维在空气过滤中的应用，对木棉纤维结构和性能进行研究，通过对木棉纤维滤纸的固/液混合容尘性能进行测试发现木棉纤维可以提高空气过滤材料的容尘性能。

3.1.2　椰子纤维

椰子纤维是椰树果实的副产品，是从椰子的纤维壳中获得的。为了分离纤维，椰子壳被切成两半，然后再进行脱脂。在脱脂过程中，椰壳被埋在潮湿的土壤中，以允许软组织的微生物降解。然后将外壳打碎并洗涤以容易地分离椰壳纤维。椰子纤维资源丰富，主要分布在我国的广东、海南以及斯里兰卡、印度、菲律宾等热带和亚热带地区。

椰子纤维主要由纤维素、木质素、半纤维素以及果胶物质等组成，其中纤维素含量占

46.0%~63.0%，木质素 31.0%~36.0%，半纤维素 0.15%~0.25%，果胶 3.0%~4.0%，椰子纤维中纤维素含量较高，半纤维素含量较低，纤维具有优良的力学性能，耐湿性、耐热性较优异，图 3-3 为椰子纤维实物图。

图 3-3　椰子纤维实物图

椰子纤维的直径介于 0.1~0.53mm 之间，密度为 1150kg/m³，含水率为 10%~15.85%，拉伸强度、杨氏模量分别为 108~252MPa、2.5~6GPa，断裂伸长率为 15%~40%。

目前只有一部分椰子纤维用于工业生产，大部分用来生产小地毯、垫席、绳索及滤布等。由于椰子纤维具有可降解性，对生态环境不会造成危害，故可用于加工土壤控制的非织造材料。此外，椰子纤维韧性强，还可替代合成纤维用作复合材料的增强基等。

罗许颖曾将椰子壳粉末进行碱活化，通过浸泡的方式接枝到石英砂上。经过椰子壳改性的石英砂的水下油的接触角大于 150°，油下水的接触角大于 130°，成功制备出油下疏水、水下超疏油的过滤材料。

3.1.3　天丝纤维

Tencel 是天丝纤维的商品名，天丝是一种新型人造纤维素纤维，我国俗称天丝棉，其与黏胶纤维同属再生纤维素纤维。其生产工艺为：以木浆为原料，以 N-甲基氧化吗啉（NMMO）为溶剂，加入适当添加剂和抗氧化剂，得到较高浓度的溶液，再在低温水溶液或水/NMMO 体系凝固成型，最后经拉伸、水洗、去油、干燥和溶剂回收等工序制成。由于其生产的产品可生物降解无毒无污染，对环境无损伤，因此 Tencel 纤维被称为"21 世纪绿色纤维"。

除了具有天然纤维本身的特性如吸湿性、透气性、舒适性、光泽性、可染色性和可生物降解性外，还具有良好的强伸特性，因为天丝纤维在制造过程中几乎不存在纤维素降解，能保持纤维素原有的聚合度，分子链长，分子间的氢键作用力大；另外天丝纤维结晶度高，纤维分子紧密堆积，从而提高了分子间相互作用力，使再生纤维的干强接近高强度的涤纶。天丝纤维适宜与其他天然纤维或合成纤维混纺，能经受剧烈的机械和化学处理，可以使织物获得丝、棉、麻、毛等各种手感。但天丝纤维在使用过程中易起球，储存过程中会产生纤维的降解，其结晶度和力学性能都会发生变化。

天丝纤维的原纤化特性使其适合用作高精度滤纸的原材料。首先通过盘磨等造纸常用打浆设备制备天丝纤维浆粕，原纤化处理后，天丝纤维产生众多直径细小的原纤与微原纤，将浆粕与一定量增强纤维配抄，再通过环氧树脂、酚醛树脂等热固性树脂增强，可用作电池隔膜或高温过滤材料。不同原纤化程度的天丝纤维的形态各有不同，未经打浆的天丝纤维表面光滑且圆润，未见任何分支，若直接抄纸，仅仅依靠纤维简单搭接在一起，成形的纸张强度性能差，难以满足滤纸材料的使用要求。而经过打浆处理的天丝纤维表面出现细小分支，随着打浆度的提升，纤维分丝越来越明显，纤维表面露出的羟基越多，使氢键结合越多，纤维之间的结合也越紧密。这样纤维抄造的滤纸强度性能越好，且孔径尺寸更小，有利于提高滤纸的过滤效率。

路铠嘉曾研究将不同质量分数的天丝纤维与阔木叶纤维为原料制备空气滤纸，通过测试发现，当天丝纤维质量分数为60%时，制备的滤纸对PM2.5的过滤效率高达98.97%。刘富亮等为了制备更高过滤效率的微滤膜，添加具有较高的比表面积和较小的平均直径的原纤化天丝超细纤维，得到的微滤膜具有更小更均匀的孔结构，抗张强度也大大提升。

3.1.4 木浆纤维

木浆纤维是树木木浆为原料的一种。但其不同于常言的植物纤维，它是一种二次纤维（即从原树木纤维中分离出来的产物），由于其主要是从木浆中提取出来的，所以以木浆纤维来命名，类似于造纸的纸浆。

根据形状木浆纤维可以分为针叶木浆纤维，如马尾松、落叶松、红松、云杉等和阔叶木浆纤维，如桦木、杨木、椴木、桉木、枫木等。针叶木纤维较长，一般长度在 $2.56 \sim 4.08mm$ 之间，宽度在 $40.9 \sim 54.9\mu m$ 之间，其长宽比多在70倍以下；阔叶木纤维短，一般长度在1mm左右，其长宽比多在60倍以下。针叶木组织结构严密，杂细胞含量少，化学浆料中的杂细胞多在洗涤时流失，故浆料质量好，木素含量高，在25%~35%之间，且多戊糖含量低，多在9%~12%之间，纤维不易吸水润涨，打浆较困难；阔叶木组织结构更紧密，且含有较多的杂细胞，木素含量较针叶木低，一般在20%~24%之间，且多戊糖含量高，一般在21%~24%之间，故打浆容易。

木浆纤维是滤纸和湿法非织造吸油过滤材料的主要纤维材料。钟海南曾将木浆纤维素与甲基丙烯酸十六酯交联聚合，能够显著提高甲基丙烯酸烷基脂类高吸油性树脂的吸油倍率和吸油速率；吴俊晔曾提出了一种以木浆纤维纸为基材，通过浸渍的方法将吸附剂耦合于其表面的新型空气净化材料制备技术，并对其性能进行了测试和分析。首先，制备了具有不同上胶量的木浆纤维纸并测试了它们的苯吸附性能。结果显示，浸渍硅胶三次的木浆纤维纸为最优的材料，其具有较高的吸附量及良好的稳定性。此外，在相对压力低于0.5时，苯的静态吸附试验数据和动态吸附试验数据可以分别用 Freundlich 模型和 LDF 模型较好地拟合，它们的相关系数平方 R^2 分别不小于 0.97 和 0.94。在吸附 CO_2 方面，使用硅胶作为黏合剂，将分子筛粉末涂覆于纤维纸表面，得到的复合纤维纸材料在 15kPa 和 100kPa 下的 CO_2 吸附量分别可达到 1.17mmol/g 和 1.92mmol/g。

3.1.5 纳米纤维素及其衍生物

轻质多孔材料是一类具有极低密度（<100mg/cm³）、高孔隙率（>50%）、大比表面积和从纳米到微米的各种孔结构的固体材料，目前已经广泛应用于吸附分离、催化、隔热、隔音、阻尼材料、储能和生物医学等领域。

纳米纤维素近年来受到广泛关注和应用。由于其高纵横比、大比表面积、良好的可改性性、高机械强度、可再生性和可生物降解性，纳米纤维素特别适合作为构建轻质多孔材料的基材。

3.1.5.1 纳米纤维素

纳米纤维素是从纤维素中提取出来的一种直径小于100nm，长度小于几微米的纤维素。将植物或动物纤维素纤维解纤分离得到直径为纳米级别的生物质材料。其分子结构式如下：

从植物或农林剩余物中提取的生物质基纳米纤维素主要分为两类：棒状或须状的纳米纤维素晶体和细长柔软的呈缠绕状的纳米纤维素纤丝。

还可以按照纳米纤维素的晶体类型，将其分为以下四类：晶体形纳米纤维素（纤维素纳米晶，CNC）、纤丝状纳米纤维素（纤维素纳米纤丝，CNF）、球形纳米纤维素（SNC）和片状纳米纤维素（纤维素纳米片，CNS）。表3-1为纳米纤维素的主要特征和制备方法。

表3-1　纳米纤维素的主要特征和制备方法

分类	主要特征	制备方法
纤维素纳米晶（CNC）	呈针状或短棒状；直径为4~70nm，长度在500nm以下；结晶度高；刚性强	酸水解、机械法、生物法、离子液体法、低共熔溶剂法等
纤维素纳米纤丝（CNF）	呈丝状或网状；直径为2~60nm，长度为几微米；具有良好的机械性能和柔性	机械法、TEMPO氧化法、离子液体法等
球形纳米纤维素（SNC）	呈球形或近似于球形；粒径分布在20~600nm；结晶度高；表面积大；热稳定性较好	酸水解、溶解再生法、酶解法等
纤维素纳米片（CNS）	呈薄且平滑的不规则片状；典型的厚度为4nm，多层堆叠时厚度为4nm的倍数	球磨法、自组装

纳米纤维素具有储量丰富、比表面积高、可化学修饰程度高、生物相容性好和可再生等优势，此外其表面羟基易发生羧化、磺化、接枝和乙酰化等反应，可作为光学材料、医学材料、增强复合材料和导电复合材料等广泛应用。

大量的羟基使纳米纤维素的界面相容性较差，因此为了改善纳米纤维素的性质，研究者们对其进行了改性研究。改善纳米纤维素的相容性和分散性的主要方法有：接枝共聚；疏水改性；改善表面电荷。

3.1.5.2 微纤化纤维素

微纤化纤维素，又称纳米纤化纤维素（NFC），是指以植物纤维为原料，通过机械处理得到的一种直径小于 100nm 的纤维素纤维。从形态上来看，微纤化纤维素呈现出的是一种细长的丝状结构，具体来说，微纤化纤维素应该是以原细纤维为主要结构单元的丝状结构，然而在微纤化纤维素的制备过程中，所得到的微纤化纤维素实际上并不是以单根丝状结构的形式呈现的，而是由纳米或微米纤丝缠绕、交织或连接而成的网状结构。这可能与植物细胞壁的结构有关，因为构成细胞初生壁的微细纤维是呈紊乱状或网状排列的，构成细胞次生壁的微细纤维是以螺旋结构聚集在一起的。单根微纤化纤维素纤维的直径一般在 2~20nm 之间，而不同种类植物纤维原料的原细纤维束或微细纤维直径通常在 20~200nm 之间。

微纤化纤维素是 20 世纪 80 年代美国 ITT 公司的 Turbak 等开发出的一种新型纤维素产品，是将植物纤维素纤维悬浮液经过反复高强度均质化处理后得到的具有纳米尺度的高度润涨的胶体状纤维素产品，纤维直径在 10~50nm，而长度通常是直径的 10~20 倍，因此它通常是由一些长的线状微纤维组成的无规则的网状物。

与常规纤维素及一些纤维素改性产品相比，微纤化纤维素由于高度微细纤维化后，纤维比表面积增大且其表面裸露出大量的极性羟基，使得微纤化纤维素具有极高的保水值、较高的黏结力、悬浮性、稳定性、分散性等常规纤维素产品所不具备的特殊性质。而且由于具有纳米尺度和非常大的比表面积，微纤化纤维素大大提高了纤维素与其他材料的亲和力，其杨氏模量和抗张强度比普通纤维素有指数级的增长，能形成类似蜘蛛丝样的网状结构，并与其他材料（包括矿物填料）良好的共混成型。

在制备微纤化纤维素的过程中，目前多采用的原料为农作物，尤其是农作物的加工剩余物。这些非木材植物一般木质素含量较少，比木材容易漂白，且漂白过程要求不高，易获取微纤化纤维素。同时这些非木质材料中纤维素微纤丝间的结合力比木材次生壁内的纤维要小，分离微纤化纤维素所需的能量也较少。目前微纤化纤维素的制备方法较多，但大体可以分为化学法、机械法和化学机械处理方法。

微纤化纤维素的制备通常是以高强度机械处理为主，辅以必要的预处理以降低机械处理的能耗，提高制备效率。机械处理方法包括高压均质处理、微射流处理、超细研磨处理、冷冻破碎处理、高强超声处理等。

预处理可以显著降低微纤化纤维素机械制备能耗，而根据预处理对纤维的作用方式不同，预处理方法又可分为非改性预处理和改性预处理，其中，非改性预处理主要包括生物酶预处理、酸—碱抽提预处理、纤维素溶剂预处理；改性预处理主要包括羧甲基化预处理、乙酰化预处理、TEMPO 氧化预处理、高碘酸盐氧化与氧化/磺化联用预处理等。

目前，微纤化纤维素作为增强填料已被用于包括热固性树脂、聚乙烯醇、甘油塑化淀粉、聚氨酯、聚乙烯、壳聚糖等许多聚合物体系中，制备的复合材料在力学性能、热稳定性、阻隔性能等方面均比原材料有一定的提高。

徐艳等利用氢氧化钠/尿素水溶液制备了高阻隔、高强度的氧化石墨烯（GONS）/再生纤维素（RC）纳米复合材料薄膜。与纯 RC 薄膜相比，复合材料薄膜的气体阻隔性有明显的增强。同时，拉伸强度提高 67%，杨氏模量提高 68%。刘仁等将纤维素纳米晶体（CNC）作为稳定剂，疏水性大豆油基单体环氧大豆油丙烯酸酯（AESO）作为油相，制备 AESO 乳液，并进行涂布实验。发现 AESO 的疏水反应性和 CNC 的高结晶度相互协同，提高纸张水蒸气阻隔性能。

3.2 有机聚合物及纤维

3.2.1 聚丙烯

聚丙烯（PP），是一种无色、无臭、无毒、半透明固体物质，是丙烯通过加聚反应而成的聚合物，一般呈白色蜡状，外观透明而质轻。化学式为（C_3H_6）$_n$，密度为 $0.89 \sim 0.91 g/cm^3$，易燃，熔点 189℃，在 155℃左右软化，使用温度范围为 $-30 \sim 140$℃。在 80℃以下能耐酸、碱、盐液及多种有机溶剂的腐蚀，能在高温和氧化作用下分解。其分子结构式如下：

$$\left[\begin{array}{c} CH_3 \\ | \\ CH - CH_2 \end{array} \right]_n$$

聚丙烯熔喷非织造材料因其较大的比表面积、较高的孔隙率而具有优异的过滤性能，被广泛应用于空气净化领域。且以聚丙烯为原料制备的熔喷非织造材料纤维排列均匀，成三维杂乱状，纤维细度小，孔隙率高，空气阻力小，具有优异的过滤性能。除此之外，聚丙烯还广泛应用于服装、毛毯等纤维制品、医疗器械、汽车、自行车、零件、输送管道、化工容器等生产，也可用于食品、药品包装。

茂金属 PP 是近年来发展的一种新型聚合物，美国 Hoechst 公司首次实现了 18 万吨/a 茂金属 PP 的工业化规模；Exxon 公司用茂金属 PP 也达到 10 万吨/a 工业规模；Targo 公司已有 4 种牌号的茂金属 PP 用于纤维和非织造布领域；BASF、Amoco 公司都已有可用于纺丝、拉膜的茂金属催化剂 PP。由于这种聚合物其催化体系具有催化活性高、活性中心单一、定向配位能力强等特点，所得聚合物相对分子质量分布窄，使 PP 具有更好的挤压加工性能，有利于纺制细旦纤维和提高纺丝速度。它的高流动性和低成形温度更适于制取熔喷法或纺粘法非织造材料，其产品的纤度更细，微孔更小，具有较强的抗水渗透性和良好的透气性，具备了用于卫生保健材料和过滤材料的特性。

日本的过滤装置公司曾制备出在 90℃以内耐热用的聚丙烯排液过滤板，用来过滤含油泥污、含水固相等物质。近年来，通过驻极处理的聚丙烯非织造材料因其高效低阻的特点而被广泛应用于医疗卫生领域。

3.2.2 聚乳酸

聚乳酸（PLA）纤维是一种热塑性聚合物，以玉米、小麦、甜菜等含淀粉的农产品为原料，经发酵生成乳酸后，再经缩聚和熔融纺丝制成的。聚乳酸是一种可再生的资源，是可生物降解的，使用后能被自然界中微生物完全降解，最终生成二氧化碳和水，不污染环境，这对保护环境非常有利，是公认的环境友好材料。由于这些特性，它被认为是聚酯和聚丙烯的替代物。且利用熔喷技术制备的聚乳酸非织造材料可将聚乳酸自身性能优势与非织造材料纤维超细、比表面积大、孔隙率高等结构特点结合，在空气过滤领域具有广阔的应用前景。PLA 分子结构式如下：

$$\left[CH - \overset{\displaystyle O}{\underset{\displaystyle CH_3}{\overset{\displaystyle |}{C}}} - O \right]_n$$

PLA 纤维在过滤领域具有潜在适用性的几大优势为：

①提高过滤效率的带电介质。

②PLA 纳米纤维可以由静电纺丝获得。

③汽车和化学工业中的过滤器。

④袋泡茶，双组分 PLA。

姚春梅等将聚乳酸颗粒添加至三氯甲烷与 $N-N-$ 二甲基甲酰胺的混合溶剂中，通过静电纺丝制备出以聚乳酸非织造材料为基材、可生物降解的复合过滤材料，其过滤效率远远高于普通过滤材料；余玉梅等研究了聚乳酸纤维滤棒在卷烟中的应用，研究发现采用聚乳酸作为卷烟中的滤棒，能够降低卷烟烟气中有害成分亚硝胺的释放量，且卷烟感官质量有所提升。

3.2.3　聚苯硫醚

聚苯硫醚（PPS）纤维是一种硫化物连接芳环的线型高分子结晶性聚合物，它以硫化钠和二氯苯为单体，在 $N-$ 甲基吡咯烷酮或含碱金属羧酸盐（如醋酸钠等）的有机性溶剂中缩聚而得，大部分截面为圆形。PPS 分子结构式如下：

$$\left[\underset{}{\underset{}{\bigcirc}} - S \right]_n$$

PPS 纤维在 500℃ 前无明显的质量损失，具有很好的热稳定性，因此具有阻燃性；还具有较高的耐酸性能，对强碱、磷酸、氢氟酸及甲酸、醋酸等也有极强的抵抗力以及良好的电性能及尺寸稳定性，是重要的高技术工程热塑性材料。

虽然 PPS 纤维虽具有一定的耐热性，但其玻璃化转变温度和熔点都不是很高，纤维的弯曲性能不佳、耐磨性差、强度低，因纤维表面缺乏极性基团，与其他材料复合时黏结性差、吸湿性差。

PPS 因其良好的热稳定性、化学稳定性、耐腐蚀性并可长期工作于 190℃ 以下、瞬时超过 200℃ 的烟气环境中，已成为燃煤电厂和锅炉烟气除尘等的首选滤料。PPS 纺粘非织造材料对大粒径粒子的过滤效率较高，对 $10\mu m$ 以上颗粒过滤效率达到 98.1%，而对小粒径颗粒过滤效率较差，对 $1\mu m$ 以上粒径颗粒过滤效率为 28.6%，对 $0.3\mu m$ 以上颗粒过滤效率仅为 14.1%。

PPS 纤维具有十分广泛的用途，在环境保护、化学工业过滤和军事等领域中的应用尤为突出。在化学行业，PPS 可以制成化学品的过滤网等；在电子行业，PPS 可以制成电绝缘材料、电缆白胶层、特种用纸等；在航空航天行业，PPS可以作为增强复合材料等；在机械行业，PPS可以作为复合材料的基材、造纸机毡布等；在纺织行业，PPS可以作为缝纫线、防护服、防火织物、保温材料等。

杨振生等研究出的高性能PPS过滤材料，不仅具有耐热、耐酸碱、对恶劣环境适应性强等特点，还能在减少过滤过程中的费用的同时，有效提高过滤材料捕捉效率、材料强度、延长过滤材料使用寿命，被广泛应用于高温除尘及热化学过滤；孙亚颇研制出的PPS针刺毡性能达到高温除尘的应用要求，对于粒径大于$5\mu m$的尘埃具有很好的过滤性能，过滤效率可达到100%；对于粒径$0.5\sim5\mu m$的尘埃，过滤效率可达90%以上，基本满足高温滤袋的过滤要求。

3.2.4　聚丙烯腈

聚丙烯腈（PAN）是一种高分子化合物，俗称腈纶，是由单体丙烯腈经自由基聚合反应而得到，大分子链中的丙烯腈单元是接头—尾方式相连的。聚丙烯腈纤维有人造羊毛之称，具有柔软、蓬松、易染、色泽鲜艳、耐光、抗菌等特性，根据其不怕虫蛀等优点及用途可纯纺或与天然纤维混纺，其纺织品被广泛地用于服装、装饰等领域。由于其具有高的介电常数，已被广泛用于生产。PAN分子结构式如下：

$$\left[\mathrm{CH_2-CH}\right]_n$$
$$\overset{|}{\mathrm{CN}}$$

聚丙烯腈纤维的强度并不高，耐磨性和抗疲劳性也较差。聚丙烯腈纤维的优点是耐气候性和耐日晒性好，在室外放置18个月后还能保持原有强度的77%。同时其还具有耐化学性能，特别是无机酸、漂白粉、过氧化氢及一般有机试剂。聚丙烯腈对碱不稳定，遇碱易着色，在80℃以上的浓碱中能水解为聚丙烯酸钠。在回弹性和卷曲性方面，与羊毛存在很大的差距。且聚丙烯腈具有优良的耐高温性能，且价格低于其他耐高温材料，是高温过滤材料的理想材料。

任素霞以聚丙烯腈和纳米纤维素晶体为原料，采用静电纺丝法制备纳米纤维素/聚丙烯腈复合空气滤膜，空气过滤测试显示该薄膜具有较高的空气过滤效率，32L/min下的过滤效率为99.67%，证明了该材料具有在空气过滤膜中的应用潜力；冯雪采用静电纺丝技术制备的用于空气过滤的聚丙烯腈纳米纤维膜，过滤效率高达99.24%。

3.2.5　聚四氟乙烯

聚四氟乙烯（PTFE）纤维是以PTFE乳液为原料，以聚乙烯醇（PVA）、聚氧化乙烯（PEO）等为助纺剂，通过纺丝或制成薄膜后切割或原纤化而得到的一种特种合成纤维。PTFE分子结构式如下：

$$\left[\begin{matrix}\mathrm{F}&\mathrm{F}\\ |&|\\ \mathrm{C}-\mathrm{C}\\ |&|\\ \mathrm{F}&\mathrm{F}\end{matrix}\right]_n$$

在其分子结构中，因碳氟键的结合力较强，赋予纤维化学稳定性优良、耐腐蚀性和耐气候性良好的特点，可在 190~260℃ 高温范围内使用。所制备的纤维过滤材料在高温下强度保持率高，可抵抗强氧化物及各种酸碱的腐蚀，还具有良好的清灰性能。但是，PTFE 纤维卷曲性能和抗静电性差，单独使用时可纺性差，且价格较高。另外，由其加工成的滤袋抗蠕变性能较差，在产品设计和使用过程中应多加注意。

PTFE 纤维因具有许多优良的性能而在航空航天、石油化工、海洋作业、纺织、食品和造纸等领域都有着广泛的应用，尤其是在控制 PM2.5 和制作宇航服方面起着举足轻重的作用。

上海大宫新材料有限公司曾采用自己的专利技术开发出了系列聚四氟乙烯覆膜滤料，在工业除尘、液体过滤等许多领域上得到了广泛应用；郑玉婴采用自主研发的 PTFE 发泡涂层剂对 PPS 滤料基材进行预处理，制备的无胶热压聚四氟乙烯覆膜高温滤料具有除尘效率高，过滤精度高，运行阻力低，易清灰，寿命长等特点，能有效控制 PM 2.5 等超细粉尘的排放，被广泛应用于燃煤电厂、水泥行业、垃圾焚烧、化工厂以及其他相关领域的高温烟气粉尘的治理。

3.2.6　芳纶

芳纶是一种人工合成的芳香族聚酰胺，主要分为间位芳纶（PPTA）和对位芳纶（PMTA），即芳纶 1313 和芳纶 1414。芳纶具有独特的高强度、高模量、热稳定性、低密度、耐磨性好等特征，它的独特性质及特殊的化学成分使它与普通商业化人造纤维有很大区别。

对位芳纶的大分子链中，酰胺基与对位苯基相连。对位芳纶的主要突出优点是高强度、高模量。其拉伸强度是钢丝的 6 倍，拉伸模量是钢丝及玻纤的 2~3 倍，密度仅为钢丝的五分之一，主要应用于安全防护、防弹，橡胶制品增强，高强度缆绳以及石棉摩擦材料替代。

间位芳纶中酰胺基与间位苯基相连，间位芳纶的分子链共价键没有共轭效应，分子链内旋转位能低于对位芳纶，大分子链的柔性较对位芳纶强，纤维结晶度比对位芳纶小。间位芳纶具有优异的耐高温、阻燃及绝缘性能。间位芳纶因为模量低且伸长率高，作为织物的舒适性及手感比对位芳纶更好。间位芳纶的许多应用都基于它在具有耐高温和阻燃特征的同时，还具有较好的织物热湿舒适性等特性，因此主要应用于高温防护织物、电气绝缘隔热以及需要耐高温的高温过滤材料、高温传送带等领域。对位芳纶和间位芳纶的分子结构式如下：

PPTA   PMTA

芳纶纤维因其具有高强度、高模量、耐高温、阻燃、化学稳定性等优异的性能而广泛应用于军工领域、防护领域、产业领域及复合材料增强体等。芳纶水刺非织造材料具有良好的耐高温性，能够应用于过滤领域和防护领域，也是近年来发展较快的空气过滤材料，应用也卓有成效。

3.2.7　芳砜纶

聚砜酰胺纤维又称芳砜纶，简称 PSA，是由上海市纺织科学研究院和上海市合成纤维研究所共同研究和生产的一种高性能合成纤维，属于芳香族聚酰胺类耐高温材料。它是由4,4-二氨基二苯砜与3,3-二氨基二苯砜和对苯二甲酰氯低温缩聚而成，分子主链上引入了具有强吸电子的砜基集团，通过苯环的共轭作用使其具有优异的耐热稳定性和抗热氧化性。PSA分子结构式如下：

　　PSA纤维具有耐高温性能，PSA纤维在250℃长期使用下仍旧保持70%的强度，在300℃和250℃热空气中处理100h后，其强度损失率仅分别为20%和10%。但温度高于350℃时，其内部结构会被破坏。PSA纤维的极限氧指数可达33.00%，在300℃热空气中的收缩率仅为0.50%~1.00%，在燃烧时不熔融、不收缩或很少收缩，离开火焰自熄，极少有阴燃或余燃现象，符合耐高温滤料的基本性能要求。

　　芳砜纶是制作袋式除尘器配套滤袋的优良材料，其不仅具有良好的耐热性，而且具有优良的抗热氧老化的稳定性，并在270℃以内，能保持良好的尺寸稳定性，以及良好的抗酸性能等，尤其适用于耐高温滤料。

　　任家荣曾研究发现由于PSA纤维突出的耐高温性及高温尺寸稳定性，PSA纤维针刺毡的尺寸稳定性、机械性能和透气性等受高温环境影响较小，能够满足高温环境下烟气除尘过滤的长期使用要求。王锋华采用分层铺网技术制成PSA滤料，经实践发现该滤料在安多水泥项目中的水泥窑尾高温烟气过滤工况中应用不仅具有技术可行性，还能够提供较优的性价比。

3.2.8　聚酰亚胺

　　聚酰亚胺（PI）是指分子主链上含有酰亚胺结构（—CO—NH—CO—）的一类化学结构高度规整的刚性链状聚合物，主链上的酰亚胺环结构使PI材料具有良好的耐热性、化学稳定性、柔韧性和力学性能。两种常见的酰亚胺基团的化学结构如图所示，这种含氮杂环结构是聚酰亚胺具有优异性能的主要原因。聚酰亚胺树脂根据热加工特性分为热塑性聚酰亚胺（TPI）树脂和热固性聚酰亚胺（TSPI）树脂两大类。PI的分子结构式如下：

脂肪族　　　　　　芳香族

聚酰亚胺树脂及其复合材料具有耐高、低温，高绝缘性，高阻燃等级，无毒，良好的力学性能、化学稳定性，耐老化性能，耐辐照性能等优异的综合性能。

由于聚酰亚胺纤维可纺丝形成非常高的表面体积系数，这为其捕获尘粒提供了条件，提高了尘粒过滤效率。再加上聚酰亚胺具有优良的耐热性，使得聚酰亚胺成为目前最佳的高温过滤材料。

聚酰亚胺作为综合性能优良的膜材料已经得到广泛关注，其优良的耐热、耐溶剂、耐腐蚀性能使其在耐溶剂纳滤膜方面具有很大的优势，也是为数不多的商业化的耐溶剂纳滤膜材料之一。且由聚酰亚胺制成的材料尺寸稳定性、介电性能、耐辐射性能都十分优良，被广泛应用于航空航天、电子电器、复合材料等领域。

侯大伟通过静电纺丝技术制备了聚酰亚胺纳米纤维膜，并利用复合工艺将聚酰亚胺纳米纤维膜和芳纶纤维针刺毡制备成具有三明治结构的复合滤材，在高温气体过滤领域广泛应用，过滤效率可达 99.3%；尚磊明研制的三明治结构的耐高温纳米纤维复合聚酰亚胺过滤毡，强度超过 1000kPa，对粒径 2.0μm 以上和 1.0~2.0μm NaCl 颗粒的过滤效率分别达 100% 和 99.5% 以上。

3.3　无机纤维

3.3.1　玻璃纤维

玻璃纤维通常用于高温过滤，化学成分为 SiO_2、B_2O_3、CaO 和 Al_2O_3。通常对玻璃纤维进行超细化处理制备滤料或以机织物、无纬布等形式夹在两网胎之间经加固制备复合滤料，主要起到增强的作用。

玻璃纤维具有耐高温（瞬时耐高温可达 350℃、无碱工况条件下可在 280℃ 环境中连续使用）、耐腐蚀、绝缘性好、力学性能好、吸湿性低和化学稳定性高等特点，但是存在过滤效率低、过滤阻力大的缺点。其表面十分光滑，可改善滤料的清灰功能，且成本较低。但玻璃纤维耐折、耐磨性能差，短纤维机械梳理成网较困难，可纺性较差，其过滤材料在频繁的清灰过程中会导致滤料磨损，折断变形，应用受到限制。通常会对玻璃纤维进行超细化处理制备滤料，或以机织物、无纬布等形式夹在两网胎之间经加固制备复合滤料，主要起到增强的作用。

玻璃纤维不仅展现出直径细、孔径小的结构优势，还具有耐高温、耐腐蚀的性能优势，因此多用于过滤高温气流中的细颗粒物。

由于玻璃纤维具备较小的气流阻力和较高的过滤效率，玻璃纤维还常被用来制造空气滤纸，且生产工艺相对简单。玻璃纤维空气滤纸有一定程度的片材抗张强度，它具有抗水、抗油、抗酸、抗碱、抗腐蚀、抗热和抗腐蚀的能力。但是因为无机纤维表面纤维的活性比较低，所以纤维之间的黏合强度低，不可能像植物纤维那样使蚕丝膨胀和分裂。结果造成了玻璃纤维具有低的物理强度，高的脆性，容易的纸张撕裂能力和有限的灰尘保持能力。因此，要通过在其分散及分解时借助某些合适的化学助剂到达改变其性能的目的。

国内市场使用的玻璃纤维过滤材料主要有平幅布、膨体纱布、针刺毡、覆膜滤料四大系列。其中玻纤针刺毡过滤材料是一种高效玻纤滤料，不仅具有玻纤织物滤料耐高温、耐腐蚀、尺寸稳定、强度高的特点，而且由于毡层纤维呈三维微孔结构，空隙率高，对气体的过滤阻力小，除尘效率超过织物滤料，可达99.9%，是一种结构合理、性能优良的新型耐高温滤料，过滤速度比织物滤料高一倍左右。广泛适用于炭黑化工、钢铁冶金、燃煤锅炉、耐火材料以及水泥建材等行业的高温烟气过滤。

3.3.2　陶瓷纤维

陶瓷纤维是一种由氧化碳化硅或多硅酸盐为主要成分的无机耐高温纤维材料，具有比强度和比模量高、耐腐蚀、抗氧化、质轻，以及耐机械振动、耐高温等特性，其使用温度高达800~1500℃。除磷酸、氢氟酸和强酸外，其他酸碱对其无明显腐蚀作用，陶瓷纤维由于其纤细的形态，良好的热稳定性和化学稳定性，在现代工业中作为过滤材料得到广泛的应用。

陶瓷纤维过滤材料具有轻质、过滤阻力低、热稳定性好、过滤效率高等优点，在高温气体尤其是高温烟气净化领域得到广泛应用。按照其制备工艺、材料组成和微孔结构来分，陶瓷纤维过滤材料可分为短纤维、真空抽滤成型的低密度陶瓷纤维过滤材料、长纤维或连续纤维增强陶瓷纤维复合过滤材料以及具有刚性支撑体的陶瓷纤维复合膜过滤材料等。陶瓷纤维过滤材料的显微结构如图3-4所示。

图3-4　陶瓷纤维过滤材料的显微结构

日本住友3M公司，采用陶瓷纤维制备的耐高温气体收尘过滤器，不仅能在300~1000℃高温气体中收尘，还会使高温状态的气体被有效利用；公衍民采用干压成型的工艺制备的具有高强度的陶瓷纤维过滤元件，多孔陶瓷过滤器是解决高温含尘气体净化问题的有效材料之一可以用于高温含尘气体的净化过程，脱除颗粒污染物（PM）。

3.3.3　玄武岩纤维

玄武岩纤维是一种新型高性能、绿色环保型纤维，它在空气和水介质中不会放出有毒物质，在废弃后能降解，降解后即成为土壤的母质，对环境友好。玄武岩纤维是由SiO_2、CaO、Al_2O_3等多种氧化物组成的玄武岩，在1450~1500℃超高温下熔融，经由铂铑合金拉丝漏板在高速下拉伸而成的连续长丝，具有高强度、高模量、高温尺寸稳定性和高化学稳定性等特性，是我国现阶段重点发展的四大纤维（玄武岩纤维、超高分子量聚乙烯纤维、芳纶、碳纤维）之一。其耐酸碱性能明显优于玻璃纤维，使用温度可达700℃。玄武岩纤维的扫描电子显微镜图片如图3-5所示。

玄武岩属难熔矿石，熔化温度在1500℃以上，烧结温度达1060℃。普通玄武岩纤维的有效使用温度范围为 260～700℃，特种玄武岩纤维则高达982℃，即玄武岩纤维具有优异的耐高温和耐低温性能，其使用温度范围大大超过其他类别纤维；玄武岩纤维的热传导系数低于其他类别纤维，因而具有优良的绝热性能；玄武岩纤维的吸音系数大于玻璃纤维等其他纤维，故是一种理想的隔音材料；玄武岩纤维的体积电阻率比无碱玻璃纤维高一次方，具有优良的电绝缘性能，是一种理想的电绝缘材料。

图 3-5　玄武岩纤维的扫描电子显微镜图片

　　玄武岩纤维是一种脆性材料，其理论抗拉强度为3000～4840MPa，弹性模量为 90～110GPa，断裂伸长率为 3.2%左右，其抗拉强度明显优于芳纶、聚丙烯纤维、氧化铝纤维等。

　　玄武岩纤维的化学稳定性良好，主要表现为优良的耐酸性、较强的耐碱性、耐水性和低吸湿性，玄武岩纤维中的硅氧化物、铝氧化物等硅酸盐矿物，在一定程度上影响其耐酸碱性，除在较高浓度的强酸、强碱条件下，其均表现出良好的化学稳定性。

　　玄武岩纤维是具有多孔结构的纤维，表面是光滑的圆柱形，截面是规整的圆形。玄武岩纤维的比表面积大，密度较小，这些赋予玄武岩纤维优异的过滤性能。光滑的表面对气体和液体通过的阻力小，可以使流经的气体液体快速通过。过滤过程中材料内部颗粒吸附在纤维表面，促使比表面积扩大，进一步提高过滤效率。玄武岩纤维在不同的工业领域均有极为广阔的应用前景。目前玄武岩纤维已开始在声热绝缘材料、化学过滤器、电绝缘材料、化学稳定性高的复合材料及制品、增强及结构材料以及其他复合材料制品当中逐渐得到推广应用。

　　采用玄武岩制备的高温过滤袋具有以下优势：

　　①耐热性好，可在 350～400℃下长期使用（玻璃纤维滤袋长期使用温度 260℃，P84 滤袋为 240℃，芳纶滤袋为 280℃）；

　　②尺寸稳定性好，在使用温度下纤维本身的收缩率为零；

　　③粉尘剥离性好，清灰能耗低；

　　④抗化学腐蚀、耐气候性好，除了氢氟酸、高浓度强酸和强碱外，对其他介质性能都很稳定；

　　⑤不吸水，不吸湿（玄武岩纤维吸湿率为玻璃纤维的 1/8 左右）；

　　⑥过滤效率可达 99.5%以上；

　　⑦使用寿命长。

　　李慧芳选用玄武岩机织布为基布与 PTFE 微孔膜进行复合得到的玄武岩机织覆膜滤料，过滤效率较高，过滤阻力符合过滤材料的要求，透气性好，断裂强力较高，具有较好的过滤性能，显示玄武岩覆膜滤料在工业应用上具有独特的优势。因为其阻燃性能好、耐高温、耐酸碱、吸湿性低、力学性能优等，以玄武岩纤维为添加材料制备各种复合材料，应用于消防、环保、航空航天、汽车船舶制造、工程塑料和建筑等领域，具有很大的发展前景。

3.3.4　不锈钢纤维

不锈钢纤维属于一种新型的工业应用材料，经特殊工艺加工而成的直径在10μm以下的软态新型工业用材料。不锈钢纤维是纯金属纤维，体积密度约为7.9g/m³，是普通纺织纤维的3~8倍，具有一定的可纺性，与镍、铜、铝等其他金属纤维相比，不锈钢纤维在可纺性、使用性、经济性等方面存在明显优势，在长度和细度方面都能达到纺纱要求，8μm的不锈钢纤维单纤强力可达2.94~5.88cN。纯不锈钢纤维具有极高的耐热性，在氧化环境中，可以在600℃条件下连续使用，同时它也是传热的良导体，可用作散热材料，耐腐蚀性好，完全耐硝酸、碱及有机溶剂的腐蚀，但是在硫酸、盐酸等还原性酸中其耐腐蚀性较差。

由于不锈钢纤维的内部结构、物理化学性能以及表面性能等在纤维化过程中发生了显著的变化，不锈钢纤维不但具有金属材料本身固有的高弹性模量、高抗弯、抗拉强度等一切优点，还具有非不锈钢纤维的一些特殊的性能和广泛的用途。不锈钢纤维与有机、无机纤维相比，具有更高的弹性、挠性（8μm的不锈钢纤维的柔软性相当于13μm的麻纤维）、柔韧性、黏合性（在适度表面处理时，和其他材料的接合性非常好，适用于任何一种复合素材）、耐磨耗性、耐高温（在氧化环境中，温度达600℃可连续使用）、耐腐蚀（耐HNO₃、碱及有机溶剂腐蚀）性，更好的通气性、导电性、导磁性、导热性以及自润滑性和烧结性。同时，不锈钢纤维独特的环保及可重复利用性，更是大大提高了其在社会生产生活中的使用价值。

利用不锈钢纤维优异的高强和耐热性能制成的非织造材料可用作耐高温过滤材料。而不锈钢纤维超短纤维可制成"特高精度"的过滤材料，其可过滤粒子大小可达微米级亚微米级，可用于食品、药品、饮料加工等行业。以不锈钢纤维粉末为添加剂，还可制造抗静电纸、屏蔽电磁波的导电塑料、包装电子元器件的导电薄膜等。由不锈钢纤维制成的织物具有电磁屏蔽效能良好及防辐射效果持久、透气性好、穿着舒适、加工方便等特点，是当今世界上应用极为广泛的高效屏蔽织物。

有学者研究发现不锈钢纤维滤袋式电除尘器比管式电除尘器和现在使用的袋式除尘器都具有更高的除尘效率，而且对细微粉尘具有更强的捕集能力，可广泛应用于炼钢电炉和工业炉窑的除尘设备。

3.3.5　碳纤维及其衍生物

3.3.5.1　碳纤维

碳纤维是一种含碳质量分数在95%以上的高强度、高模量的新型纤维材料，具有优越的力学性能，密度仅为钢材的四分之一左右，其抗拉强度可达到3500MPa以上，是钢的8~9倍。

根据碳纤维产品的性能，可将其分为高强高模型碳纤维（包括超高模量碳纤维、超高强度碳纤维）、高强度型碳纤维、高模量型碳纤维和通用型碳纤维，超高模量型碳纤维的模量要求高于450GPa，超高强度碳纤维的强度要求高于4000MPa。

按照传统的碳纤维分类，主要有PAN基碳纤维、沥青基碳纤维、黏胶基碳纤维。随着科技的进步，越来越多种类的碳纤维被研制出来，如气相生长碳纤维和碳纳米管纤维等。由于前驱体性质的差异以及制备工艺的不同，导致所制备的碳纤维在微晶大小、微晶组成、碳含量、分子取向以及结构特征等存在较大的差异，显示出不同的物理化学性能。

碳纳米管纤维是由成千上万根碳纳米管沿纤维轴向定向排布而得到的一种新型碳纤维，碳管之间没有化学键的连接，主要依靠分子之间的范德瓦尔斯力连接。碳纳米管具有优异的性能，拉伸强度超过 100GPa，弹性模量达到 1TPa，导电率在 105S/m，热导率为 5000 ~ 6000W/（m·K）。然而由于制备方法多样，导致结构具有多重界面的特征，使制备出来的碳纳米管纤维强度远远低于理论值；此外碳纳米管纤维的大规模生产还处于实验阶段，难以大批次制备。

未来碳纤维的发展趋势主要如下。

①降低碳纤维成本的同时兼顾其性能，如开拓廉价前驱体、降低生产能耗、优化工艺参数等。如使用成本较低的各向同性沥青、木质素、聚烯烃和生物质焦油作为前驱体原料；或使用等离子体预氧化和微波碳化等技术来降低预氧化过程中的能耗。

②扩大碳纤维的应用范围。相比于结构材料，碳纤维作为功能材料所需要的力学性能要求低。越来越多的研究人员开始关注碳纤维作为功能性材料的应用。如使用生物质材料、石墨烯、碳纳米管等制备碳纤维，应用于基团增强、污水净化、气相吸附、电池电极材料、储氢材料等。

木质素由于其原料来源广泛、碳含量高、价格低廉、结构多样等优点，有着广泛的应用前景。利用木质素作为碳纤维前驱体已经被学者广泛关注，然而由于木质素结构复杂、含氧量高、纺丝困难，使得所制备的木质素基碳纤维存在结构缺陷较多、力学性能较差等不足，难以满足作为结构材料的性能要求而被推广应用。实际上，木质素富含的苯丙烷氧结构基本单元，可使木质素基碳纤维形成丰富的孔隙结构和表面化学性质，进而显示出良好的功能性材料特征。同时纳米技术和静电纺丝技术的发展，木质素基碳纤维的纳米化已成为碳纤维领域研究的一个新方向。木质素基纳米碳纤维具有比表面积高、强度高以及良好的导电性、导热性和化学稳定性，自支撑等优点，作为一种结构功能一体化材料，在能量存储、储氢材料、过滤材料、水气净化、催化剂等领域显示出重要的应用价值与前景。

3. 3. 5. 2　活性炭纤维及活性炭纳米纤维

活性炭纤维（ACF）是继粉末活性炭和颗粒活性炭之后发展起来的第三代活性炭材料。ACF 是在碳纤维或者是可碳化纤维的基础上，经过物理活化处理，化学活化处理或者两种活化处理共同作用（不同活化方法温度不同）后得到新型高效的多功能吸附材料。大孔的孔径大于 50nm，孔径在 2~50nm 之间的称为中孔，孔径小于 2nm 的称为微孔。ACF 引人注意的结构特点之一为具有丰富的微孔，中孔很少，没有大孔，并且具有较大的比表面积。ACF 的微孔体积占总孔体积的 90% 以上，比表面积可以达到 1500 ~ 3000m²/g，含有丰富的微孔和大的比表面积，具有更大的吸附容量，且吸附脱附速度快（比颗粒活性炭快 10 倍至几百倍），再生容易快速，使用寿命长，同时耐酸、碱，耐高温，不会产生类似蜂窝活性炭或颗粒活性炭吸附装置由于热积蓄问题而引发燃烧爆炸的危险等，是一种比较理想的环保材料。ACF 的纤维状结构可以加工成布、毡、纸等各种织物形式及圆筒蜂窝状，即使长时间使用也具有形状稳定性。

ACF 主要由碳元素组成，含有少量氮元素和氧元素，其中碳的主要存在形式为：乱层类石墨微晶和不定形碳，本质上属于非晶态的无定形碳结构。高温碳化活化过程中，氢氧等元素被脱除，破坏了碳纤维的结构，碳物质聚集成环，局部形成类石墨微晶，微晶片层在三维空间的有序度差，平均尺寸非常小，即所谓的乱层石墨结构。在原丝高温碳化过程中，非碳原子以气体形式脱除，碳原子以六元环的形式结合为层状，但部分未脱除的非碳原子会阻碍碳原子形成大的片层结构，因此形成了乱层石墨结构。

碳纤维经过活化后，使纤维表面布满微孔。由于巨大的比表面积和窄的微孔分布，吸附能量增强，使 ACF 拥有吸附优势。同时，ACF 暴露在表面的微孔使其产生快的吸附速率。在吸附过程中，由于吸附剂和吸附质之间作用力不同，因此将 ACF 吸附方式分为两种：化学吸附和物理吸附。化学吸附为两种分子之间产生化学结合力，从而形成稳定的化学键和络合物，化学吸附具有选择性。物理吸附是由吸附质分子和吸附剂表面分子通过静电相互作用引起的吸附，这种吸附方式没有选择性。

ACF 具有很多特性，如良好的力学性能，具有短而直的微孔的细纤维形状使 ACF 比活性炭具有更快的颗粒内吸附动力学，ACF 的这种短而直的孔道较活性炭具有更快的吸附速率的优势。在吸附水分子时，其原子层间距变小，微孔结构变大。在吸附质分子进入时微孔逐渐被填满，并且微孔在吸附时直接和吸附质接触，吸附和解吸路径很短，从而呈现优异的吸附和解吸特性。ACF 优异的吸附性能主要表现在吸附容量大、吸附速率快、吸附灵敏度高、吸附层薄等方面。

ACF 是一种新型纤维状碳质材料，通过将有机纤维（例如聚丙烯腈纤维、纤维素纤维、酚醛树脂纤维和沥青纤维等）物理或化学法活化、温度为 700～1000℃ 的条件下碳化制备而成。

在物理活化时，有机纤维在高温下与活化剂接触。该反应通过热解掉焦油和未碳化的物质打开堵塞的纤维孔道，并创建新的活性位点并形成新的孔结构。常用的物理活化剂包括空气、水蒸气、CO_2 和其他气体等，因此物理活化也称为气体活化，在高温下，碳原子和活化剂形成 $CO+H_2$ 或 CO 形成孔结构。

化学活化涉及将脱水或腐蚀性或还原性活化剂与碳化前体混合，化学试剂嵌入碳颗粒的内部结构中，并经历一系列交联缩合反应以形成孔结构。

王秀丽用硝酸、磷酸、磷酸二氢铵、硝酸铜四种化学试剂分别对 P-ACF 进行了改性，发现经过四种不同方法的改性后，P-ACF 的比表面积和酸性含氧官能团的数量均有增加，而零电荷点降低，同时对铜离子的吸附能力也均有增加。徐海燕在 P-ACF 与氯化亚砜发生酰氯化后又与乙二胺反应，将 P-ACF 表面的羧基接枝改性为氨基、酰胺基，发现改性后的 P-ACF 比未处理的 P-ACF 对铜离子的吸附量高。Huang 等采用硝酸和壳聚糖分别对商业 PAN 基活性碳纤维布进行了改性，并用以对铜离子的吸附对比，发现经壳聚糖改性后的纤维布吸附量更高，主要是因为相比于硝酸改性引入的酸性官能团，壳聚糖改性既引入了氨基也引入了羧基。

王水利等将沥青基碳纤维采用空气氧化 CO_2 活化法进行处理，并考察了 CO_2、CH_4 和 N_2 的吸附性能，其中对 CO_2 的吸附量最高，在 1.5MPa 时 CO_2 吸附量质量分数为 6.25%。CHIANG 等报道了在聚酰胺基 ACFs 表面接枝 N 掺杂碳纳米管复合材料，0.1MPa 和 25℃时的 CO_2 吸附容量为 1.53~1.92mmol/g（6.73%~8.45%）。离子液体作为一种可设计性的绿色溶剂和"软"性功能材料而备受关注。离子液体是一种由阴阳离子组成的室温熔融盐，具有 CO_2 选择性吸收能力强、蒸汽压接近于零和可设计性强等优点。ANTHONY 等测定了 CO_2、N_2、O_2 等气体在 1-丁基-3-甲基咪唑六氟磷酸盐中的溶解度，与其他气体相比，CO_2 的溶解度最大。ZHU 等采用浸渍蒸发法将季离子液体负载到多孔硅胶表面，测得 CO_2 的吸附量质量分数达 6.35%。

3.4　新型非织造过滤原料

3.4.1　驻极体

驻极体是一种在没有外加电场条件下可以长期储存电荷并产生永久电场的电介质材料。具有高效率、低流阻、抗菌和节能等优点，在保证常规滤材的物理碰撞阻隔作用基础上，增加了静电吸附作用。利用物理或化学的方法使纤维形成驻极体，则驻极体表面以及内部会产生较强的静电场。

驻极处理使过滤材料纤维带有电荷，结合熔喷超细纤维材料致密的特点，因此带电纤维间形成了大量的电极，带电纤维不仅能够像磁铁一样吸引环境中大部分的带电微粒，同时也可将未带电的部分颗粒极化，进而吸附一些粒径较小的污染物，甚至病毒这种纳米级的物质也可进行静电吸附或电荷相斥阻隔。对纤维进行驻极处理主要有两种方式，一是添加驻极体母粒，二是对非织造基材进行驻极工艺。

驻极体是指具有长期储存电荷功能的电介质材料。无机驻极体粉体材料，如 SiO_2、Al_2O_3、TiO_2、氮化硅（Si_3N_4）以及电气石等，混入纺丝液共混，能够提高聚合物的驻极性能，大大提高材料的过滤性能。电气石俗称碧玺、碧茜，又称托玛琳，是一种带电的石头。电气石的成分非常复杂，主要是锂、钠、钙、镁、铝、铁的硅酸盐，其晶体结构属三方晶系。电气石复杂的结晶学结构和化学成分，使其具有强红外辐射、释放负离子、永久自发极化等特性，在卫生保健纺织品领域有着广阔的发展前景。电气石表面厚度几十微米范围内存在 104~107V/m 的高电场，在已知的具有永久极性的驻极体矿物中，电气石永久自发电极性最强，其极化矢量不受外部电场的影响。利用此特性，将电气石加入非织造过滤材料中，利用静电力捕获粒子，可提高过滤材料对空气中微小粒子的过滤效率。

驻极体纤维过滤材料要求材料储存电荷的密度大、寿命长及稳定性高。因此，用作驻极体的材料需要具备优异的介电性能，如较高的比电阻、介电常数和低吸湿性。目前用于驻极体纤维过滤材料的原料主要以有机聚合物纤维为主，如 PP、PAN、PTFE、PVDF 等。通常用于驻极体纤维过滤材料的有熔喷、针刺、热风、静电纺等非织造材料，其中以熔喷驻极非织造材料的研究与应用最为成熟，有关静电纺驻极非织造材料的研究最多，以 PP 和 PVDF 纤维为原料的驻极体纤维过滤材料的过滤效率较高。

3.4.2　细菌纤维素

细菌纤维素（BC）主要是由细菌在细胞外合成的一类高分子碳水化合物，与天然植物纤维素化学组成非常相似。BC 分子结构式为 $(C_6H_{10}O_5)_n$，由 D-吡喃型葡萄糖单体通过 β-1,4-糖苷键连接而成，每个葡萄糖单体上有 3 个羟基基团，相邻的羟基可以在葡萄糖单体间或分子链间通过氢键结合，这种结合方式对纤维素的结构和特性具有重要的影响，不仅增强了自身的力学性能，也使分子之间紧密排列，从而形成有序的高度结晶区。

细菌纤维素具有超细网状纤维结构，质地纯、结晶度高，且有很强的吸水性，是一种天然的纳米材料的"海绵"，并具有良好的生物安全性和可降解性，同时具有强大的成膜特性，细菌纤维素膜被形象地比喻成"是以无数的细菌为梭子织就的一块非织造材料"。目前，已知能够生产纤维素的细菌有许多种，已报道的 BC 合成菌属共有 18 类，分别为：气杆菌属（*Aerobacter*）、葡糖醋酸菌属（*Gluconacetobacter*）、土壤杆菌属（*Agrobacterium*）、醋酸杆菌属（*Acetobacter*）、无色杆菌属（*Achromobacter*）、肠杆菌属（*Enterobacter*）、埃希菌属（*Escherichia*）、假单胞菌属（*Pseudomonas*）、固氮菌属（*Azotobacter*）、根瘤菌属（*Rhizobium*）、八叠球菌属（*Sarcina*）、弯曲菌属（*Campylobacter*）、产碱菌属（*Alcaligenes*）、沙门氏菌属（*Salmonella*）、动胶菌属（*Zoogloea*）、弧菌属（*Vibrior*）、克雷伯氏菌属（*Klebsiella*）、驹形氏杆菌属（*Komagataeibacter*）。细菌纤维素分子含有大量羟基基团，并通过自组装形成了超微纤维三维网状结构，相较其他天然纤维表现出更好的透气性、吸水性和力学性能，在功能材料领域显示了良好的应用价值。同时，在细菌纤维素生物合成过程中，可以通过改变菌体生长空间和微纤丝排列等进行性能调控，从而制备出形状、大小、厚度和性质各不相同的 BC 材料。

BC 不同于自然界广泛存在的纤维素，由于其是一种纯纤维素，因此具有：

①纤维素纯度高，结晶度高和重合度高，并且以单一纤维存在，这样在制备一些微小纤维产品时非常有利。传统微小纤维产品要从天然纤维出发制备，需要一系列特殊的加工过程。

②细菌纤维素的纤维直径在 $0.01 \sim 0.1 \mu m$ 之间，弹性模数为一般纤维的数倍至十倍以上，并且抗拉强度高。对纤维素的机械性能研究时发现细菌纤维素的杨氏模量高达 $15 \times 10^9 Pa$，并且纤维素的机械性能与生产纤维素的发酵方式以及膜的处理方法（包括加热和加压）无关。

③具有较高的生物适应性，并且在自然界可直接降解，不污染环境。

④超精细网状结构，细菌纤维素纤维是由直径 $3 \sim 4nm$ 的微纤维组合成的 $40 \sim 60nm$ 粗的纤维束，并相互交织形成发达的超精细网络结构。

细菌纤维素具有非常高的每单位质量的表面积。这些具有高度亲水性的特性导致了非常高的液体负载能力。此外，生物相容性使其成为各种领域广泛应用的有吸引力的候选者，特别是与生物医学和生物技术应用相关的领域。细菌纤维素用于人体时可以稀释毒物；增强肠道蠕动，促进排便，防止便秘、直肠癌；降低胆固醇和减肥。值得关注的是，细菌纤维素由于结晶区内强烈的分子氢键的作用，具有高聚合度和高结晶度的特征而较难溶解；此外，细菌纤维素的形态结构比较单一，目前主要是作为膜材料和填充剂使用，从而使其应用范围受到很大限制。

鲁敏以 BC 为吸附剂去除水中的 Cu^{2+}、Pb^{2+}、Cd^{2+} 和 Cr（Ⅵ），结果表明：细菌纤维素对其均有一定吸附效果，吸附量大小顺序为 Cd^{2+} > Pb^{2+} > Cr（Ⅵ）> Cu^{2+}，吸附量分别为 12.98mg/g、10.42mg/g、6.05mg/g、5.9mg/g。为进一步提高 BC 的吸附效率，通过醚化法改性得到了氨基磺酸铵/BC（ASBC），ASBC 对金属离子的吸附效率显著提高。通过吸附动力学发现细菌纤维素对重金属离子的吸附机制主要包括表面能吸附和静电吸引，此外，ASBC 的吸附机制还伴有离子交换。贺玮等利用大豆蛋白和 BC 制备了环保型空气过滤复合材料，结果表明其制备的复合材料对 PM2.5 的过滤效率最高可达 85.44%±0.02%，且该材料结构稳定、环保无污染。范鑫将 BC 与玉米醇溶蛋白自组装形成蛋白粒子，与木浆纤维共混后通过抽滤、冻干得到具有高过滤效率、低空气阻力的生物基空气净化膜并将其用于过滤不同粒径的污染物，该空气净化膜对大颗粒污染物 PM 5.0~10 的过滤效率达到 99.01%±3.18%，对小颗粒污染物 PM0.3 也有很高的过滤效率，高达 93.71%±1.31%，充分体现了高效低阻的优异性能，在空气过滤领域具有广阔的应用价值。

细菌纤维素还被用于微滤膜的开发研究，目前商用的微滤膜滤水性能较差，过滤时能耗大，细菌纤维素基的微滤膜具有纤维交织形成的多孔三维网状结构，可有效降低过滤阻力。宋冰等通过溶液过滤复合法制备了细菌纤维素纸质复合微滤膜，平均孔径达到 0.01~1μm，且具有高强度、耐高温性、耐碱性等特性，随着细菌纤维素复合量的增加，复合膜的最大孔径和纯水透过量均显著降低，当细菌纤维素复合量为 $6g/m^2$ 时纸质复合膜的最大孔径为 5μm，纯水透过量为 1.092m^3/（m^2·h），展现了细菌纤维素基微滤膜在水处理中的应用前景。

3.4.3 热塑性弹性体

热塑性弹性体（TPE），是一种在常温下显示硫化橡胶的高弹性，而高温下又像热塑性塑料一样易于加工成型，兼具硫化橡胶和热塑性塑料特性的聚合物材料。由于 TPE 的这种特殊性能，TPE 又被称作"第三代橡胶"。由于不需要硫化、成型加工，与传统硫化橡胶相比，TPE 的工业生产流程缩短了 1/4，节约能耗达 25%~40%，效率提高了 10~20 倍，堪称橡胶工业的又一次技术革命。并且 TPE 能够多次加工和回收利用，可节约合成高分子材料所需的石油资源，减少环境污染。

目前，TPE 被广泛应用于汽车、建筑、家用设备、电线电缆、电子产品、食品包装和医疗器械等众多行业。在当今石油资源日益匮乏、环境污染日益严重的背景下，TPE 具有极其重要的商业价值和环保意义，已成为高分子材料领域的一个研究热点。

3.4.3.1 热塑性苯乙烯类热塑性弹性体

热塑性苯乙烯类热塑性弹性体（SBC）是 TPE 中产量最大、应用最广泛的一种。SBC 是指由共轭二烯烃与乙烯基芳香烃共聚形成的热塑性弹性体及其加氢产物，其中，乙烯基芳香烃一般是苯乙烯。

SBC 主要有苯乙烯—丁二烯—苯乙烯嵌段共聚物（SBS）、氢化苯乙烯—丁二烯—苯乙烯嵌段共聚物（SEBC）、苯乙烯—异戊二烯—苯乙烯嵌段共聚物（SIS）、苯乙烯—异丁烯—苯乙烯嵌段共聚物（SIBS）、氢化苯乙烯—异戊二烯—苯乙烯嵌段共聚物（SEPS）五类。

3.4.3.2　聚烯烃热塑性弹性体

聚烯烃热塑性弹性体（TPO）主要是指乙丙橡胶、丁腈橡胶（NBR）等橡胶与聚丙烯或聚乙烯共混，或者通过合成嵌段结构的弹性体，形成的无须硫化就可以加工成型的一类热塑性弹性体。

目前，在欧美日等发达国家 TPO 的消费量很大，而在我国 TPO 的市场份额还比较小，TPO 主要用于汽车、电线电缆、电子电器、建材及运动器械等领域。

聚烯烃弹性体（POE）是一类新型的由乙烯与丙烯或其他高级 α-烯烃（如 1-己烯、1-辛烯等）共聚而成的聚烯烃材料，主要包括乙烯—丙烯共聚物、乙烯—丁烯共聚物、乙烯—己烯共聚物、乙烯—辛烯共聚物等。由于 POE 分子链中共聚单体含量高、密度低，聚合物链由结晶性树脂相和无定型橡胶相组成，因而该材料既具有橡胶的高弹性，又具有热塑性树脂的可塑性，易加工成型。POE 分子链由非极性的饱和单键组成，无极性基团，故具有优良的耐水蒸气性、耐老化性、耐腐蚀性及耐热性。

3.4.3.3　热塑性聚氨酯弹性体

热塑性聚氨酯弹性体（TPU）又称热塑性聚氨酯橡胶，是一种（AB）$_n$ 型嵌段线性聚合物，A 为高分子量（1000~6000）的聚酯或聚醚，B 为含 2~12 直链碳原子的二醇，AB 链段间化学结构是二异氰酸酯。

TPU 通常是以聚合物多元醇、二异氰酸酯、扩链剂、交联剂及少量助剂为原料，通过加聚反应制得的嵌段聚合物。从分子结构上看，热塑性聚氨酯大分子主链是由软段和硬段嵌段而成，软段是由柔软的聚合物多元醇组成的，决定了弹性体的弹性和耐低温等性能，硬段一般是由二异氰酸酯和扩链剂（低分子二醇或二胺等）反应而成，影响着弹性体的强度、结晶性、硬度、模量等性能。

热塑性聚氨酯弹性体分子间氢键交联或大分子链间轻度交联，随着温度的升高或降低，这两种交联结构具有可逆性。在熔融状态或溶液状态分子间力减弱，而冷却或溶剂挥发之后又有强的分子间力连接在一起，恢复原有固体的性能。

TPU 是一类既具有橡胶弹性又具有塑料刚性的高分子合成材料，具有良好的机械强度、耐磨性能、耐油、耐低温、高弹性、硬度范围广等优势，同时 TPU 材料绿色环保，耐臭氧性极好，应用领域广阔。但是未经改性处理的 TPU 材料也存在耐热性差、耐老化性差、阻燃性较差、抗静电效果较差等缺点。

3.4.3.4　热塑性聚酯弹性体

热塑性聚酯弹性体（TPEE，也有称作聚醚酯热塑性弹性体）是由高熔点、高硬度的结晶型聚酯硬段和玻璃化转变温度较低的非晶型聚醚或聚酯软段组成的线性嵌段共聚物。

硬段主要为芳香族聚酯，常见的主要为 PBT（聚对苯二甲酸丁二醇酯）、PET（聚对苯二甲酸乙二醇酯）、PTT（聚对苯二甲酸丙二醇酯）等。硬段的刚性、极性和结晶性使 TPEE 具有突出的强度和较好的耐高温性、耐油性、耐蠕变性、抗溶剂性及抗冲性。

软段（连续相）主要为脂肪族聚酯或聚醚，脂肪族聚酯常见的有 PGA（聚乙交酯）、PLLA（聚丙交酯）、PCL（聚己内酯）等，聚醚常见的有 PEG（聚乙二醇醚）、PPG（聚丙二醇醚）、PTMG（聚四氢呋喃）等。软段的低玻璃化温度和饱和性使得 TPEE 具有优良的耐低温性和抗老化性。

TPEE 具有优异的耐热性、耐油性、高低温下曲挠疲劳性能、耐磨耗、高强高韧，耐化学品性能突出，耐候性和耐老化性优良，易于加工成型等特性。

3.4.3.5　聚酰胺热塑性弹性体

聚酰胺热塑性弹性体（TPAE），作为高分子材料的一个重要品种，在经历了开发期、技术成熟期、高速发展期，也已经进入了稳定发展期。TPAE 合成主要是将己内酰胺或 ω-氨基己酸或二元酸及二元胺共聚，以钛酸烷基酯为催化剂，二元羧酸为终止剂合成二羧基聚酰胺低聚物，再与二羟基聚醚齐聚物熔融共缩聚，或进行酯化生成多嵌段共聚物。在制备时控制线型分子链中硬链段和软链段的重量比，是生产 TPAE 的关键技术。通过改变软、硬链段的种类和长度，或改变两者的共混比，即可调节其性能，生产出系列化的 TPAE 产品。

TPAE 的综合性能是拉伸强度及低温抗冲强度高，柔软性好，弹性回复率高；在低温达 -40~0℃ 的低温环境下，仍能保持冲击强度和柔韧性不发生变化，曲挠性变化小，有良好的耐磨性及曲挠性，高度的抗疲劳性能，摩擦系数小，吸音效果好，热稳定性良好，最高使用温度可达 175℃，并可在 150℃ 下长期使用。

TPAE 的物理、化学性能优良，可采用注射、挤出、吹塑及旋转模塑工艺成型加工，并可填充、增强及合金化复合改性，适应各种功能性用途，已显示广阔的应用前景。目前已广泛用于制作机械和电气精密仪器的功能部件、汽车部件、体育用品、医疗、电信等许多领域。

参考文献

[1]刘呈坤,马建伟.非织造布过滤材料的性能测试及产品应用[J].非织造布,2005(1):30-34.

[2]张杰.电气石改性熔喷过滤材料的工艺与效能的研究[D].上海:东华大学,2012.

[3]曹秋玲,王琳.木棉纤维与棉纤维结构性能的比较[J].棉纺织技术,2009,37(11):28-30.

[4]邓沁兰,梁冬,冯慧玲.木棉纤维与涤纶中空纤维的结构和性能测定[J].化纤与纺织技术,2019,48(1):26-30.

[5]张明宇,谭艳君,刘姝瑞.木棉纤维的性能及其在纺织上的应用[J].纺织科学与工程学报,2021,38(3):68-73.

[6]张振方,王梅珍,林玲,等.木棉纤维基本性能研究[J].针织工业,2015(8):25-28.

[7]杨娜,洪玉,赵嘉雨,等.氧化石墨烯—木棉纤维过滤膜的制备及其油水分离应用[J].安徽化工,2021,47(6):84-85,89.

[8]杨家喜.木棉纤维在空气过滤材料中的应用研究[D].广州:华南理工大学,2017.

[9]瞿彩莲,窦明池,王波.几种新型植物纤维及其应用[J].中国纤检,2006(5):32-34.

[10]邢立学.椰壳纤维/抗冲共聚聚丙烯复合材料的研究[D].淄博:山东理工大学,2009.

[11]朱赛玲,熊雪平,徐朝阳,等.椰子纤维研究利用及发展趋势[J].福建林业科技,2014,41(2):231-234.

[12]陈启杰,郑学铭,康美存,等.天丝纤维在变压器绝缘纸板中的应用[J].中国造纸学报,2018,33(3):28-33.

[13]许英健,王景翰.新一代纤维素纤维——天丝及其分析[J].中国纤检,2006(1):43-45.

[14]张瑞文,王再学.Lyocell纤维—溶剂法再生纤维素纤维[J].河南纺织高等专科学校学报,2006(4):4-7.

[15]陈继伟,王习文.天丝纤维的原纤化及其与无纺布复合性能的研究[J].造纸科学与技术,2011,30(3):25-29,15.

[16]路铠嘉,赵传山,李霞,等.天丝空气滤纸的制备及其性能研究[J].中国造纸,2022,41(2):16-22.

[17]刘富亮,龙金,赵垫宇.原纤化天丝超细纤维微滤膜的制备及性能研究[J].中国造纸,2019,38(10):7-12.

[18]张琳.载银纳米纤维素气凝胶的制备与表征[D].天津:天津科技大学,2019.

[19]路洁,李明星,周奕杨,等.纳米纤维素的制备及其在水凝胶领域的应用研究进展[J].中国造纸,2021,40(11):107-117.

[20]董峰.纳米纤维素增强天然高分子材料的研究进展[J].现代化工,2021,41(9):52-56.

[21]张欢,戴宏杰,陈媛,等.离子液体—球磨法制备柠檬籽纤维素纳米纤丝及其结构表征[J].食品科学,2021,42(7):120-127.

[22]徐艳,刘忠,赵志强.纳米纤维素改性及其应用研究进展[J].天津造纸,2021,43(2):22-29.

[23]高艳红,石瑜,田超,等.微纤化纤维素及其制备技术的研究进展[J].化工进展,2017,36(1):232-246.

[24]周素坤,毛健贞,许凤.微纤化纤维素的制备及应用[J].化学进展,2014,26(10):1752-1762.

[25]冉琳琳,谢帆钰,王封丹,等.纳米纤维素的制备及应用研究进展[J].广州化工,2021,49(6):1-5,10.

[26]唐丽丽.MFC/壳聚糖薄膜包装性能的研究[D].天津:天津科技大学,2017.

[27]李金宝,刘强,张美云,等.微纤化纤维素增强纸张物理性能的研究[J].纸和造纸,2015,34(8):20-23.

[28]江泽慧,王汉坤,余雁,等.植物源微纤化纤维素的制备及性能研究进展[J].世界林业研究,2012,25(2):46-50.

[29]黄景莹.改性熔喷聚丙烯非织造布的制备和性能研究[D].上海:东华大学,2012.

[30]陈彦模,朱美芳,张瑜.聚丙烯纤维改性新进展[J].合成纤维工业,2000(1):22-27.

[31]谷英姝,汪滨,董振峰,等.聚乳酸熔喷非织造材料用于空气过滤领域的研究进展[J].化工新型材料,2021,49(1):214-217,222.

[32]姚春梅,黄锋林,魏取福,等.静电纺聚乳酸纳米纤维复合滤料的过滤性能研究[J].化工新型材料,2012,40(4):122-124.

[33]余玉梅,陈欣,姜雯,等.聚乳酸纤维滤棒在卷烟中的应用研究[J].合成纤维工业,2018,41(6):26-30.

[34]郭光振.新型高性能阻燃纤维技术现状及应用前景[J].中国纤检,2016(11):138-141.

[35]杨振生,潘浩男,李春利,等.高性能聚苯硫醚过滤材料研究进展[J].化工新型材料,2019,47(10):216-218,223.

[36]孙亚颇,焦晓宁.聚苯硫醚针刺毡在高温除尘上的应用性能研究[J].合成纤维,2010,39(5):6-8.

[37]任素霞,董莉莉,张修强,等.高过滤性纳米纤维素/聚丙烯腈复合空气滤膜制备研究[J].河南科学,2019,37(3):356-360.

[38]冯雪,汪滨,王娇娜,等.空气过滤用聚丙烯腈静电纺纤维膜的制备及其性能[J].纺织学报,2017,38(4):6-11.

[39]郑玉婴,蔡伟龙,汪谢,等.无胶热压聚四氟乙烯覆膜高温滤料[J].纺织学报,2013,34(8):22-26.

[40]任加荣,王锦,俞镇慌.芳砜纶高温烟气除尘过滤应用性能的试验研究[J].产业用纺织品,2008(5):6-9,44.

[41]王锋华,张光绪.芳砜纶在过滤领域的应用[J].合成纤维,2011,40(8):38-40.

[42]于宾,黄海涛,石文英,等.耐高温纤维空气过滤材料的研究进展[J].化工新型材料,2021,49(8):1-5.

[43]张小鹏,钱晓明,刘璐,等.玻璃纤维过滤材料的研究现状[J].化工新型材料,2021,49(7):225-228.

[44]李玉瑶.高孔隙率非织造纤维材料的制备及空气过滤应用研究[D].上海:东华大学,2020.

[45]王小兵,朱平.玻璃纤维滤材的发展及玻璃纤维针刺毡的加工技术[J].产业用纺织品,2000(3):1-4.

[46]王小兵,朱平.玻璃纤维过滤材料在冶金、水泥、化工等行业中的应用[J].产业用纺织品,2001(9):29-32,43.

[47]胡动力,曾令可,刘平安,等.陶瓷纤维过滤器的应用[J].陶瓷,2007(9):5-7,23.

[48]薛友祥,李福功,唐钰栋,等.高温陶瓷纤维过滤材料[J].现代技术陶瓷,2020,41(5):281-293.

[49]毕鸿章.陶瓷纤维复合过滤器[J].建材工业信息,2001(3):31.

[50]公衍民,仲兆祥,邢卫红.用于高温气体除尘的莫来石纤维多孔陶瓷过滤元件的制备[C]//.第二十五届大气污染防治技术研讨会论文集.西安,2021:324-330.

[51]王正刚,张卫强,张义军,等.玄武岩纤维性能及其鉴别方法[J].玻璃纤维,2015(3):40-47.

[52]金友信.玄武岩纤维组成及优异性能[J].山东纺织科技,2010,51(2):37-40.

[53]陈鹏,张谌虎,王成勇,等.玄武岩纤维主要特性研究现状[J].无机盐工业,2020,52(10):64-67.

[54]魏晨,郭荣辉.玄武岩纤维的性能及应用[J].纺织科学与工程学报,2019,36(3):89-94.

[55]赵阿卿,朱方龙,张艳梅,等.不锈钢纤维织物的应用及其纯纺针织物的开发[J].针织工业,2018(3):14-17.

[56]曹红梅.不锈钢纤维的性能及应用[J].成都纺织高等专科学校学报,2015,32(2):36-38.

[57]王建忠,奚正平,汤慧萍,等.不锈钢纤维织物电磁屏蔽效能的研究现状[J].材料导报,2012,26(19):33-35,53.

[58]贺文晋,张晓欠,刘丹,等.沥青基碳纤维制备研究进展[J].煤化工,2019,47(4):72-75,81.

[59]韦鑫,沈兰萍.聚丙烯腈基碳纤维的研究进展[J].成都纺织高等专科学校学报,2017,34(1):243-246.

[60]李清文,赵静娜,张骁骅.碳纳米管纤维的物理性能与宏量制备及其应用[J].纺织学报,2018,39(12):145-151.

[61]郭明,王金才,吴连波,等.纳米碳材料在锂离子蓄电池负极材料中的应用[J].电源技术,2004(6):385-387.

[62]丰震河.活性炭材料的电化学性能及储能性能研究[D].北京:北京化工大学,2010.

[63]杨红晓.三种电化学水处理技术的研究[D].武汉:武汉理工大学,2012.

[64]吴明铂,朱文慧,张建,等.高收率黏胶基活性炭纤维的制备及其净水效果[J].工业水处理,2012,32(1):21-24.

[65]毛肖娟,席琛,文朝霞,等.活性炭纤维吸附性能的研究新进展[J].材料导报,2016,30(7):49-53,73.

[66]李季.活性碳纤维的制备及其吸附挥发性有机物和CO_2的性能研究[D].大连:大连理工大学,2020.

[67]钱幺,吴波伟,钱晓明.驻极体纤维过滤材料研究进展[J].化工新型材料,2021,49(6):42-46.

[68]张维,刘伟伟,崔淑玲.驻极体纤维的生产及其应用概述[J].非织造布,2009,17(3):27-29,38.

[69]张杰,靳向煜.电气石/PP杂化熔喷滤料的驻极性能[J].东华大学学报(自然科学版),2013,39(1):53-59.

[70]吴波伟,吕惠娇,钱幺.空气净化器用纤维过滤材料的应用及发展[J].天津纺织科技,2021(3):50-52.

[71]陈竞,冯蕾,杨新平.细菌纤维素的制备和应用研究进展[J].纤维素科学与技术,2014,22(2):58-63.

[72]朱勇军,任力,李立风,等.再生细菌纤维素膜的制备与性能表征[J].功能材料,2013,44(23):3474-3477,3480.

[73]张艳,孙怡然,于飞,等.细菌纤维素及其复合材料在环境领域应用的研究进展[J].复合材料学报,2021,38(8):2418-2427.

[74]范兆乾.细菌纤维素的生产研究进展[J].化学工业与工程技术,2013,34(1):51-55.

[75]洪帆,宋洁,白洁,等.细菌纤维素的功能化改性研究进展[J].精细化工,2021,38(12):2377-2384.

[76]马波.离子交换细菌纤维素的合成及其吸附性能的初步研究[D].南京:南京理工大学,2008.

[77]柳春,宁玉娟,史磊,等.纤维素生物活性材料的种类及应用[J].大众科技,2013,15(10):64-67.

[78]王银存,李利军,马英辉,等.细菌纤维素生产及应用研究进展[J].中国酿造,2011(4):20-23.

[79]王敏.细菌纤维素的溶解、成形工艺与性能研究[D].青岛:青岛大学,2009.

[80]赵燕,徐典宏,李楠,等.聚烯烃弹性体技术研究与应用进展[J].合成橡胶工业,2020,43(6):514-520.

[81]韩吉彬,陈文泉,张世甲,等.热塑性弹性体的研究与进展[J].弹性体,2020,30(3):70-77.

[82]张积财.热塑性聚氨酯弹性体的改性研究进展[J].纺织科学研究,2020(5):77-80.

[83]任慧.纳米材料改性热塑性聚氨酯复合材料的研究[D].南京:东南大学,2018.

[84]桑国龙.聚氨酯基纳米复合材料结构对其电磁屏蔽性能影响的研究[D].合肥:合肥工业大学,2019.

[85]汪鲁聪,郝同辉,夏呈勇,等.相容剂对TPEE/LDPE共混材料的结构及性能影响研究[J].胶体与聚合物,2018,36(1):31-33.

[86]葛锦,马岸桢,赵燕.热塑性聚酯弹性体的研究进展与应用[J].石油化工应用,2015,34(8):5-8,20.

[87]赵丽娜,龚惠勤,杜影.聚酰胺弹性体的合成与前景[J].石化技术,2016,23(4):1-3.

[88]黄正强.双端氨基聚乙二醇的制备及尼龙1212/聚乙二醇嵌段共聚物的合成[D].郑州:郑州大学,2007.

[89]汪卫斌,张正华,徐伟箭.聚酰胺类热塑性弹性体的合成与发展现状[J].化工新型材料,2003(11):23-25.

第4章 非织造过滤材料成型技术

非织造过滤材料的成型工艺多种多样。在众多成型技术之中，主要可以分为纤网成型技术、纤网加固技术和后整理技术，如图4-1所示。其中，纤网成型技术的目的是将纺丝原料（短纤维、聚合物等）制备成网，赋予其一定的形态；纤网加固技术的目的是对成型的纤网进行加固，使其成为完整的非织造材料，并赋予其一定的强力和其他性能；后整理技术的目的是对整个非织造材料进行功能性改进，赋予非织造材料特殊的性能，进而使其能够满足应用的要求。

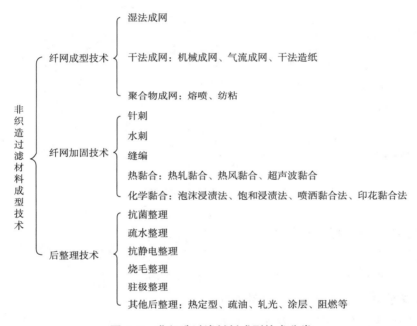

图4-1 非织造过滤材料成型技术分类

4.1 纤网成型技术

4.1.1 干法成网
干法成网即短纤维在干态条件下形成纤网的成网技术，主要包括机械成网和气流成网。
4.1.1.1 梳理作用和梳理机
梳理是干法非织造材料成网生产中的一道关键工序。纤维在梳理过程中被开松混合，形成由单纤维组成的薄纤网，以供铺叠成网，或直接进行纤网加固，或经气流成网，从而制备呈三维杂乱排列的纤网。

（1）梳理作用

纤维原料的分梳是通过梳理机来实现的，梳理加工的主要目的如下。

对混合的纤维原料进行彻底分梳并使之成为单纤维状态；使纤维原料中各种纤维成分进一步均匀混合；进一步清除纤维原料中的杂质；使纤维平行伸直。

梳理机上的工作元件，如刺辊、锡林、工作辊、剥取辊、盖板以及道夫等其表面都包覆有针布，针布的类型有钢丝针布（又称弹性针布）和锯齿针布（又称金属针布）。针布的齿向配套、相对速度、隔距及针齿裂度不同，可以对纤维产生不同的作用。图4-2是一种典型的罗拉式梳理机。

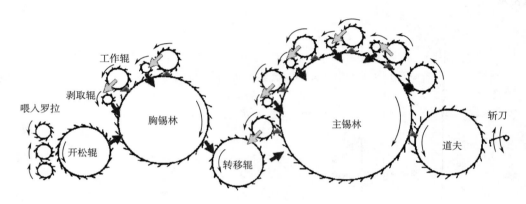

图4-2 罗拉式梳理机示意图

一般来说，非织造梳理主要有以下几种作用。

①分梳作用。分梳作用产生于梳理元件的两个针面之间［图4-3（a）］，其中一个针面握持纤维，另一个针面对纤维进行分梳，属一种机械作用。

通常认为满足下列条件时才认为两针面间产生了分梳作用：

两个针面的针齿倾角相对，也称平行配置；

两个针面具有相对速度，且一个针面对另一个针面的相对运动方向需对着针尖方向；如图4-3所示 V_1（锡林）$>V_2$（工作辊）；

具有较小的隔距和一定的针齿密度。

分梳时，针齿的受力状况如图4-3（b）所示，工作辊和锡林上的针齿受纤维的作用力 R，R 的分力 P 使两个针都具有抓取纤维的能力，故起到分梳作用。通过分梳可以使纤维伸直，平行并分解成单纤维。

在罗拉式梳理机上，梳理作用发生在预梳部分和主梳部分。预梳部分以喂给罗拉和刺辊作为分梳元件，对喂入的纤维进行预分梳。预分梳的程度可用式（4-1）表示：

$$N = \frac{V_{给} \times G \times n}{n_{刺} \times T \times 10^5} \tag{4-1}$$

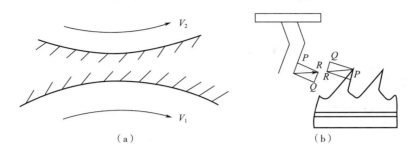

图 4-3　分梳作用

式中：N 为预分梳度（根/齿）；$V_{给}$ 为喂给罗拉的表面速度（m/min）；G 为喂给纤维层面密度（g/m）；n 为纤维根数（根/mg）；$n_{刺}$ 为刺辊转速（r/min）；T 为刺辊表面总齿数（齿/转）。

预分梳度 N 表示工作时，预分梳元件（刺辊）上每个齿的纤维负荷量（以纤维根数表示）。每个齿的纤维负荷量越低，则预分梳效果越好。从上式可以看出，要降低纤维负荷量，可以提高刺辊的转速（$n_{刺}$），或降低喂给罗拉的表面速度（$V_{给}$），或降低喂给筵棉的面密度（G）。

主梳理部分以工作辊和主锡林作为分梳元件，对经过预分梳的纤维进一步梳理。梳理的程度用式（4-2）表示：

$$C = K_c \frac{N_c \times n_c \times L \times r}{P \times N_B} \tag{4-2}$$

式中：C 为梳理度（齿/根）；N_c 为锡林针布的齿密 [齿尖数/（25.4mm）^{2}]；n_c 为锡林转速（r/min）；N_B 为纤维线密度（dtex）；r 为纤维转移率（%）；P 为梳理机产量 [kg/（台·h）]；L 为纤维长度（mm）；K_c 为比例系数。

梳理度 C 表示工作时一根纤维上平均作用的齿数。梳理度太小，则纤维难以得到足够分梳，纤维易形成棉结；如追求过高的梳理度，则可能降低梳理机的产量，一般来说，梳理度值为 3 时比较合适。

②剥取作用。当两针面的针齿倾角呈交叉配置时，如纤维原在 2 针面上，当 V_1（锡林）> V_2（剥取罗拉）时或 V_2 与 V_1 反向时，则产生剥取作用 [图 4-4（a）]，即 2 针面上的纤维被 1 针面剥取，转移到 1 针面上。

剥取时，针齿的受力状况如图 4-4（b）所示，作用力 R 的分力 P 使锡林上的针齿具有抓取纤维的能力，而剥取罗拉上的针齿不具有抓取能力，故锡林上的针齿剥取罗拉上的纤维。

在针齿的剥取作用下，纤维可从一个工作元件转移到另一个工作元件，使纤维进一步得到梳理，如纤维从工作辊转移到剥取罗拉，再转移到锡林，在下一级工作辊和锡林间再进行梳理；或者使纤维以纤维网方式输出，如从锡林转移到道夫。

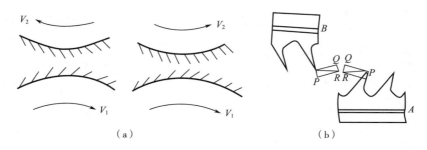

图 4-4　剥取作用

③提升作用。当两针面的针齿呈平行配置时，V_1 和 V_2 同向，当 V_2（风轮）$>V_1$（锡林）时，2 针面对 1 针面的相对运动方向对着针背方向，则原在 1 针面上的纤维被提升，如图 4-5（a）所示。非织造加工中，sw-63 型的气流成网机上，提升罗拉和锡林间即为提升作用，提升罗拉将锡林上的纤维提升，在自身高速回转产生的离心力和辅助气流作用下，使提升的纤维抛离提升罗拉齿面后经风道沉积在多孔传送帘上形成纤维网。

提升时，针齿的受力状况如图 4-5（b）所示，作用力 R 的分力 P 使风轮和锡林上的针都不具有抓取纤维的能力，故对纤维起到了起出（即提升）作用。

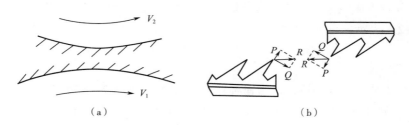

图 4-5　提升作用

传统梳理机各回转件的三大作用即分梳、剥取和提升，后期开发的专用于生产非织造材料的梳理机上，主要配置起分梳和剥取作用的回转件，而提升作用的回转件不一定配置。

（2）梳理针布

纤维梳理是梳理成网非织造布生产的核心过程，影响纤维梳理的关键是梳理机针布，作为梳理机的核心部件，其特性不仅影响到纤维取向排列，还对非织造产品的性能和用途有直接的影响。非织造材料生产的梳理机上主要使用金属针布，以适应高速生产，弹性针布用得不多。金属针布具有以下优点：具有对纤维良好的握持和穿刺分梳能力；能阻止纤维下沉，减少充塞；针面负荷轻，不需要经常抄针，起出嵌入针槽的纤维；针尖耐磨性好，不需经常磨针；针尖不易变形；可用于高速度、紧隔距和强分梳等的高要求工艺。

针布在加工过程中，针布齿形是由磨具冲切轧片后形成，冲切后的针布齿形各个棱边棱角清晰，在梳理纤维过程中易造成纤维切割性损伤。而在针布齿形冲切完成后高温淬火时，针布表层又会形成一层黑色的氧化层，易污染纤维，针对这些问题各个针布企业采用不同的针布深加工技术现已得到解决。针布深加工技术始于 2000 年前后，不同时期通过针布深加工技术的应用，对减少纤维损伤、网面疵点，提高产能以及网面一致性均有明显优势。图4-6为针布深加工产品与普通针布对比图。

一般来说，减少纤维污染的针布深加工技术工艺主要有以下五种：

①机械抛光针布。通过机械传动利用弹性抛光轮或抛光砂布对金属针布齿表进行抛光，清除针布表面氧化物及油泥等杂质，如图4-7所示。

图4-6　针布深加工产品与普通针布对比图

②喷砂工艺针布。通过高压气枪输送抛光砂对针布齿部进行抛光来清除针布齿部氧化物等杂质，如图4-8所示。

图4-7　机械抛光针布

图4-8　喷砂工艺针布

③化学处理针布。通过化学方式对针布在线抛光，起到清除氧化物及杂质的目的，如图4-9所示。

④等离子工艺针布。等离子技术应用通过针布针尖尖端放电对针布各个棱边处理为 0.02 ~ 0.2mm 不等的圆弧，既清洁纤维又减少纤维损伤的目的，如图4-10所示。

图4-9　化学处理针布

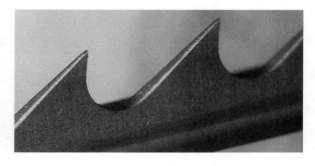

图4-10　等离子工艺针布

⑤铬基渗透技术针布。通过铬基渗透技术对针布齿表进行强化处理，使其齿表吸附一种

铬基材料，针布齿表光亮，光洁度高，如图 4-11 所示。

减少纤维损伤的针布一般为锥齿针布，通过喷砂技术，等离子技术等针布齿部进行锥齿化处理，达到锥齿效果，纤维在开松、转移，均匀混合过程中减少损伤，达到柔性分梳，保护纤维的目的，如图 4-12 所示。

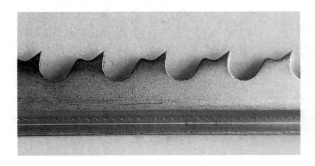

图 4-11　铬基渗透技术针布

图 4-12　锥齿针布

国内针布厂家近年来取得了较大进步，国产防锈蚀针布的问世也是在此基础上获得的创新突破，并可完全替代进口。比如光山白鲨针布有限公司围绕着"表面强化处理针布"和"复合涂层金属梳理针布"进行科技攻关，设计了半直铺半交叉成网水刺法非织造布生产线配置方案，见表 4-1。

表 4-1　半直铺半交叉成网水刺法非织造布生产线配置方案

幅宽/mm	3750									
纤维	黏胶纤维、涤纶 1.2~3.5 旦，38~51mm，黏胶纤维 100%、涤纶 100% 或涤纶、黏胶纤维按比例混纺，脱脂棉									
台时产量/（kg/h）	600									
速度/（m/min）	100									
每米克重/（g/m²）	25~35									
序号	辊筒名称	数量/根	直径/mm	针布型号	总高/mm	基厚/mm	齿距/mm	前角/（°）	米重/（g/m）	密度	总重/kg
1	喂入辊	1	220	GT3500 * 3930V-JQ	3.50	3.00	3.90	0	48.60	55	45
2	刺辊	1	412	GT5020 * 5021V-JQ	5.00	2.10	5.00	20	33.50	61	82
3	胸锡林	1	1050	GC3820 * 3211V-JQ	3.80	1.10	3.20	20	17.00	183	203
4	胸工作辊	3	220	GWE5535 * 3613V-JQ	5.50	1.30	3.60	35	24.50	138	155
5	胸剥取辊	4	156	GR4540 * 3613V-JQ	4.50	1.30	3.60	40	23.20	138	139
6	转移辊	1	700	GR4530 * 36125V-JQ	4.50	1.25	3.60	30	23.20	143	162
7	主锡林	1	1500	GC2520 * 1890-JQ	2.50	0.90	1.80	20	9.89	398	206

序号	辊筒名称	数量/根	直径/mm	针布型号	总高/mm	基厚/mm	齿距/mm	前角/(°)	米重/(g/m)	密度	总重/kg
8	主工作辊	5	220	GWE4540 * 2590-JQ	4.50	0.90	2.50	40	15.70	287	240
9	主剥取辊	5	156	GR4040 * 2595-JQ	4.00	0.95	2.50	40	15.70	272	161
10	道夫	2	700	GW4040 * 2190LG-JQ	4.00	0.90	2.10	40	14.30	341	278
11	剥取罗拉	2	220	GS40-27 * 3218-K-JQ	4.00	1.80	3.20	117	28.85	112	88

（3）梳理机

非织造生产中用的梳理机种类很多，就其主梳理机而言，可分为两大类：盖板—锡林式，如图 4-13 所示；罗拉—锡林式，如图 4-14 所示。

图 4-13（a）为传统的盖板—锡林式梳理机，活动盖板沿着梳理机墙板上的曲轨缓缓移动，其向着锡林一面装有针布，与锡林上的针布配合起分梳作用。纤维在锡林盖板区受到梳理的同时，还在两针面间交替转移，时而沉入针面（盖板或锡林），时而抛出针面，纤维可进一步获得反复混合。

传统的盖板—锡林梳理机构的特点如下：

①梳理线（面）多，其数量等于工作区域内的盖板数（25~40 根）；

②盖板梳理属于连续式梳理，对长纤维有损伤；

③盖板梳理有清除杂质和短纤维作用，但会损失一部分可用短纤维；

④盖板梳理主要利用纤维在锡林和盖板针隙间脉动，产生细致的分梳、混合作用，但产量较低。

图 4-13（b）为新型的盖板—锡林梳理机，与传统盖板—锡林式梳理机的区别是采用了固定盖板，如图 4-13（c）和（d）所示。该梳理机采用固定盖板代替活动盖板，省去了相应的传动机构，结构紧凑，维护保养也较为方便。固定盖板上插入的是金属针布条，而传统的盖板—锡林式梳理机活动盖板采用的是弹性针布。新型的固定盖板—锡林式梳理机适合梳理合成纤维，而传统的盖板—锡林式梳理机适合梳理棉纤维。

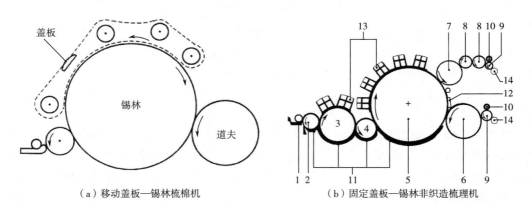

（a）移动盖板—锡林梳棉机　　　（b）固定盖板—锡林非织造梳理机

图 4-13

（c）固定盖板在梳理机上的安装位置　　　　　　　　（d）固定盖板

图 4-13　盖板式梳理机

1—喂棉板　2—刺辊　3—胸锡林　4—转移辊　5—锡林　6—下道夫　7—上道夫　8—凝聚罗拉

9—剥棉罗拉　10—毛刷辊　11—格栅　12—挡板　13—固定盖板　14—沟槽

罗拉—锡林式梳理机是非织造生产中使用最多的梳理机，如图4-14所示，按配置的锡林数、道夫数、梳理罗拉、针布的不同以及带或不带凝聚辊或杂乱辊等可分成很多种类。通过变换梳理罗拉和针布的配置，可使其加工长度为 38～203mm、线密度为 1.1～55dtex 的短纤维。

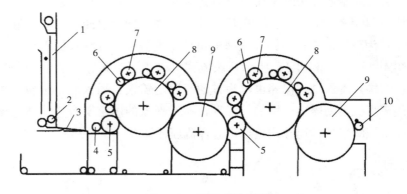

图 4-14　罗拉式梳理机

1—棉箱　2—喂入罗拉　3—给棉板　4—给棉罗拉　5—刺辊　6—剥取罗拉

7—工作罗拉　8—锡林　9—道夫　10—剥棉罗拉

在罗拉—锡林式梳理机中，梳理主要是产生于工作罗拉和锡林的针面间的，剥取罗拉的作用是将梳理过程中凝聚在工作罗拉上的纤维剥取下来，再转移回锡林，以供下一个梳理单元梳理，由剥取罗拉、工作罗拉和锡林组成的单元称为梳理单元或梳理环（图4-15），通常在一个大锡林上最多可配置5~6对工作罗拉和剥取罗拉，形成5~6个梳理单元，对纤维进行反复梳理。

罗拉—锡林式梳理机构的特点如下：

①梳理线少，仅2~6条；

②属间歇式梳理，对长纤维损伤少；

③基本上没有短纤维排出，有利于降低成本；

④罗拉梳理主要是利用工作罗拉对纤维的分梳、凝聚与剥取罗拉的剥取、返回，对纤维产生分梳和混合作用，产量很高。

罗拉—锡林梳理机的基本配置如图4-16所示，由喂入罗拉、刺辊、锡林、工作罗拉、剥取罗拉、道夫和斩刀或剥棉罗拉组成，到最终输出纤网。其各工作元件上的针布配置类似于开松混合装置上的开松元件，从前到后针布的密度配置也是"前疏后密"，针布的粗细配置为"前粗后细"，以满足梳理过程中彻底分梳又尽量减少纤维损伤的要求。通常非织造梳理机锡林齿密为每25.4mm×25.4mm面积上250~400齿，道夫为200~300齿。

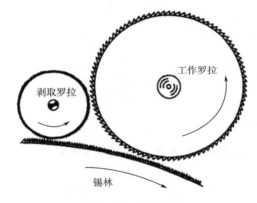

图4-15　梳理单元

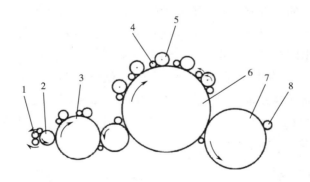

图4-16　罗拉—锡林式梳理机

1—喂入罗拉　2—刺辊　3—预分梳机构　4—剥取罗拉　5—工作罗拉

6—锡林　7—道夫　8—剥棉罗拉

由于传统的梳理机存在着飞花等缺点而使其产品质量难以满足实际需求，且应用受限。近年来，国内研发了许多新型的梳理机，比如恒天重工股份有限公司（郑州纺机工程技术有限公司）为了提高弧板、漏底对高速旋转辊筒附面层气流控制能力，减少飞花，锡林、工作辊和剥取辊的速度适当降低，弧板、漏底与对应辊的工艺隔距减小，通过对传统梳理机的改进，制造了新型梳理机，如图4-17所示。

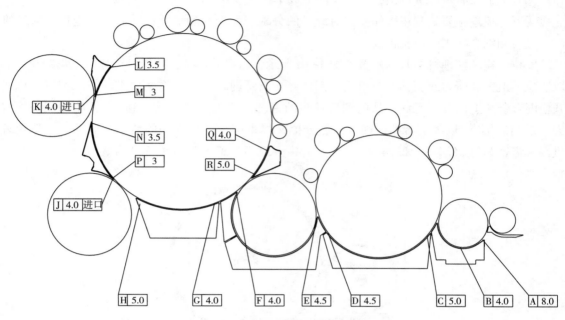

图4-17　恒天重工新型梳理机示意图

为了满足弧板、漏底小隔距的工艺要求，该公司对弧板与漏底进行了强化设计，鼻尖采用氩弧堆焊后抛磨的工艺，直线度可达0.3mm；通过有限元分析，确定了纵横向筋板的数量、位置及其与圆弧板的焊接方式；为了减少生产高克重高比例黏胶纤维产品时的飞花，梳理机罩壳高度降低，更靠近梳理区域，负压抽吸风机风量加大；高低架梳理机均配置射线式短片段匀整装置控制出网定量（图4-18），结合克重检测装置的反馈，最终产品的克重变异系数（CV值）<2.5%（直铺线）和5%（交叉线）；低架梳理机采用道夫直接剥平行网，交叉铺网机铺叠后纵横向纤维分布均匀，高架梳理机采用凝聚网，最终产品的纵横向强力比可达1.5：1。并在针布齿形的优化设计和工艺进行了改进，实践应用反馈均取得了较好的上机效果，比如控制飞花能力，如图4-19所示。

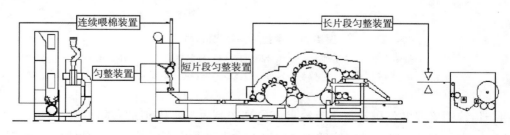

图4-18　高低架梳理机示意图

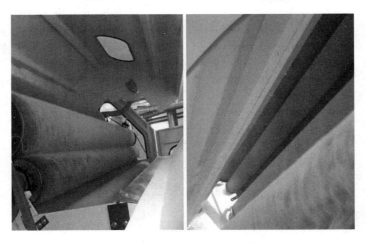

图 4-19　改进后装置的飞花状况实拍图

4.1.1.2　梳理—机械成网

除极少数产品将梳理机输出的薄网直接进行加固外，更多的是把梳理机输出的薄网通过一定方法叠成一定厚度的纤网，再进行加固。从道夫剥下的纤网较轻，通常只有 8~30g/m²。

铺网通常具有以下作用。

增加纤网厚度，即单位面积质量；增加纤网宽度；调节纤网纵横向强力比；通过纤维层的混合，改善纤网均匀性（CV值）；获得不同规格、不同色彩的纤维分层排列的纤网结构。

铺网方式有平行铺网、交叉铺网、垂直式铺网和机械杂乱式成网。机械杂乱式成网是在梳理机基础上加装特殊机构或将纤网进行牵伸，使纤网中的纤维达到一定程度的杂乱排列。

（1）平行铺网

从梳理机输出的薄网很轻，根据所需纤网的厚度，将梳理机前后串联排列，使输出的薄网铺叠成一定厚度的纤网，即串联式铺网，如图 4-20 所示。

图 4-20　串联式铺网

1—喂给罗拉　2—刺辊　3—锡林　4—道夫　5—剥棉罗拉　6—输网帘　7—纤网　8—压网帘

并列式铺叠成网就是将若干台梳理机并列排列，各台梳理机输出的纤维网通过光滑的金属表面转过 90°，铺叠在成网帘上，如图 4-21 所示。

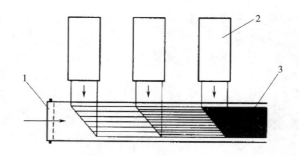

图 4-21 并列式铺网

1—输网帘 2—梳理机 3—纤网

用以上两种方法制备而成的纤网，称为平行纤网，其外观均匀度高，并可获得不同规格、不同色彩的纤维分层排列的纤网结构。但缺点是产品的幅宽受梳理机宽度的限制。其中一台梳理机出故障，就要停工，生产效率低，另外生产厚型纤网时，梳理机台数也得很多，不经济。如果没有选用带杂乱罗拉或凝聚罗拉的梳理机，纤维呈单向（即纵向）排列，纤网的纵横向强力差异大，为（10~15）∶1，因此在生产中较少采用平行铺网。

（2）交叉铺网

交叉铺网的方式主要包括立式铺网、四帘式铺网和双网帘夹持式铺网。交叉铺网在生产中应用较多，这种成网方法是使梳理机输出的纤维网方向与成网帘上纤网的输出方向呈直角配置。交叉式铺网所制备的纤网，其均匀度比平行铺网差。

①立式铺网。梳理机输出的纤网，用斜帘带到顶端的横帘上，然后进入一对来回摆动的立式夹持帘之间，使薄网在成网帘上进行横向往复运动，铺叠成一定厚度的纤网，如图 4-22 所示。成网机的纤网宽度，由来回摆动的夹持帘动程决定，而这种运动方式不仅限制了成品宽度的提高，也限制了铺叠速度的提高，因此立式铺叠成网在生产实际中使用较少。

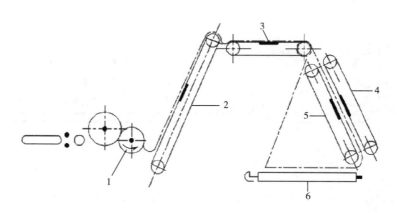

图 4-22 立式铺网

1—梳理机道夫 2—斜帘 3，6—成网帘 4，5—立式夹持帘德国 Dilo 公司的 HyperLayer 高速交叉铺网机是双传送带铺网机，纤网从入口到叠放完全不承受牵伸和张力。HyperLayer 铺网机设计的喂入纤网宽度为 1~3.5m，铺网宽度为 2~6m，递增量是 0.5m。HyperLayer 铺网机可广泛运用各种纤维原料，特别是细纤维，铺叠出的纤网多为薄型纤网。图 4-23 为 Dilo 公司立式铺网机实物图。

②四帘式铺网。四帘式铺网是工厂使用较多的一种铺网方法，它由四只帘子组成，如图 4-24 所示。梳理机输出的薄网由输网帘送到储量调节帘和铺网帘之间，储量调节帘和铺网帘不但回转，而且来回运动，于是薄网就被铺到成网帘上，成网帘的输出方向与铺网帘垂直，四帘式铺叠所制得的纤网，其定量大小可由成网帘的输出速度和梳理机输出薄网的定量来调节。成网帘上铺叠的纤维网层数可近似由以下公式计算：

$$M = \frac{W \times V_2}{L \times V_3} \tag{4-3}$$

式中：W 为道夫输出的薄网宽度（m）；V_2 为铺网帘往复运动速度（m/min）；V_3 为成网帘的输出速度（m/min）；L 为铺叠后的纤网宽度（m）。

图 4-23　Dilo 公司立式铺网机实物图

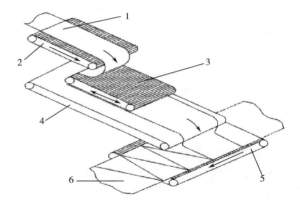

图 4-24　四帘式铺网立体图

1—梳理机道夫输出的薄网　2—输网帘　3—储量调节帘
4—铺网帘　5—成网帘　6—铺叠后的纤网

交叉式铺网的铺叠层数应不少于 6~8 层，层数越多，纤网的均匀度越好。四帘式铺网比立式铺网优越，但是随着成网帘输出速度的提高，铺网帘往复运动应加快，薄网在往复铺网运动时要受到高速产生的气流影响，发生飘网现象而导致纤网紊乱，从而影响纤网的质量。所以四帘式铺网的生产速度难以得到提高。

③双帘夹持式铺网。为了防止高速铺网时薄网的漂移，法国阿萨林（Asselin）公司制造了双层平面塑料网帘夹持薄网的铺叠成网机，如图 4-25 所示。薄网从梳理机道夫输出后，经斜帘被送到前帘 1 的上部，进入前帘 1 和后帘 2 的夹口中，因两帘呈倾斜状态，逐渐将薄网夹紧。在逐渐夹紧的过程中，夹持在薄网里面的纤维之间的空气被排出来，空气由后帘的孔

隙被排除机外。经两帘夹持的纤网经传动罗拉9后又改变方向，在下导网装置4处被一对罗拉夹持，随下导网装置的往复运动被铺叠在成网帘上。空气的存在，会妨碍夹持帘对纤网的夹持和铺网，所以在上、下导网装置处均设有排除空气的空隙。而且下导网装置的下端与成网帘的间距很小，以防止空气阻力对薄网的影响而使薄网发生漂移。这种铺网方法，由于薄网始终在双帘夹持下运动，不至于受到意外张力和气流的干扰，因此既可达到高速成网要求，又可改善纤网的均匀度。在这组铺叠成网机中，只有上、下两组导网装置不但可以回转，而且可以做往复移动，其余罗拉都只做回转运动。导网装置还设有一套反转装置帮助迅速换向。

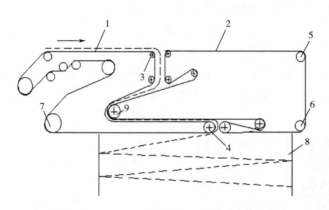

图4-25 Asselin公司的350型铺叠成网机

1—前帘　2—后帘　3—上导网装置　4—下导网装置　5，6，7—张力调节系统　8—成网帘　9—传动罗拉

双帘夹持式铺叠成网机在薄网经过传动罗拉9后又发生反转，这也是影响薄网均匀度的一个因素。现在阿萨林公司对这种铺网机又做了改进，取消了纤网翻转这一点，把传动罗拉处直接变为铺网点，如图4-26所示。这样改进后，更适应细旦合成纤维的薄网铺叠，而且整个过程由电子计算机控制。

阿萨林公司铺网装置的夹持帘带由涤纶长丝交织而成（经丝细，纬丝粗），厚度为0.7~1mm。帘带表面用合成橡胶涂层，涂层料中混有少量碳粉，以防止帘带上静电积聚。帘带采用斜面搭接（搭头长度100~200mm），用黏合剂固着，以保证帘带回转平衡。机上还装有帘带整位装置，防止帘带歪斜跑偏。

（3）垂直式铺网

平行式和交叉式铺网机都是将输出的纤网进行平面铺叠，即单层的梳理网一层一层平摊地铺放，特点是原来单层纤网中纤维的方向在铺成的纤网中仍为二维平面型结构。这种纤网如果经过针刺工艺，各单层纤网的纤维之间可以相互缠结，但这种纤网若是经过热黏合或喷胶黏合，成布后容易发生分层现象是显而易见的。此外，平行和交叉纤网所制成非织造材料在其他各项力学性能如蓬松度、抗压缩性、弹性回复性等方面也不够理想。

垂直式铺网，单层纤网中的纤维在铺成网后趋于垂直，如图4-27所示。梳理机输出的纤

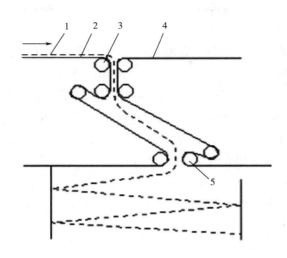

图 4-26　改进后的夹持式铺叠成网机

1—前帘　2—被铺叠的薄网　3—上导网装置　4—后帘　5—下导网装置

网 1 在导板 6 和钢丝栅 5 的引导下，成型梳 3 做上下摆动，使输出薄网进行折叠，经过带针压板 4 的摆动，铺成上下曲折的厚网。由于带针压板的作用，各层曲折单网之间的纤维有一定的缠结。最后铺成网中的纤维处于与布面近似垂直的状态。

　　还有一种回转式的垂直铺网，如图 4-28 所示，将梳理机输出纤网经喂给板喂入，经过一个带齿的工作盘，配合钢丝栅的作用使薄网形成上下反复曲折的折叠方式。铺成网的结构与往复移动式的相似。

　　由于纤维对于布面近似垂直状态，因此这种非织造材料具有较好的压缩刚度和经受反复加压后的高度回弹性。它可以用来做汽车工业的衬垫，可替代聚氨酯泡沫；可以作为成衣的保温、隔热和充填料；装饰用品类，如毯子、绗缝被和枕芯；建筑用的保温、隔音材料等。

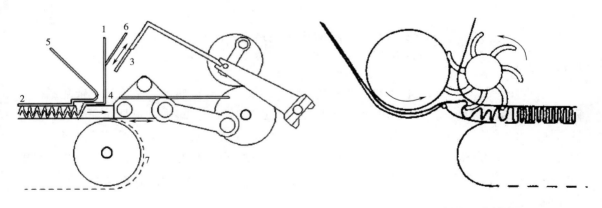

图 4-27　往复移动垂直铺网机

1—梳理网　2—垂直铺成的纤网　3—成型梳

4—带针压板　5—钢丝栅　6—导板　7—烘房输送带

图 4-28　回转式垂直铺网机

1—纤网喂给板　2—薄网　3—带齿工作盘

4—垂直铺成的纤网　5—钢丝栅

（4）机械杂乱铺网

从梳理机道夫下来的纤维网，纵向定向性高，采用平行铺叠方法得到的非织造材料纵、横向强力之比为（10~12）:1，如果采用交叉铺叠，横向强力又远大于纵向强力。要使成品的纵、横向强力差异很小，即定向性差，目前采用的方法是机械杂乱式成网和气流成网。

机械杂乱式成网方法是将梳理机输出的薄网通过凝聚或牵伸而使纤维达到某种程度的杂乱排列，它是一种自应用以来历史较短的成网工艺，克服了气流成网存在的纤网厚度不匀和生产率低的缺陷。机械杂乱成网有两种不同的杂乱方式，即杂乱辊式成网和杂乱牵伸式成网。

①杂乱辊式成网。在道夫之后加装的杂乱辊，称为凝聚罗拉，比道夫速度低；在锡林和道夫之间加装的杂乱辊，称为杂乱罗拉，比道夫的速度高。还可以将凝聚罗拉和杂乱罗拉联合使用，这些都称为杂乱辊式成网。

a. 采用凝聚罗拉的杂乱梳理机。在道夫后面安装一组凝聚罗拉，凝聚罗拉和道夫以及凝聚罗拉之间针尖为交叉配置，同向转动，如图4-29所示，道夫的线速度比第一凝聚罗拉的线速度快2~3倍，第一凝聚罗拉的线速度又比第二凝聚罗拉快1.5倍，道夫上任一根纤维的前部嵌入凝聚罗拉时，它的线速度立即减慢，而它的后部则被道夫的高速推动向前，这样纤维就改变了原来平行向前的方向，使纤维网变为三向杂乱的纤维网，这样制得的杂乱纤网其纵横向强力比为（5~6）:1。

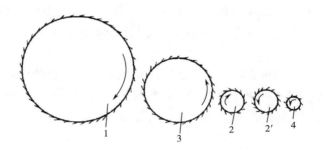

图4-29　采用凝聚罗拉的杂乱梳理机
1—锡林　2，2′—凝聚罗拉　3—道夫　4—剥离辊

b. 采用杂乱罗拉的杂乱梳理机。在锡林和道夫间插入高速旋转的杂乱罗拉，杂乱罗拉比锡林的表面线速度大，杂乱罗拉和锡林的针尖相对且同向转动。如图4-30所示。杂乱罗拉能将锡林针齿内的纤维提升到针面，另外它和锡林气流附面层之间的三角区形成的涡流，使纤维卷曲、变向。另外纤维从杂乱罗拉向道夫转移时，尾部和头部的速度差异更大，纤维往横向偏移更多，因此制得的纤网其纵横向强力比为（3~4）:1，这种杂乱装置又称为带高速的杂乱系统。

c. 凝聚罗拉和杂乱罗拉联合应用。采用凝聚或杂乱罗拉生产的纤网，其外观结构是不一样的，但从改善纤网的纵、横向强力来看，效果又是相同的，也可以将这两种方式联合使用，如图4-31所示。

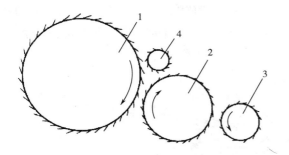

图 4-30　采用杂乱罗拉的杂乱梳理机
1—锡林　2—杂乱罗拉　3—道夫　4—挡风辊

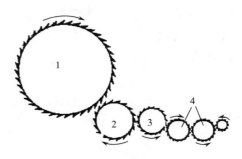

图 4-31　凝聚罗拉和杂乱罗拉联合应用
1—锡林　2—杂乱罗拉　3—道夫　4—凝聚罗拉

杂乱式梳理机按道夫的数量，可分为单道夫和双道夫梳理机。生产较厚产品时，可在锡林上设置双道夫，同时上、下道夫的直径可调节。以法国蒂博（Thibeau）公司的 CA11 系列非织造材料杂乱梳理机为例，图 4-32（a）所示的 25PPL 型，上道夫 2 的直径小且无凝聚罗拉配置，则上面取得的纤网定量轻且得到的是平行纤网；下道夫 3 的直径大，同时配有凝聚罗拉 4，则下面取得的纤网定量重且获得的是杂乱纤网。将上下道夫取得的纤网再进行并合，即在杂乱纤网的上面再铺上一层平行纤网，可改善非织造材料的外观。又如图 4-32（b）所示的 25XPP 型，在锡林和上下道夫之间配置上下两个杂乱辊，将两个道夫剥取的纤维网重叠以后再进行铺网，可使纤网的均匀度得以改善。

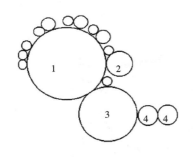

（a）25PPL 型
1—锡林　2—上道夫　3—下道夫　4—凝聚罗拉

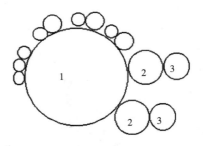

（b）25XPP 型
1—锡林　2—杂乱罗拉　3—道夫

图 4-32　蒂博公司的 CA11 系列非织造材料杂乱梳理机

在非织造材料生产上普遍采用的是杂乱式梳理机。杂乱梳理机的类型很多，适应不同的梳理要求。

单锡林双道夫式梳理机：梳理机为保证输出单纤维状态的均匀纤网，通常锡林表面的纤维负荷是很轻的，每平方米的纤维负荷量不到 1g，从理论上来说，纤网负荷量越小，分梳效果越好。在锡林转速恒定的情况下，要降低纤维负荷，就要限制纤维喂入量，因此也限制了梳理机的产量。锡林转速提高后单位时间内纤维携带量增加，为便于锡林上的纤维及时被剥取转移，避免剥取不清，残留纤维在以后梳理过程中会因纤维间搓揉形成棉结，影响纤网质量，在锡林后配置两只道夫，可转移出两层纤网，达到了增产目的。单锡林双道夫式梳理机如图4-33所示。

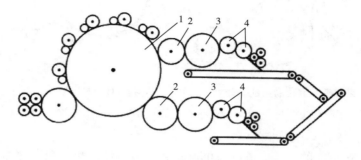

图4-33　单锡林双道夫式梳理机
1—锡林　2—杂乱辊　3—道夫　4—凝聚罗拉

　　双锡林双道夫式梳理机：单锡林双道夫是通过提高锡林转速，在锡林表面单位面积纤维负荷量不增加情况下，增加单位时间内纤维量，即在保证纤维梳理质量前提下提高产量。双锡林双道夫配置，在原单锡林双道夫基础上再增加一个锡林，使梳理工作区面积扩大了一倍，即在锡林表面单位面积纤维负荷量不变情况下，增加面积来提高产量，与单锡林双道夫比较同样取得增产效果，但梳理质量更容易控制。双锡林双道夫式梳理机如图4-34所示。

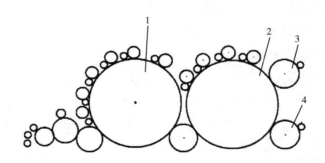

图4-34　双锡林双道夫式梳理机
1—前锡林　2—后锡林　3—上道夫　4—下道夫

　　②杂乱牵伸（多辊牵伸）成网。多辊牵伸装置与交叉铺网机配套使用，将交叉铺网机铺叠后呈现横向排列的纤网进行牵伸，一方面使纤网实现杂乱，改善纤网中纤维的方向分布；另一方面改变纤网克重，满足工艺需要的同时提高生产线的速度和产能。多辊牵伸机的机幅与生产线配套，主要有2500mm、3000mm、4000mm、4500mm等；牵伸区的数量也多种多样；入网速度、出网速度、各部牵伸也按工艺要求进行配置，常采用变频传动，也可采用伺服传动，适用于棉、黏胶、涤纶等多种纤维网及不同纤维混合网的牵伸。

a. 多辊牵伸机类型。多辊牵伸机的类型较多，就牵伸形式来讲，常用的有"之"型、"△"型、"▽"型、"∥"型四种形式，具体如下：

"之"型牵伸形式：主要通过变频电机的调速，下排牵伸辊从入网至出网的速度按比例提升，从而达到牵伸，上排牵伸辊和下排牵伸辊之间通过传动轮进行传动，通过传动轮齿数的差异，又进行了组内的极小倍数的牵伸，如图4-35所示。

"△"型牵伸形式：每三根刺辊和一根压辊为一组，由一个减速机带动一组刺辊，每组刺辊组成的三角形区域内无牵伸，起到使纤网杂乱的作用，每组组内牵伸可通过传动轮的齿数来调整，如图4-36所示。

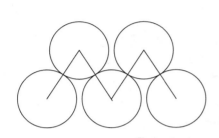

图4-35 "之"型牵伸简图

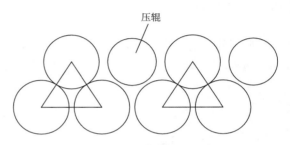

图4-36 "△"型牵伸简图

"▽"型牵伸形式：每三根刺辊和一根压辊为一组，每组组内牵伸可通过传动轮的齿数来调整，由一个减速机带动一组刺辊，通过控制减速机的输出转速使得每组刺辊之间无牵伸，其牵伸比可通过增加刺辊的组数来提高，如图4-37所示。

"∥"型牵伸形式：全部使用刺辊进行牵伸，每组通过一个减速机带动，从入网至出网的速度按比例提升，从而达到每组间牵伸，上下排通过传动轮齿数的改变达到牵伸，如图4-38所示。

图4-37 "▽"型牵伸简图

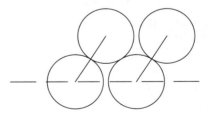

图4-38 "∥"型牵伸简图

b. 多辊牵伸机的基本结构。多辊牵伸机的类型较多，各型号略有差异，但基本结构相近，下面就常用的"之"型、"△"型、"▽"型、"∥"型四种形式的基本结构进行介绍。

"之"型牵伸机的基本结构：这种类型的多辊牵伸机主要由机架部件、进网帘输送部件、传动部件、牵伸辊部件、出网帘部件、上机架提升部件、防护门部件、毛刷辊部件七个部分组成，如图4-39所示。

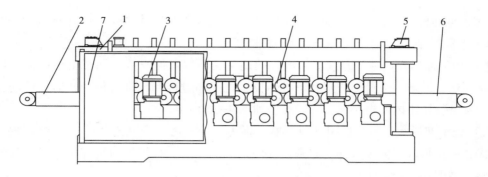

图 4-39　"之"型多辊牵伸机结构示意图

1—机架部件　2—进网帘输送部件　3—传动部件　4—牵伸辊部件　5—上机架提升部件　6—出网帘部件　7—防护门部件

　　"△"型牵伸机的基本结构：这种类型的多辊牵伸机主要由机架部件、进网帘输送部件、传动部件、牵伸辊部件、油路升降系统、出网帘部件六个部分组成，如图 4-40 所示。

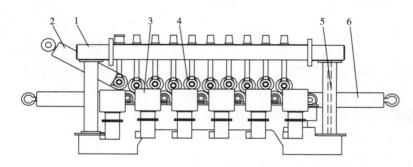

图 4-40　"△"型多辊牵伸机结构示意图

1—机架部件　2—进网帘输送部件　3—传动部件　4—牵伸辊部件 5—油路升降系统　6—出网帘部件

　　"▽"型牵伸机的基本结构：这种类型的多辊牵伸机主要由刺辊、张紧装置、减速器、提升装置等组成，如图 4-41 所示。

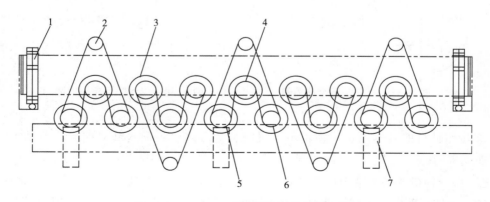

图 4-41　"▽"型多辊牵伸机结构示意图

1—提升装置　2—张紧装置　3—刺辊　4—中调速链轮　5—大调速链轮　6—小调速链轮　7—减速器

"∥"型牵伸机的基本结构：这种类型的多辊牵伸机主要由机架部件、输送帘部件、传动部件、牵伸辊部件、油路升降系统、出网帘部件六个部分组成，如图4-42所示。

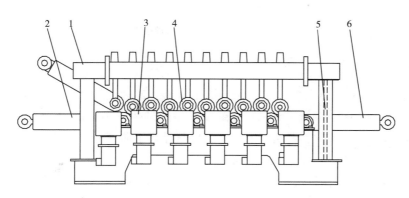

图4-42　"∥"型多辊牵伸机结构示意图
1—机架部件　2—进网帘输送部件　3—传动部件　4—牵伸辊部件　5—油路升降系统　6—出网帘部件

c. 多辊牵伸机的工作原理。多辊牵伸机的基本原理是将前端交叉铺网机输入的纤网进行多区、小倍数的牵伸从而使部分横向排列的纤网改变方向，起到减小纵横向强力比的作用。如图4-43所示，纤网经过牵伸机后即可以达到牵伸的效果，又能使纤网同向。

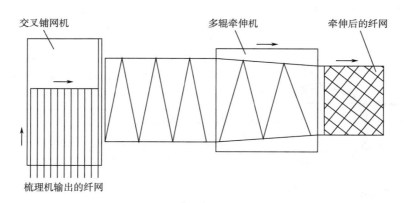

图4-43　纤网牵伸过程示意图

从入网到出网，通过针布握持纤维逐步向前运行，使纤网不断被拉伸，通过改变辊子的速度可控制棉网的伸缩，从而达到需要的牵伸倍数，如图4-44所示。

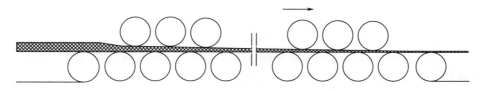

图4-44　纤网牵伸原理示意图

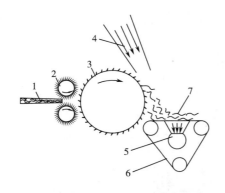

图4-45 气流成网的基本原理示意图

1—筵棉 2—喂入罗拉 3—主锡林
4—吹气管道 5—抽吸箱
6—成网帘 7—气流纤网

4.1.1.3 梳理—气流成网

用气流成网方式制取的纤网，纤维在纤网中呈三维分布，结构上属杂乱度较高的纤网，物理机械性能基本呈各向同性的特点。

（1）气流成网原理

气流成网的基本原理如图4-45所示。纤维经开松混合后，喂入高速回转的锡林或刺辊，进一步梳理成单纤维。在锡林或刺辊的离心力和气流联合作用下，纤维从锯齿上脱落，靠气流输送，凝聚在成网帘（或尘笼）上，形成纤网。

气流成网加工时，纤维良好的单纤维状态及其在气流中均匀分布是获得优质纤网的先决条件。机械梳理成网时，道夫从锡林上转移纤维形成纤网时，纤维始终处于针布的机械控制中，容易保持原有的单纤维状态。而气流成网时，即使在前道良好的开松、混合、梳理加工中形成单纤维状态，在气流输送形成纤网过程中，气流对单纤维状态的控制，远不如机械方式稳定可靠，常常会因为纤维"絮凝"造成纤网不匀率增大。其中气流状态是个重要因素。供给的气流在输送管道中不能产生明显的涡流，其次被加工的纤维规格及性能也是个重要影响因素，一般来说纤维细且长、卷曲度高以及易产生静电的，容易在气流输送中形成"絮凝"，反之短且粗，卷曲度低并不易产生静电的纤维，最终形成的纤网均匀度好。因此某些类型纤维，如黄麻、椰壳纤维、金属纤维等无卷曲且不易产生静电的纤维，由于纤维间抱合力差，采用机械梳理难以形成纤网，但用气流成网技术反倒能形成均匀度很好的纤网，还有如布开花纤维、鸭绒等短纤维，采用气流成网也比采用机械梳理成网更适合。气流成网中为提高纤维在最终纤网中排列的杂乱度，输送管道在结构上往往采用文丘利管，如图4-46所示。

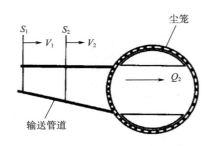

图4-46 气流成网中输送管道

这种管道实际上是一种变截面管道，即管道中任意两个截面的截面积不相等，且管道从入口到出口逐步扩大。按流体力学原理，气体在压下可视为不可压缩的，即：

$$Q_1 = Q_2 \tag{4-4}$$

$$Q_1 = S_1 V_1 , \quad Q_2 = S_2 V_2 \tag{4-5}$$

因为 $$S_1 < S_2 \tag{4-6}$$

所以 $$V_1 > V_2 \tag{4-7}$$

式中：Q_1 为流入气体量；Q_2 为流出气体量；S_1 为截面1的面积；S_2 为截面2的面积；V_1 为截面1处的气流速度；V_2 为截面2处的气流速度。

由于纤维有一定长度，在文丘利管中，其头、尾端处于两个不同截面，因此纤维头、尾端速度是不同的，头端速度低于尾端速度，于是纤维产生变向，形成杂乱排列。

此外，由于流出气流是以近似于垂直的方向从凝棉尘笼表面小孔中流出的，纤维沿气流的流线运行时，虽然受气流扩散作用变向，但大体上也是以近似于垂直的方向落在尘笼表面的，因此有一定比例的纤维沿纤网厚度方向排列，特别是当形成的纤网比较厚时，纤维的这种取向更明显，这也就是气流成网形成的杂乱结构不同于杂乱梳理成网结构的原因，前者形成的是纤维呈三维取向的纤网；后者形成的是纤维呈二维取向的纤网，即使经交叉铺网后，也是二维取向纤网的叠加。两者都可形成杂乱纤网，但杂乱结构是有差异的。

（2）气流成网方式

按照纤维从锡林或刺辊上脱落的方式、气流作用形式以及纤维在成网装置上的凝棉方式，可以把气流成网方式归纳为五种，如图 4-47 所示。

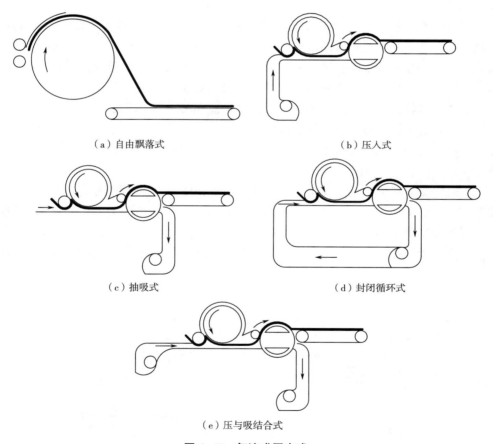

（a）自由飘落式　　　　　　　　　　　　（b）压入式

（c）抽吸式　　　　　　　　　　　　（d）封闭循环式

（e）压与吸结合式

图 4-47　气流成网方式

①自由飘落式。纤维靠离心力从锡林或刺辊上分离后，因本身自重及其惯性而自由飘落到成网帘上形成纤网。它主要适用于短、粗纤维，如麻纤维、矿物纤维、金属纤维等原料成网。

②压入式。压入式气流成网过程中，纤维除靠离心力外，还借助吹入气流从锡林或刺辊上分离，并经气流输送到成网装置上形成纤网。这类机器适宜加工含杂多的短纤维，纤网的

均匀度和抱合力都较差。

③抽吸式。与上述压入式相反，通过抽吸气流在成网装置内产生负压，由于压力差，在纤维输送管道内形成气流，将锡林或刺辊上分离的纤维吸附在成网帘装置表面形成纤网。这类成网机的抽吸气流横向速度分布的均匀性和稳定性，直接影响纤网的均匀度。

④封闭循环式。是上述压入式和抽吸式两种成网方式的组合，由于气流循环是闭路的，原料中的杂质往往沉积在机器内，需定期清理，不然对纤网质量有影响。通常采用同组风机同时提供抽吸和压入作用，因此调节气流时，抽吸和压入气流同时产生变动。

⑤压与吸结合式。也属压入式和抽吸式两种方式的组合。但与封闭循环式不同之处在于采用两组风机，分别提供抽吸和压入作用，可对抽吸和压入气流进行分别调节，因此这种方式对气流控制加强了，同时抽吸气流可直接排到机外，原料中的杂质也不会影响纤网的质量。

（3）典型气流成网机

①国产 SW-63 型气流成网机。这是一种在传统的梳棉机上加装气流成网机构而组成的成网机，属于上面所介绍的五种成网方式中的第三种，即抽吸式。如图 4-48 所示，在锡林 1 的前方加装风轮 2，风轮的表面速度大于锡林的表面速度，而且风轮的针齿较长，它能将钢针插入锡林针齿里面，将锡林针齿缝隙里的纤维提升到针尖，以便向外转移。分梳后的单纤维受锡林离心力和风轮产生的气流作用，从锡林针齿脱落进入输棉风道。由于成网帘 3 后部装有三台横向并列的轴流风机，风机的抽吸使纤维不断地凝聚在成网帘上，形成杂乱排列的纤网。该成网机适合加工线密度为 1.65~6.6dtex、长度为 25~55mm 的各种纤维，纤网单位面积质量 12~70g/m²，生产速度 2~3m/min，幅宽 1m。

②K12 型气流成网机。K12 型气流成网机（图 4-49）的主梳理部分有 2 对直径为 140mm 的工作罗拉和剥棉罗拉，纤维分梳后，在高速回转锡林产生的离心力和上方横流风机产生的高速气流的作用下从锡林齿尖脱落，并随气流经输棉风道而凝聚在成网帘上。锡林直径 450mm，转速高达 2300r/min，可使针布锯齿表面的纤维量减少到 0.2~0.5g/m²，使纤维在成

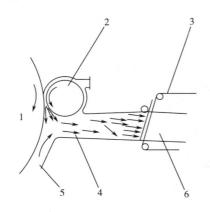

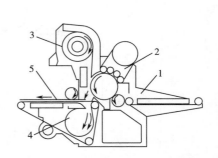

图 4-48　SW-63 式气流成网机　　　图 4-49　Fehrer（菲勒尔）公司 K12 型气流成网机

1—锡林　2—风轮　3—成网帘　　　　　1—喂入系统　2—工作/剥取罗拉

4—输棉风道　5—补风口　6—轴流吸风机　　　3—气流系统　4—吸风道　5—成网帘

网帘上获得多次凝聚的机会，以获得均匀的纤维网。帘下的吸风道与两组并联的多级轴流风机连接，吸口呈楔形状而可调节，以控制吸引气流的横向均匀性。

③K21高性能气流成网机。为适应细纤维、低克重纤网的高产需要，菲勒尔公司开发了K21高性能气流成网机（图4-50）。由四组锡林，各带一对工作罗拉和剥取罗拉组成，每个锡林速度都可单独调整。纤维由喂棉罗拉和给棉板喂入，经第一组梳理单元进行分梳后，在锡林出口处仅有少部分纤维在离心力和网下吸风共同作用下沉积到成网帘上，多数纤维转移到第二锡林被再次分梳，直至全部纤维分在四个锡林出口被重叠在成网帘上。

该机特别适合线密度 1.7~3.3dtex 的合成纤维或黏胶纤维，纤网定量 10~100g/m²，生产速度可达 150m/min，纵横向强力比（0.8∶1）~（1.1∶1）。

在K12上改进，增加一个 high loft 装置（图4-51），纤维从锡林上释放出来，一部分沉积在吸鼓上，另一部分沉积到传输带上。这两部分纤维的运动方向是相背离的，成网时纤维在两个抽吸式运动表面取向，致使纤网中垂直取向纤维数量增加，纤网结构蓬松。图4-52为high loft 部分装置及其生产纤网。

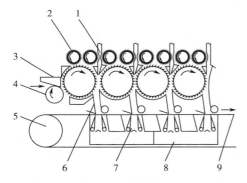

图 4-50 Fehrer（菲勒尔）公司 K21
气流成网机（四锡林）

1—气流通道 2—工作/剥取罗拉 3—给棉板
4—喂棉罗拉 5—成网帘 6—输棉风道
7—抽吸口 8—抽吸箱 9—气流网

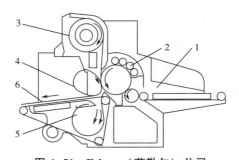

图 4-51 Fehrer（菲勒尔）公司
high loft airlaying system

1—喂入系统 2—工作/剥取罗拉 3—气流系统
4—吸鼓 5—抽吸箱 6—气流网

图 4-52 high loft 部分装置及其生产纤网

④Rando 气流成网机。Rando 是世界上最早投入使用的气流成网机之一。由前置给棉机、四辊开松机、棉箱给棉机和成网系统组成（图 4-53）。纤维经前置给棉机和四辊开松机开松后喂入棉箱给棉机。棉箱给棉机的斜帘角钉所携带的纤维经均棉帘的作用后，被气流吸引到由尘笼和输送罗拉组成的锲形空间（又称空气桥）内，杂质从罗拉间隙中排出。

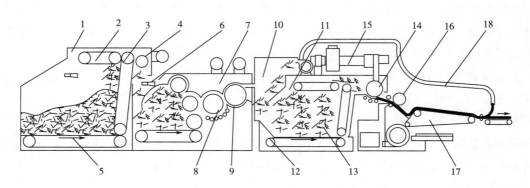

图 4-53　美国 Rando（兰多）气流成网机组

1—前置给棉机　2—均棉帘　3—斜帘　4—剥棉罗拉　5—水平帘　6—乳化液喷雾器
7—四辊开松机　8—刺辊　9—吸棉笼　10—棉箱给棉机　11—均棉帘　12—水平帘
13—斜帘　14—尘笼　15—尘笼吸风机　16—锡林　17—成网帘　18—边料吸管

尘笼表面凝聚的纤维层的厚度，由锲形空间内的纤维量的多少来调节。其基本关系为：锲形空间内纤维量↓→气流阻力↓→气流速度↑→气流吸引力↑→进入锲形空间纤维量↑→尘笼表面凝聚纤维层的厚度↑。

尘笼表面凝聚的纤维层被剥取罗拉剥下，进入给棉板，然后由喂棉罗拉喂入线速度高达 25m/s 的刺辊。被分梳成单纤维状态的纤维由刺辊下部吹入的气流剥离，经文氏管形输棉风道吸附在成网帘上 ［图 4-54（a）］。刺辊下部吹入的气流和成网帘下的吸引气流由一台风机产生，呈闭路循环系统 ［图 4-54（b）］。

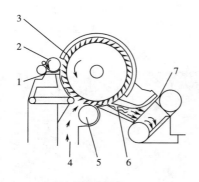 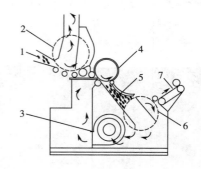

（a）网孔成网帘　　　　　　　　　　　　　　　　（b）尘笼

1—给棉板　2—喂棉罗拉　3—刺辊　4—气流导管　　　　1—喂入纤维　2—凝聚辊　3—风机　4—刺辊
5—挡风辊　6—输棉风道　7—成网帘　　　　　　　　　5—输棉风道　6—尘笼　7—气流网输出

图 4-54　Rando（兰多）气流成网系统

该机组适合加工的纤维长度为15~55mm，成网后单位面积质量范围为20~1000g/m²，一般以生产34~68g/m²纤网为主，产量15~136kg/h，工作宽度为1020mm、1520mm、2030mm。40C型可生产10~20g/m²的杂乱纤网，输出速度达到40m/min，40D型更有较多改进。

⑤Spinnbau（斯宾堡）气流成网系统。Spinnbau（斯宾堡）气流成网系统（图4-55），喂入辊将纤维转移到主锡林的针布上（47~72m/s），通过锡林和固定盖板的充分梳理作用，附在主锡林针齿上的纤维在离心力作用下随机抛向副锡林，副锡林的表面速度为主锡林的80%~110%，纤维在副锡林表面做短暂停留后被抛入输送管道中，并被两个锡林高速旋转夹带的气流输送到成网帘上。两锡林间的间隙作为补风口带来额外气流。这种系统的特点是：纤维规格1.7~200dtex，长度30~60mm，纤网克重16~250g/m²，产量（取决于纤维细度和纤维类型）高达200kg/（h·m），工作宽度4000mm，成网帘速度20~150（200）m/min。

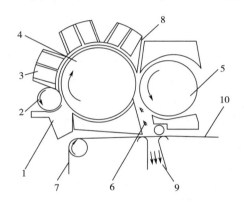

图4-55　Spinnbau（斯宾堡）气流成网系统

1—给棉板　2—喂入辊　3—固定盖板　4—主锡林　5—副锡林　6—输棉风道
7—成网帘　8—补风口　9—抽吸箱　10—气流网

⑥Thibeau（蒂博）气流成网梳理机。Thibeau（蒂博）气流成网梳理机（图4-56），该机MD∶CD为（1.2~1.5）∶1，生产能力200~260kg/（h·m），纤网克重35~200g/m²，纤维类型为棉、黏胶纤维、PET、PP、PA，纤维长度为10~40mm。

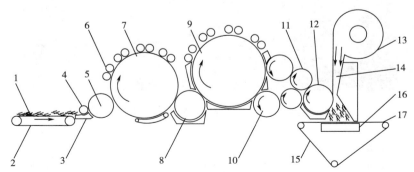

图4-56　Thibeau（蒂博）气流成网梳理机

1—筵棉　2—输送帘　3—给棉板　4—喂入辊　5—刺辊　6—工作/剥取罗拉　7—胸锡林　8—转移辊
9—主锡林　10—道夫　11—凝聚辊　12—剥网辊　13—风机　14—气流导管　15—成网帘　16—抽吸箱　17—气流网

4.1.2 湿法成网

4.1.2.1 湿法成网原理

湿法成网是非织造行业中常见的成网方式，借鉴于传统的造纸产业。其原理是利用湍流等方式将水介质中的纤维原料开松成单纤维状态，使不同纤维原料混合制成纤维悬浮液，将纤维悬浮液传输到成网装置上，使纤维在湿态下形成纤网，在抄造成网过程中进行大量的脱水（即是纤维悬浮液在成型器上脱水和沉积的过程），而后经过后续的固网等一系列加工形成湿法非织造材料。同时湿法成网也是纤维和细微物质在成形网上的积流过程，在纤维悬浮液过滤的过程中，纤维基本上是由于成形网的机械拦阻而沉积在网面上的，它是一个随机过程。根据纤维几何尺寸和性能的不同，则在沉积过程中会产生自然细小纤维物质较易于沉积和附着在网面的纤网层上的选分和定向现象。随着沉积的增厚，过滤速度减低，积留就逐渐增加。

传统的造纸行业中大都采用植物纤维或天然纤维作为主要原材料，通过在水溶液中添加分散剂等助剂制成纤维浆粕。随着市场对产品要求的升级以及科学技术的不断发展，人们开始尝试向产品中添加例如合成纤维、无机纤维等不同性能的非传统造纸原料来制备功能纸或非织造材料，合成纤维固有的特性赋予了纤网不同于传统纸张的优良性能。

4.1.2.2 湿法非织造生产流程

整个湿法非织造的生产流程可以分为原料的准备、供浆系统、湿法成网及白水与纤维回收和干燥四部分。湿法非织造材料成型机组如图4-57所示。

图4-57　湿法非织造材料成型机组

（1）原料的准备

湿法非织造布的生产过程一般是从原料准备开始的，俗称备料。它是将置于水介质中的纤维原料利用机械力或流体运动的剪切力，将其分散成单根纤维状态，同时使不同纤维原料充分混合从而制成纤维悬浮浆。然后在不产生团块的情况下将悬浮浆输送至成网机构。为保证分散性，有时需添加一定量的分散剂。纤维如果在制浆过程中形成扭结，就不易被水力再打散成单纤维状态。这种纤维扭结的形成，与所用纤维原料的性质有关，也与纤维悬浮浆过度的搅拌有关，或者因为纤维在搅拌中遇到了容器中粗糙的零件表面。纤维团块是纤维的疏松堆积物，其生成与纤维类型、悬浮浆搅动速度及悬浮浆纤维密度有关。为了消除纤维团块，可视纤维类型与纤维长细比将纤维密度选在 $0.05\sim0.5\mathrm{g/cm^3}$ 之间。

（2）供浆

成网抄纸前制备系统要提供稳定、连续、净化的浆料，这一系列的处理工序称为供浆系统。它包括：浆料的调配，浆料质量分数的调节和必要的储存，浆料的调量与稀释，浆料的净化与筛选，浆料的除气与消泡等。

浆料的贮存。浆料贮存装置一般称为贮浆池，混合不同浆料称为配浆池，起调节和稳定浓度的称为调浆池等。湿法工序中贮存的目的在于：对采用间隙打浆设备而采用间隙打浆流程生产线，贮存作为将打浆的间隙操作转为连续成网抄纸的一个中间流程。同时对使用多种浆料配抄的一种非织造工艺，贮存起了稳定配比，混合均匀，连续稳定向成网机供浆的作用。

浆料质量分数的调节。纤维浆料从贮存池到上网成型，必须施加大量的水进行稀释，将浆料稀释成低质量分数的悬浮液浓度调节的目的是稳定提供成网机浆料的质量分数和正常的操作，防止纤网面密度波动。浓度调节器和流量控制器自动控制调节浆量和稀释浓度。图 4-58 是较典型湿法供浆系统，其特点是流程简单，浆料及白水在箱中由溢流口稳定液位，通过调节阀门的开启度来控制放浆量及稀释白水量，经混合后进入缓冲池再泵送到净化工序。适合于长纤维中高黏状打浆的浆料。

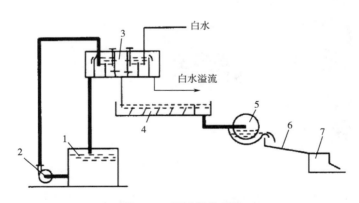

图 4-58　湿法供浆系统
1—成浆池　2—成浆泵　3—稀释箱　4—沉沙盘　5—振鼓外流式圆筛　6—溜浆槽　7—流浆箱

（3）湿法成网系统

湿法成网按照其抄纸设备主要可以分为斜网成型和圆网成型两大类。

斜网成型及脱水。斜网成型器是由长网或圆网抄纸工艺改良而来，特别是针对长纤维、合成纤维和无机纤维的成型。斜网成型器使流浆和内浆浓度大大降低，保证长纤维均匀悬浮，有效防止纤维的絮聚，提高了脱水效果，纤网的均匀度好。

斜网成型器是使纤维悬浮液在网上逐步脱水而形成湿纸（网）的。图4-59为斜网成型器组成示意图。纤维悬浮浆从配浆桶流动管道送入分散管道，由阶梯扩散器将充分分散的纤维悬浮浆送入流浆箱和堰池，纤维悬浮浆进入流浆箱时经多处的冲击和转向，产生足够的微湍流并保持到斜成网帘，成网帘的倾斜角以10°～15°为佳，水透过网帘中的网眼进入脱水成型箱成型板和吸水箱。脱水集成水再流入水箱，经处理后循环使用。斜网成型器与长网成型器比较，前者无案辊，其成型区基本上也是它的脱水区域，整个成型脱水区比长网成型短得多。长网成型中是将浆料从流浆箱的堰口喷出，以一定的速度和角度喷射到运行着的成型网上，纤维多为顺流向定向排列。而斜网成型是纤维处于充分悬浮状态，在成型网上脱水后，垂直沉积，较少受到网前进方向上的外力而改变纤维的排列的方向，主要是受到在垂直方向的较大的真空抽吸力影响，纤网中纤维呈随机排列结构。实验证明，湿法纤网是在激烈扰动中成型的，如果没有扰动，就给絮聚创造了充分的机会。脱水成型箱和吸水箱中的真空抽吸力对成网帘的运动产生阻力，使成网帘运行时出现张力变形。成网帘越宽，纤网越厚，要求的真空抽吸力越大，成网帘的张力变形量也会相应增加，故斜网成网适用于相对生产幅宽较窄、厚度较薄的纤网产品，故斜网成网适用于相对生产幅宽较窄、厚度较薄的纤网产品。

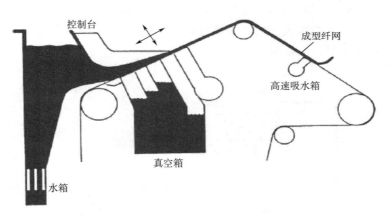

图4-59　斜网成型器

圆网成型及脱水。圆网成型器（Rotoformer）的成型原理与斜网成型相同，所不同的是长网帘由斜网帘换成圆网形式。图4-60为圆网成型器，纤维悬浮浆由流送管道经匀浆辊，进入成网区，上网调节装置来控制成网区空间的大小，成型网帘为回转的圆网滚筒。纤维悬浮浆经抽吸箱的作用造成圆网的内外压力差所产生的过滤，使纤维附着在圆网面上，水则被吸入抽吸箱，进入接水盘回用。伏辊中有一固定的抽吸管，用来帮助纤网离开圆网，并顺利剥离到湿网导带（造纸毛毯）上成网。悬浮浆在成网区中的高度可由溢流螺栓调节，喷水头对圆网表面的清洁冲洗。

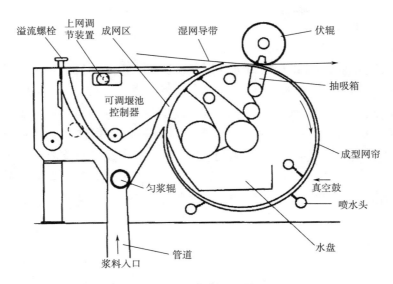

图 4-60　圆网成型器

（4）回收和干燥

在纸机湿部，纤网成形时脱除的水以及真空抽吸箱和压榨进一步脱除的水，统称为白水。根据工艺形式、工序阶段和非织造材料品种的不同，白水中所含的纤维、填料和可溶性物质数量是不同的。白水通常是经过机械挤压进行脱水回收的，再经干燥去掉湿纤维网的水分，最后经过卷取和分切成卷状湿法非织造材料。

4.1.3　熔融纺丝成网

热塑性聚合物加热时变软以至流动，冷却变硬，这种过程是可逆的，可以反复进行。热塑性聚合物分子链都是线型或带支链的结构，分子链之间无化学键产生，加热时软化流动，冷却变硬的过程是物理变化。熔融纺丝就是利用这种热塑性聚合物的这种特性而制备纤网的。

熔融纺丝成网是由熔融的聚合物通过喷丝板上数以千计的小孔喷出，形成的连续熔融纤维而成型的。随后气流冷却纤维流，使其固化和随机化，并迫使它们在落在收集器上时成为随机的纤维网。生产熔纺纤网的主要方法有两种：纺粘法和熔喷法。从原理上讲，这两种产品类型的流程看起来很相似，但所生产的纤网却具有许多不同的特性。

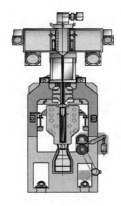

4.1.3.1　纺粘成型工艺

纺粘成型工艺通常选用熔融流动指数较小（5~30g/10min）的聚合物母粒为原料。首先，聚合物母粒干燥后被送入螺杆挤压机熔融挤出，随后经过计量泵计量，聚合物熔体被送入喷丝板中喷出形成纤维细流，然后经过气流冷却成型，与此同时，对刚刚喷出的纤维进行集束牵伸，最后在接收网帘上形成纺粘非织造纤网。图4-61所示为德

图 4-61　Reicofils 纺粘装置示意图

国 Reifenhauser GmbH 开发的 Reicofils 纺粘装置示意图。

（1）熔融挤出

聚合物切片靠自重从料斗的出料口进入螺杆挤压机。由于螺杆的转动，切片沿着螺槽向前运动。螺杆套筒外侧安装有加热元件，通过套筒将热量传递给切片。同时，螺杆挤出机内切片的摩擦和被挤压、剪切，也产生一定的由机械能转化成的热能。聚合物切片在熔化区受热熔融成黏流态的聚合物，并被挤出机压缩而具有一定的熔体压力，向熔体管道输送。图 4-62 为螺杆挤出机结构装置图，在螺杆挤出工艺过程中，经历着温度、压力、黏度等变化，根据聚合物原料简称物料的变化特点，螺杆完成三个基本功能，聚合物的供给、熔融加压和计量挤出熔体，螺杆与之相适应的三个区段为进料段、压缩段和计量段。

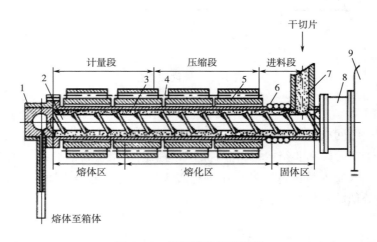

图 4-62　螺杆挤出机示意图
1—法兰　2—螺杆　3—套筒　4—电热元件　5—铸铝加热套　6—冷却水管
7—进料管　8—密封部分　9—传动及变速机构

（2）计量泵计量

计量泵是非织造纺丝成网生产中所使用的高精度部件。它的作用是精确计量聚合物，连续输送成纤高聚物的熔体或液体，确保纺丝组件具有足够高而稳定的压力，以保证纺丝熔体或液体克服纺丝组件口或喷丝头的阻力，从喷丝头均匀挤出，在空气、水或凝固浴中形多成初生纤维。

①计量泵的工作原理。熔体计量泵是一种高精度的齿轮泵。齿轮是被高精度的驱动系统带动，泵体外面都具有加热套。加热套通常选择导热油套或特殊蒸汽加热套进行加热，在加热套的外面还有良好的保温层。

计量泵运转时，齿轮啮合脱开处为自由空间，构成泵的进料侧。熔体被齿轮强制带入泵体的啮合区间，即熔体被吸入泵内并填满两轮的齿谷，齿谷间的熔体在轮齿的带动下紧贴着"8"字型孔的内壁面转一周后被送出口。此区的高压熔体只能压入出料管，不会带人进料区。

熔体出口压力视出口管路、纺丝组件阻力而异。阻力越大，出口压力越大，功率消耗也越多。

普通的纺丝成网用计量泵要在230~350℃温度、工作压力为6~30MPa条件下输送高黏度流体。

②计量泵的流量。齿轮计量是一种容积计量泵。其输送熔体或熔液的量取决于齿轮的齿形、间隙与泵的转速。为保证纺丝成网纤维的均匀度，在生产工艺中计量泵常出料区用方法是随着过滤器阻力增大，自动调节计量泵的速度，适当加大泵出量，保证进入机头熔体压力不变。计量泵每转的泵供量是基本恒定的，可用直流电动机或变频电机的传动控制系统。如图4-63所示，常用齿轮泵为外啮合二齿轮的泵，泵运转时，齿轮啮合脱开处为自由空间，构成泵的进料区。进入的熔体被齿轮强制带入泵体的啮合区间，然后挤出出料区。

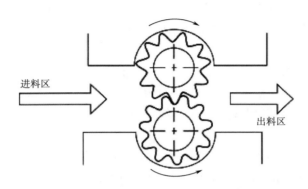

图 4-63 二齿轮计量泵示意图

计量泵的选择要充分根据所纺聚合物的品种、规格和纺丝速度，计算出纺丝成网机产量，并相匹配，进而确定泵在单位时间内的流量。从而选择泵的型号、规格和工作转速。另外计量泵外面必须具有加热套和良好的保温层。

（3）喷丝头

纺粘法非织造材料生产过程中喷丝板的主要作用是将黏流态的高聚物熔体或熔液，通过微孔转变成具有特定截面形状的细流，经吹风冷却或凝固浴的固化而形成丝条。

喷丝板是纺丝装置的核心部件，采用不同的喷丝板，所获得的成品丝的品质差异很大。由于生产工艺要求和纤维成型的本身特点及牵伸倍率的不同，因此喷丝板的设计无法套用现有的计算公式，只能根据经验在试制过程中不断摸索改进。而现有纺丝设备的先决条件又制约着纺丝工艺的需求，因而对喷丝板的设计和选用尤为重要。喷丝板的设计主要包括喷丝板材料的选择、喷丝板形状的确定、熔体在喷丝孔中的流变特征、喷丝板微孔几何形状及主要技术参数、喷丝孔排列方式、开孔范围及孔间距、喷丝板的厚度及喷丝孔的加工精度等。

①孔数及微孔孔径的选择。喷丝板的孔数根据纤维品种和纤度而定。喷丝板的孔数直接关系到纺丝箱的产量。喷丝板一般用每米非织造材料有多少孔考核，孔数过少，成网很难均匀，而且产量很低，单丝密度偏大。反之，若孔数较多，成网就易均匀，产量增多，线密度也小，质量好。

现今纺粘技术的发展，增加每米中单丝数目是一个重要方向，即增加喷丝孔数是发展方向，这必然增大熔体吐出的热量，冷却吹风必须相应跟上去，要加大冷却，否则将给生产带来新的困难。

根据剪切应变速率可以确定喷丝板的孔径，为了保证正常的纺丝条件，喷丝板的孔径必须满足以下条件：

根据 Barus 效应确定孔径下限。Barus 效应又称挤出物胀大效应，是指高聚物挤出成型时，挤出物的最大直径比模口直径大的现象。这是聚合物在流动过程中发生的高弹形变回缩引起的。

以不发生熔体破裂现象为准，在设计喷丝板微孔孔径时，应选取低于临界剪切速率的值作为设计孔径的许用剪切速率。为了获得稳定的纺丝状态，应该选择喷丝孔直径在纺丝泵供量一定条件下造成的剪切速率低于纺丝物料熔体的临界剪切速率。非牛顿流体圆形微孔壁面剪切速率的计算见以下公式：

$$r'w = \frac{(3n + 1)q}{n\pi R^3} \tag{4-8}$$

式中：$r'w$ 为喷丝孔壁面剪切速率（s^{-1}）；q 为单孔体积流量（cm^3/s）；R 为喷丝孔半径（cm）；n 为非牛顿指数。

实际上，由于聚合物熔体不是牛顿型流体，而是黏弹性流体，在小孔中作黏性流动的同时，将发生弹性形变，熔体的黏度随时间和速度梯度而变化，其弹性形变也将随速度梯度的增高而增大。因而在喷丝孔中，容易出现不稳定流动。一般高黏度熔体应选用较大的小孔，如 PET 用 0.3mm，PP 用 0.3~0.45mm 甚至更大，丝的线密度不同，小孔直径也应该不同。

在实际的纺丝过程中，过小的喷丝孔径容易堵塞，熔体的连续流动性差，造成注头丝、硬丝多；另一方面，过小的喷丝孔径又给喷丝板的清洗带来了难度，喷丝板的反复使用率随之下降。在适合纺丝工艺要求的条件下，应该选用孔径大一点的喷丝板，这样才能使纺丝获得一个比较稳定的状态，达到良好的出丝效果。但孔径过大，造成牵伸倍率增加，易将丝束拉断，无法进行正常纺丝。

②喷丝孔的排列。喷丝孔的合理排列，对纤维成品质量有着很大的影响。由喷丝孔喷出的丝束是靠吹风强冷却成形的，所以喷丝孔的排列，首先应该考虑丝束冷却的均匀性及冷却效果。

喷丝孔的排列状态的临界值是从实验中确定的，其一是孔的间隔有个最小值，其二是孔的行数有个最大值。喷丝孔的排列方式基本上可分为同心均布、菱形、星形和环形等分配交错排列，要求孔间距准确，并且孔间距的大小与喷丝板的材质和厚度有关。从冷却条件的均匀性方面来看，以等分配交错排列为佳。即丝在牵伸喷嘴入口以一列的直线均等排列于各孔的位置。

喷丝板的孔数排列应考虑以下几点：

a. 各喷孔的熔体流量应均匀一致；

b. 每根细流受到的冷却条件应均一；

c. 喷丝板应有足够的刚度，保证工作时不产生弯曲变形。

d. 在满足上述条件的前提下，尽量采用小孔距、高密度、多排孔的排列法，但必须有相适应的冷却条件。

③矩形喷丝板设计应注意的问题。

　　a. 熔体从计量泵出口到每个喷丝孔入口的通道中熔体的流动速度压力（流量）应尽量一致，不出现突然增速与减速现象；

　　b. 喷丝板喷孔的分布密度和分布方式在既能保证正常纺丝又能保证一定生产能力的前提下尽量使喷丝板尺寸紧凑，降低设备造价；

　　c. 喷丝孔的参数选择不仅要考虑熔体流变性能能够承受的切变速率，还要考虑冷却方式和纺丝牵伸倍数，避免熔体破裂而使纺丝牵伸不能正常进行；

　　d. 在喷丝孔排列设计上既要考虑有一定风速风量通过保证冷却效果，又要减少喷丝孔各行之间内外层的差异。

　　（4）牵伸工艺

　　牵伸是纺粘成型工艺中必不可少的重要工序，它不仅是使纤维的物理力学性能提高的必要手段，而且牵伸时要求对丝条进行冷却，防止丝条之间粘连、缠结及减少并丝，以保证后道成网质量稳定。在牵伸过程中，大分子或聚集态结构单元发生舒展并沿纤维轴取向排列。即高聚物取向结构是指在某种外力作用下，分子链或其他结构单元沿着外力作用方向择优排列的结构，图4-64为纤维的自然状态和取向的示意图。在取向的同时，通常伴随着相态的变化、结晶度的提高以及其他结构特征的变化。

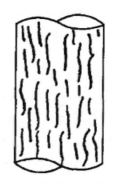

（a）未取向的自然状态　　　　（b）取向的大分子图

图4-64　纤维的自然状态和取向的示意图

　　在熔融纺丝成网中，牵伸工艺的形式多种多样，包括机械牵伸、管式气流牵伸也称圆管式牵伸和狭缝式气流牵伸等，而各种牵伸方式都有其独特的特点。而纺粘法多采用气流牵伸的方式对纤维进行牵伸取向，下面着重介绍气流牵伸的机理与工艺。

　　气流牵伸适合于纺粘非织造高速的生产的要求，易于实现在纺丝过程中对丝条进行高速牵伸，易于分丝和铺网，在玻璃化转变温度以上更容易获得具有一定强力的丝条。

　　纺丝成网气流牵伸形式从气流运行上可分正压牵伸、负压牵伸以及正负压组合牵伸几种工艺类型。

　　①正压牵伸。DOCAN 工艺采用的是喷气牵伸法（也称正压气流牵伸法），该工艺的核心是将经侧吹风冷却后丝条引丝到特殊的喷管中，然后利用高压空气对纤维完成牵伸，DOCAN

工艺是管式牵伸系统的原型。该工艺产生的纤网的强力较大，但其最大缺点是生产时需要厂房的建筑较高，并且能耗较高。

DOCAN纺丝成网工艺可使用聚酯、聚丙烯及聚酰胺聚合物为原料生产纺丝成网非织造织物。聚合物切片给料斗喂入到螺杆挤出机或浓缩熔体直接喂入经自动过滤器后，由计量泵将熔体送入纺丝组件，熔融聚合物通过喷丝板纺丝；熔体细流经侧吹风冷却，同时在高压气流作用下，逐渐被牵伸变细；最后铺设成网送入加固工序。

②负压牵伸。德国Reifenhauser公司采用莱克菲尔Reicofil生产工艺，喷丝板采用单独的一整条，它是基于短程纺丝法工艺，采用整板文丘里式负压牵伸，可静电分丝，它的牵伸工艺特点是采用宽幅狭缝抽吸负压牵伸和整板整条狭缝技术，其技术特点是冷却区中有提供冷风的设备，它可以在两侧向长丝吹冷却风，随后冷空气在外加真空的作用下，纤维加速运行通过牵伸区，在这里纤维在没加压的状态下进行牵伸和取向，该设备采用与机幅相同的整体喷丝组件，整体式狭缝牵伸装置位于喷丝板下方，上部与喷丝板下面的冷却装置相连，下部采用密封措施，与成网帘下的吸风通道相同，其长度与成网帘宽度相当，所纺出的丝可以自由下落，被抽吸到铺网机上。

纺丝成网工艺中从牵伸设备形式上可分为狭缝式牵伸和圆管式牵伸，其中狭缝式牵伸又可分为整体狭缝式牵伸装置和多狭缝式牵伸装置。

①整体狭缝式牵伸。整体狭缝式牵伸工艺指纺丝牵伸装置可采用一个或多个纺丝箱体，经分配管道和整块矩形喷丝板挤出的长丝，侧吹风冷却，然后在整条狭缝牵伸通道上进行气流牵伸和成网的工艺过程。

②多狭缝式牵伸。该工艺采用多块喷丝板和其对应数量牵伸狭缝，喷丝板多少由所生产纤网宽度决定，每块喷丝板孔数在250~800孔范围，下设多个侧吹风出口进行双侧垂直吹风，对应多个牵伸喷嘴，并设摆丝器和吸风工艺，牵伸空气也是专供的。但由于它的喷嘴总长度太长，工艺上采用了低压强（0.02~0.1MPa）和大风量的供风方式。

③圆管式牵伸。圆管式牵伸系统管式牵伸系统工艺的牵伸速度>5000m/min，纤维牵伸较充分、强力较高，可用于PP类聚合物的纺丝系统，也是目前主流的PET类聚合物的纺丝工艺。由于采用机械摆网技术及静电分丝技术，产品的纵横向强力差异较小（MD/CD可接近1.1~1.2）。但铺网均匀度较差，手感欠佳，"云斑"现象较严重，能耗也较高（1300~1500kW·h/t），在医疗、卫生制品领域缺乏优势，因此市场占比极小。

4.1.3.2 熔喷成型工艺

熔喷非织造材料的生产工艺一般为：聚合物切片干燥—喂入—螺杆挤压机熔融挤出—计量泵计量—喷丝成网—卷绕—后加工—成品。首先对聚合物原料进行切片干燥，再均匀混合后喂入螺杆机压力使其熔融挤出，随后在计量泵经过计量加压，形成稳定且均匀的熔体，喷丝板两侧的高温气流引导着聚合物熔体从喷丝孔中喷出，而聚合物熔体在高温气流的作用下被牵伸成超细纤维，纤维随后被高温气流和吸风装置引导至成网帘上并由其余热互相黏合，形成连续的纤网。之后，经切边卷绕成卷后并进行后加工制备成品。图4-65为熔喷喷丝成网示意图。

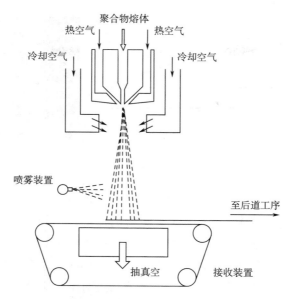

图 4-65   熔喷喷丝成网示意图

纺粘工艺和熔喷工艺之间的主要区别在于模具组件。在熔喷工艺中，当纤维从模具中出来时，热空气会与纤维会聚，而在纺粘工艺中，热空气流与出现的纤维交叉流动。图 4-66 所示的熔喷工艺的会聚流用于拉细和拉伸纤维，从而使所得纤网由比纺粘纤网的纤维更细的纤维组成。熔喷纤网更柔软、体积更大且更脆弱。它具有较小的孔径并提供更好的过滤效率。在大多数过滤器应用中，介质必须由另一个网支撑，或用作复合结构的一部分。

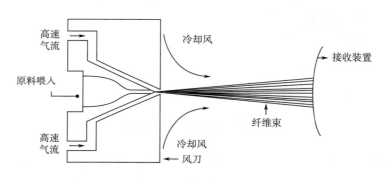

图 4-66   熔喷工艺中的气流

模头组合件是熔喷生产线中最关键的设备，由聚合物熔体分配系统、模头系统、拉伸热空气管路通道以及加热保温元件等组成。

聚合物熔体分配系统的作用是保证聚合物熔体在整个熔喷模头长度方向上均匀流动并具有均一的滞留时间，同时避免熔体流动死角造成聚合物过度热降解，从而保证熔喷非织造材料在整个宽度上具有较小的面密度偏差和其他物理力学性能的差异、并具有较好的纤网均匀度。目前熔喷工艺中主要采用衣架型聚合物熔体分配系统，如图 4-67 所示。

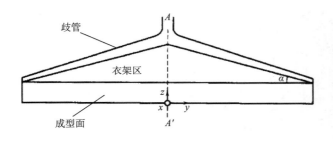

图 4-67　衣架型分配系统

研究表明，歧管倾斜角度 α 对分配系统出口处的流动速率分布情况有显著影响。随着歧管倾斜角度的增加，聚合物熔体在分配系统中央处的流动速率趋于减小，而两边的流动速率明显增加，合适的歧管倾斜角度可保证衣架型聚合物熔体分配系统出口流动速率趋于衣架型聚合物熔体分配系统高度对聚合物熔体分配有较明显的影响，系统高度增加，聚合物熔体在分配系统出口处的流动速率分布更加趋于均匀，特别是对中央熔体输送管道处小范围内较大的流动速率波动有较好的均匀作用。

熔喷模头组合件的模头系统通常由底板、喷丝头、气板和加热元件等组成，按照其流体管道形态可以分为毛细管型和钻孔型，如图 4-68 所示。

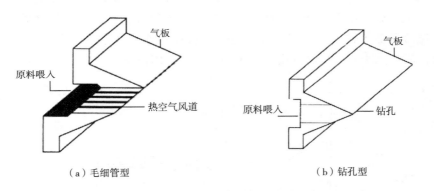

（a）毛细管型　　　　　　　　　（b）钻孔型

图 4-68　熔喷模头结构示意图

熔喷非织造材料早期的应用主要是过滤材料，熔喷非织造材料具有纤维细、孔隙多而孔隙尺寸小的优点，通过适当的后整理，是一种性能优良的过滤材料。熔喷非织造材料在过滤领域的应用有气体过滤和液体过滤，气体过滤方面有已经大量推广应用的医用防菌口罩、室内空调机过滤材料、汽水分离过滤材料、净化室过滤材料、血液过滤材料等。其中医用防菌口罩采用熔喷非织造材料作为过滤介质可大大减少细菌的透过率，其阻菌率高达 98% 以上，而且佩戴时没有任何不舒服的感觉。在液体过滤方面，熔喷非织造材料可用于饮料和食品过滤、水过滤、贵金属回收过滤、油漆和涂料等化学药品过滤等。熔喷非织造材料还可与其他材料复合并制成可换式滤芯或滤袋等用于各种过滤装置中。

4.2　固网技术

4.2.1　针刺

非织造针刺加固的基本原理是：用截面为三角形（或其他形状）且棱边带有钩刺的针，对蓬松的纤网进行反复针刺。图 4-69 为典型的针刺工艺和刺针示意图。当成千上万枚刺针刺入纤网时，刺针上的钩刺就带住纤网表面和里层的一些纤维随刺针穿过纤网层，使纤维在运动过程中相互缠结，同时由于摩擦力的作用和纤维的上下位移对纤网产生一定的挤压，使纤网受到压缩。刺针刺入一定深度后回升，此时因钩刺是顺向，纤维脱离钩刺以近乎垂直的状态留在纤网内，犹如许多的纤维束"销钉"钉入了纤网，使已经压缩的纤网不会再恢复原状，这就制成了具有一定厚度和一定强度的针刺非织造材料，针刺非织造材料的侧视图如图 4-70 所示。

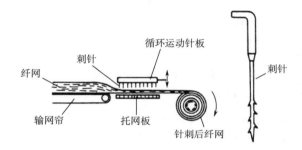

图 4-69　针刺工艺和刺针示意图

图 4-70　针刺非织造材料的侧视图

针刺过程是由专门设计的针刺机来完成的，图 4-71 为针刺机原理简图。纤网由压网罗拉和输网帘握持喂入针刺区。针刺区由剥网板、托网板和针板等组成。刺针是镶嵌在针板上的，并随主轴和偏心轮的回转做上下运动，穿刺纤网。托网板起托持纤网作用，承受针刺过程中的针刺力；刺针完成穿刺加工做回程运动时，由于摩擦力会带着纤网一起运动，利用剥网板挡住纤网，使刺针顺利地从纤网中退出，以便纤网作进给运动，因此剥网板起剥离纤网的作用。托网板和剥网板上均有与刺针位置相对应的孔眼以便刺针通过。在针刺过程中，纤网的运动由牵拉辊也称输出辊传送。

针刺是用作过滤用非织造材料最常用的一种加工方式。针刺非织造材料常用于袋式除尘器的制备。针刺法非织造过滤材料所采用的原料主要有涤纶短纤维、丙纶短纤维和各种耐高温纤维（如玻璃纤维等）。

针刺非织造过滤材料可根据其生产工艺的不同分为普通针刺非织造过滤材料和复合针刺非织造过滤材料。普通针刺非织造过滤材料的面密度一般为 $500\sim850g/m^2$，生产工艺流程为：

纤维开松→混合→梳理→机械铺网→预针刺→2~4 道主针刺→各种后整理（烧毛、烫

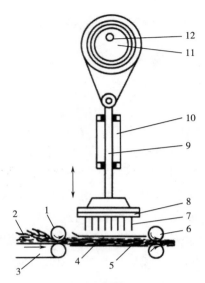

图 4-71 针刺机原理简图

1—压网粒 2—纤网 3—输网帘 4—剥网板 5—托网板 6—牵拉辊
7—刺针 8—针板 9—连杆 10—滑动轴套 11—偏心轮 12—主轴

光、覆膜、拒水、拒油和抗静电等)→成品→检验→包装

复合针刺非织造材料的生产工艺相比普通针刺非织造过滤材料较为复杂,其生产成本也相对较高,面密度为 $850\sim1500g/m^2$,其生产工艺流程为:

纤维开松→大仓混棉→精开松→气压给棉→梳理→机械铺网→复合→预针刺→2～4 道主针刺→成卷→热定型→烧毛→烫光→冷却→卷绕→成品→检验→包装或者纤维开松→纤维混合→粗梳→精梳→纺纱→织造→坯布→复合→预针刺→2～4 道主针刺→成卷→热定型→烧毛→烫光→冷却→卷绕→成品→检验→包装

水刺法和不同针刺法非织造过滤材料的性能指标见表 4-2。

表 4-2 水刺法和不同针刺法非织造过滤材料的性能指标

项目		种类		
		普通针刺过滤材料	复合针刺过滤材料	水刺过滤材料
断裂强力/N	纵向	500～700	1500～1800	80～160
	横向	400～600	1100～1400	60～140
断裂伸长率/%	纵向	15～20	12～18	30～50
	横向	12～16	8～10	30～50
耐磨性能/次		30～40	20～30	—
透气性/[m³/(min·m²)]		0.9～1.1	0.8～1.0	1.1～1.2
耐热温度/℃		135～150	235～260	—
平均孔径/μm		0.8～1.2	0.5～1.0	—

续表

项目	种类		
	普通针刺过滤材料	复合针刺过滤材料	水刺过滤材料
容尘量/（g/m²）	150~200	100~150	100~150
过滤精度/μm	2~20	1~20	2~20
过滤效率/%	65~99	70~100	65~99
过滤风速/（m/s）	1.5~2.0	1.0~1.5	1.5~2.0
过滤阻力/Pa	4.0~6.0	20~25	10~15

4.2.2　水刺

水刺工艺于1973年由杜邦公司引入，其水刺产品商品名为Sontaras。图4-72是水刺工艺的一般示意图。该过程使用非常精细的高速水射流使得纤维之间相互缠结。水射流来自高压水针，水针压力通常为0.5~25MPa，水针的喷射孔直径范围为100~120μm。水针在喷水板上排列成排，每排之间的间距为3~5mm，每排每25cm有30~80个水针。

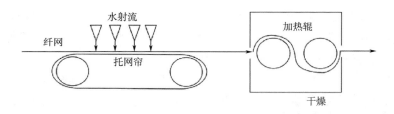

图4-72　水刺工艺一般示意图

水刺工艺技术路线主要由纤维成网系统、水刺加固系统、水循环及过滤系统和干燥系统四大部分组成。用于水刺加固的纤网可以是干法成网、聚合物纺丝成网、浆粕气流成网、湿法成网，也可以将上述几种成网方法进行组合，然后经水刺加固成型。

水刺工艺与针刺工艺一样，均为机械加固。水刺加固工艺是依靠高压水，经过水刺头中的喷水板，形成微细的高压水针射流对托网帘或转鼓上运动的纤网进行连续喷射，在水针直接冲击力和反射水流作用力的双重作用下，纤网中的纤维发生位移、穿插、相互缠结抱合，形成无数的机械结合，从而使纤网得到加固。水针通常垂直于纤网进行喷射，因垂直喷射可最大程度地利用水喷射能量，同时不破坏纤网外观结构。水针使纤网中一部分表层纤维发生位移，相对垂直朝网底运动，当水针穿透纤网后，受到托网帘或转鼓表面的阻挡，形成水流的反射，并呈不同的方位散射到纤网的反面。图4-73为水刺加固原理图和机器照片，水刺头下方配置真空抽吸水装置，利用负压作用，将托网帘或转鼓上的水经孔眼迅速吸入真空脱水箱内腔，然后被抽至水气分离器处理，进入水处理系统。通常非织造纤网可以从一侧或两侧进行水刺。如果要对纤网两侧进行水刺，通常要先对一侧水刺，然后对另一侧水刺。

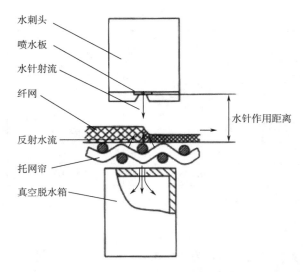

水刺头
喷水板
水针射流
纤网
反射水流
托网帘
真空脱水箱
水针作用距离

图 4-73　水刺加固原理图

水刺法包括以下步骤：
①非织造纤网的形成；
②纤网与水射流的缠结；
③用于去除多余水分的真空系统；
④水的再循环和过滤；
⑤干燥；
⑥卷绕成卷以供运输或进一步加工。

输网帘的设计对纤网水刺的位置和方式影响很大，它在水刺过程中通常起着拖持纤网、滤水、排气、促进水针反弹和实现纤网高效缠结的作用。同时，输网帘的网眼和结构还会影响织物的外观和物理性能。例如，粗网孔的输网帘可能会导致水刺纤网具有许多大孔的图案，而细网孔的输网帘可能会导致水刺纤网具有更多的小孔，这是因为纤网输送至水刺头下方时，高压水针在穿透纤网后，遇到输网帘编织丝相交的交叉接点时，根据输网帘或转鼓的结构和规格，水针受到了阻碍，水流向上和四周无规则反射分溅，迫使交织点上的纤维向四周运动并互相集结缠绕，造成纤网所对应编织丝交织点的凸出部位处无纤维分布而产生网孔结构。图 4-74 为网孔型水刺非织造材料结构电镜照片。

图 4-74　网孔型水刺非织造材料结构电镜照片

影响水刺纤网性能的因素还有水射流速度和压力、纤网速度、水针的数量以及射流撞击纤网时的角度等。最好性能的水刺非织造材料水刺过程中水针不一定是垂直喷射冲击，如果水射流在冲击纤网时与垂直方向成一定角度，也可能会产生更好的性能。

纤维的特性会影响其缠结程度。通常，柔软的较长的纤维比刚性的较短的纤维缠结效果更好，细纤维比粗纤维缠结效果更好。纤网的特性同样会影响纤维之间的缠结效果，其中面密度、透气性和纤维取向可能是几个较为显著的因素，通常用于水刺的纤网面密度为 $25\sim250\mathrm{g/m^2}$。

水再循环和过滤系统对水刺工艺的影响至关重要。由于水射流速度极快和所用纤维的类型，某些细小的纤维段会有折断为细屑的趋势。细屑属于微米级，很容易堵塞喷水孔，因此需要一个非常有效的过滤系统。如果过滤系统设计不好，就会出现过早堵塞和过滤器寿命短的情况。图 4-75 为美国 Valmet 公司生产的蜂窝水刺装置示意图。该装置能够很好地减少细屑的产生和并有效地过滤细屑。

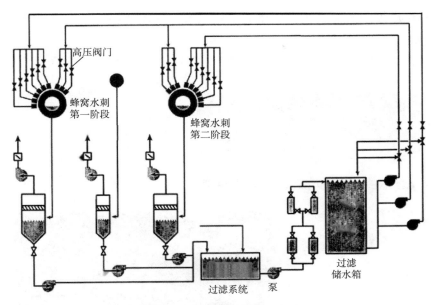

图4-75 蜂窝水刺装置示意图

水刺法非织造过滤材料的生产工艺流程如下：

纤维混合→开松→输送→给棉→梳理→纤维成网→预湿→正反面水刺→脱吸水→预干燥→后整理（亲水、拒水、亲油、拒油、抗静电、阻燃、覆膜和干燥定型等）→分切→卷绕→成品→检验→包装

水刺法非织造过滤材料独特的生产工艺赋予了产品特殊的功能性，与针刺非织造过滤材料相比，水刺产品表面无针眼，不存在掉毛问题，易去污，相同面密度的产品，过滤精度和过滤效率要好于针刺法非织造布过滤材料。一般水刺法非织造过滤材料的面密度在 $60 \sim 100 g/m^2$。水刺法非织造过滤材料的技术指标见表4-2。

4.2.3 缝编

缝编黏合是一种机械加固纤网的方法。这种黏合方式通常使用带或不带纱线或缝纫线的编织元件来使得纤维之间相互缠结。通常，绒头织物是通过将传统梳理的交叉铺网制备而成的，然后将其送入缝合机的缝合区域，再采用人造纱或短纤纱的经线通过网针进行编织，从而形成非织造材料（图4-76）。缝编黏合也可以通过对纤维进行网格化来实现。

德国生产的商品名为Hycoknits®的过滤材料，是一种缝编非织造复合材料，可以用作为深层过滤介质。这种产品是分两步制成的，在第一步中，制造具有单环表面的绒头缝编非织造材料。在第二步中，通过在其上放置一层水

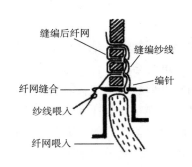

图4-76 缝编黏合

刺非织造材料来压缩绒头缝编非织造布的单环表面。这种方式使得其具有梯度结构，如图4-77所示。该产品的独特之处在于，绒头上部表面的纤维沿流动方向定向。这与传统的过滤介质形成了对比，在传统的过滤介质中，纤维通常垂直于流动方向。

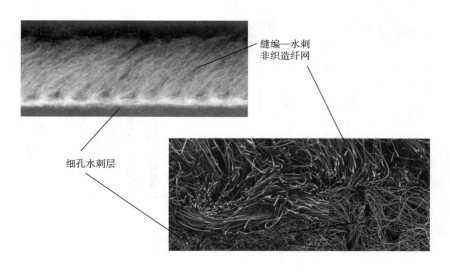

缝编—水刺非织造纤网

细孔水刺层

图4-77　缝编—水刺法非织造布复合材料

4.2.4　热黏合

高分子聚合物材料大都具有热塑性，即加热到一定温度后会软化熔融，变成具有一定流动性的黏流体，冷却后又重新固化，变成固体。热黏合非织造工艺就是利用热塑性高分子聚合物材料这一特性，使纤网受热后部分纤维或热熔粉末软化熔融，纤维间产生粘连，冷却后纤网得到加固而成为热黏合非织造材料。热黏合可以分为热轧黏合、热风黏合和超声波黏合。

4.2.4.1　热轧黏合

热轧黏合是指用热轧辊对纤网进行加热加压，导致纤网中部分纤维熔融而产生黏结，热轧黏合适用于薄型和中厚型产品，干法成网的产品面密度大多在 $15 \sim 100 \mathrm{g/m}^2$。

在热轧工艺的应用中，主要有点黏合、表面黏合及面黏合三种生产方法。其中，点黏合主要使用的部件是刻花辊与光辊两种，在纤网经过相应位置的时候，处于凸轧点位置的纤维就会进行熔融黏合，这种生产过程适用于薄型非织造材料的制备，图4-78为点黏合热轧及常用轧点形状示意图；表面黏合使用的是光辊与棉辊的部件组合，所谓的棉辊就是在钢辊上包裹一层棉布，这样在生产中就可以完成单面的表面黏合了，主要依靠的就是光辊面纤维的熔融软化制备而成的；面黏合是通过光辊之间进行组合来完成的，生产过程中在纤维交叉的位置进行黏合处理，这种方法产生的黏合点比较多，生产的非织造材料也具有面料硬、表面平滑的特点，图4-79为面黏合热轧工艺图。

热轧机包括轧辊、加压油缸、冷却辊、机架以及传动系统等，主要有二辊、三辊、四辊

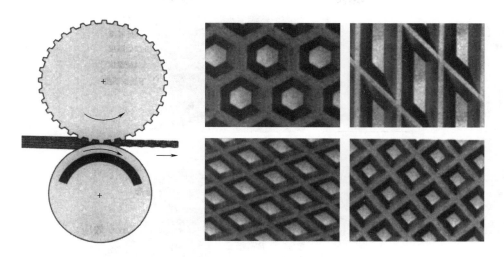

图4-78 点黏合热轧及常用轧点形状示意图

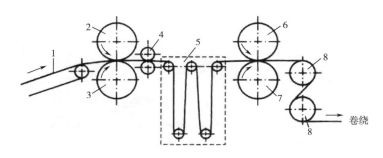

图4-79 面黏合热轧工艺图

1—纤网 2—光钢辊 3—棉辊 4—牵拉辊 5—补偿装置 6—棉辊 7—光钢辊 8—水冷却辊

和带浮动轧辊等类型的热轧机。热轧辊加热方式目前主要有电加热、油加热和电感应加热三种类型。电加热方式是最传统的加热方式之一，其利用电热管或电热丝元件发热使轧辊受热，特点是结构简单，维修方便，升温速度也比较快，但加热均匀性差，温度控制精度较低，不适用于宽幅点黏合热轧工艺。油加热是目前最常用的加热方式，其采用导热油作为热媒体对轧辊进行加热。导热油可由燃油或燃煤锅炉加热，也可直接采用安装在热轧机边上的导热油电加热系统加热。图4-80为德国Küsters公司生产的热轧机。

4.2.4.2 热风黏合

热风黏合是指利用烘箱加热纤网同时在一定风压条件下使之得到融熔黏合加固，热风黏合适合于生产薄型、厚型以及蓬松型产品，产品干法成网的面密度为$15\sim1000\mathrm{g/m^2}$。热风黏合可以分为热风穿透式黏合和热风喷射式黏合，前者的应用更加广泛。图4-81为两种热风黏合方式原理图。

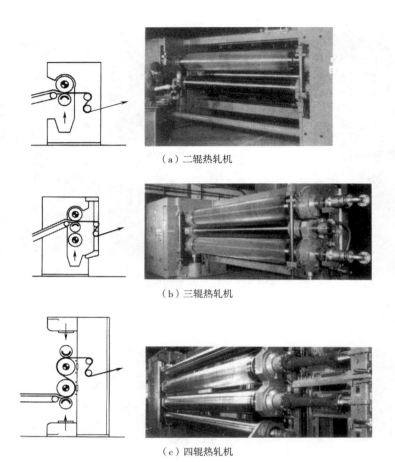

（a）二辊热轧机

（b）三辊热轧机

（c）四辊热轧机

图4-80　Küsters公司的热轧机

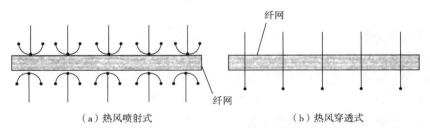

（a）热风喷射式　　　　　　　　　　　　　（b）热风穿透式

图4-81　热风黏合原理图

（1）热风穿透式黏合

热风穿透式黏合按照其工艺可分为单层平网热风穿透式、双网夹持热风穿透式和滚筒圆网热风穿透式等。

①单层平网热风穿透式。单层平网热风穿透式黏合是一种成熟的热熔黏合工艺这种热熔黏合方式采用了单层帘网，纤网在没有加压作用下熔融黏合，因此产品蓬松、弹性好。

②双网夹持热风穿透式。图4-82为双网夹持热风穿透式黏合工艺，纤网在热风穿透黏合

时，由上下两层帘网夹持，这样，在生产较大面密度的厚型产品时，可控制产品的厚度和密度。热风穿透黏合后，纤网可经过一道热轧处理，进一步控制产品厚度，热轧后，纤网必须经过冷却辊冷却或风冷，然后才成卷。

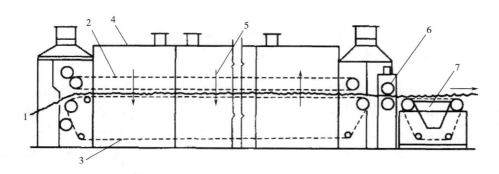

图 4-82　双网夹持热风穿透式黏合工艺

1—纤网　2—上网帘　3—下网帘　4—箱体　5—热风　6—轧辊　7—风冷

③滚筒圆网热风穿透式。滚筒圆网热风穿透烘箱主要由开孔滚筒、金属圆网、送网帘、压网帘和热风循环加热系统等组成。纤网送入圆网热风穿透烘箱后，热风从圆网的四周向滚筒内径方向喷入，对纤网进行加热。而进入滚筒内部的热风被滚筒一侧的风机抽出，所以在滚筒的内部形成负压。由于该负压的存在，面密度较小的纤网被吸附在金属圆网上。当纤网热黏合后，在离开滚筒的区域内，滚筒内部要设气流密封挡板，使该区域滚筒表面无热

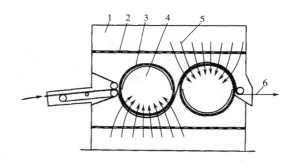

图 4-83　双滚筒热风穿透黏合工艺

1—热交换室　2—均风板　3—圆网　4—密封板　5—热风　6—纤网

空气吸人，因此热黏合的非织造材料能顺利离开加热区。

当生产较厚型产品及产量较高时，需要使用多个滚筒才能产生较好的黏合效果，如图 4-83 所示，为双滚筒热风穿透黏合工艺，热风交替穿过纤网的两面，加热效果较理想。加大滚筒直径，可提高其生产能力。

（2）热风喷射式黏合

热风喷射式黏合按照其工艺设备大题可以分为单网帘热风喷射和双网帘热风喷射。

①单网帘热风喷射。单网帘热风喷射式热熔黏合可采用热熔粉末或热熔纤维进行热熔黏合，在烘箱中采用单网帘输送纤网。如图 4-84 所示，纤维混合后经喂料斗均匀地喂给梳理机，梳理机输出的薄网经撒粉装置加入热熔粉末，然后由交叉铺网装置铺成较厚的纤网，再输入烘箱中进行热风喷射加热融熔黏合。热熔黏合后的纤网离开烘箱后，再经冷却轧辊加压作用，使产品结构进一步稳定并改善非织造材料的表面质量。

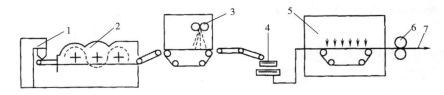

图 4-84　单网帘热风喷射黏合工艺

1—喂入　2—梳理　3—撒粉装置　4—铺网　5—烘房　6—冷却轧辊　7—非织造材料

②双网帘热风喷射。双网帘夹持热风喷射式热熔黏合可采用热熔粉末或热熔纤维进行热熔黏合，适合生产厚型非织造材料，在烘箱中采用双网帘夹持输送纤网。如图 4-85 所示，混合后的纤维由喂料机输出到输网帘上，同时撒粉装置将热熔粉末均匀地撒在纤维层中，然后纤维层输入气流成网机中进行气流成网。气流成网后的纤网由双网帘夹持喂入烘箱，由喷射的热风进行热熔黏合。双网帘夹持方式可使产品不受热风喷射的影响而变形，同时可调节产品密度并形成稳定的纤网结构。

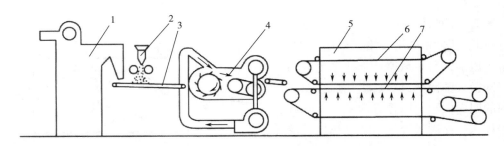

图 4-85　双网帘热风喷射式黏合工艺

1—喂入　2—撒粉装置　3—输网帘　4—气流成网　5—烘箱　6—上夹持网帘　7—下夹持网帘

4.2.4.3　超声波黏合

超声波黏合是一种新型的热黏合工艺技术，其将电能通过专用装置转换成高频机械振动，然后传送到纤网上，导致纤网中纤维内部的分子运动加剧而产生热能，使纤维产生软化、熔融、流动和固化，从而使纤网得到黏合。超声波黏合工艺特别适合于蓬松、柔软的非织造产品的后道复合深加工，用于装饰、保暖材料等，可替代绗缝工艺。

超声波黏合的能量来自电能转换的机械振动能，如图 4-86 所示，换能器 3 将电能转换为 20kHz 的高频机械振动，经过变幅杆 4 振动传递到传振器 5，振幅进一步放大，达到 $30 \sim 100\mu m$。在传振器的下方，安装有钢辊筒，其表面按照黏合点的设计花纹图案，植入许多钢销钉，销钉的直径约为 2mm，露出辊筒约为 2mm。超声波黏合时，被黏合的高分子聚合物纤维网或叠层材料（塑料膜）喂入传振器和辊筒之间形成的缝隙，纤网或叠层材料在植入销钉的局部区域将受到一定的压力，在该区域内纤网中的纤维材料受到超声波的激励作用，纤维内部高分子之间急剧摩擦而产生热量，当温度达到被黏合材料的熔点时，与销钉接触区域的纤维迅速熔融，在压力的作用下，该区域高分子聚合物材料发生流动、扩散过程，当纤网与销钉脱开后，不再受到超声波的激励作用，纤网或叠层材料冷却定型，形成良好的热黏合点。

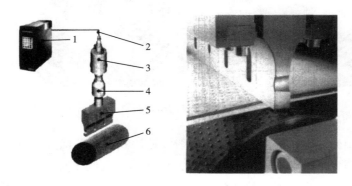

图4-86　超声波黏合原理
1—超声波控制电源　2—高频电缆　3—换能器　4—变幅杆　5—传振器　6—带销钉的辊筒

超声波黏合设备通常由超声波控制电源、超声波发生及施加系统、托网辊筒以及辊筒传动系统等组成，其关键部件是超声波发生及施加系统，包括换能器、变幅杆、传振器及加压装置。

图4-87为典型的超声波热黏合机，当喂入纤网厚度变化时，该黏合机仍可保持良好的黏合效果。其原理是，力传感器可间接测出传振器和辊筒销钉加压纤网的力，当纤网变厚时，如传振器与带销钉的辊筒之间的间隙δ值不变，则传振器和辊筒销钉加压纤网的力变大，此时，力传感器发信号给控制系统驱动调节电动机通过连杆、支架使传振器上升，则δ变大，传振器和辊筒销钉加压纤网的力变小。

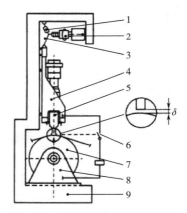

图4-87　典型的超声波热黏合机
1—力传感器　2—调节电动机　3—连杆
4—支架　5—传振器　6—金属检测装置安全开关
7—带销钉的辊筒　8—辊筒支架　9—机架

4.2.5　化学黏合

化学黏合是非织造生产方式中应用历史最长、使用较为广泛的一种纤网加固方法，近年来，化学黏合法的使用在逐渐减少。化学黏合是指采用化学黏合剂的乳液或溶液，通过泡沫、浸渍、喷洒和印花等方法将黏合剂施加到纤网当中，从而使纤网黏合加固形成非织造材料的方法。

4.2.5.1　泡沫浸渍法

泡沫浸渍法就是用发泡剂和发泡机械装置（图4-88）使黏合剂浓溶液成为泡沫状态，并将发泡的黏合剂涂于纤网上，经加压和热处理，由于泡沫的破裂，泡沫中的黏合剂微粒在纤维交叉点成为很小的黏膜状粒子沉积，使纤网黏合后形成多孔性结构。

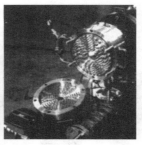

图 4-88 典型的发泡机械装置

泡沫浸渍法主要用于薄型非织造材料,与一般浸渍法相比,其优点如下:结构蓬松、弹性好;浸渍以后,纤网含水量低,烘燥时能耗小,比饱和浸渍低 33%～40%;黏合结构在纤维的交叉点上,成为点状黏膜粒子;黏合剂水分少,质量分数高,烘燥时避免产生泳移现象;漏水少,污染小。

图 4-89 为典型的泡沫浸渍工艺过程。其中的浸渍部分是由泡沫发生(施加)装置、涂胶刮刀、双辊筒上胶和轧液输送装置组成。浸渍泡沫黏合剂后的纤网经烘箱烘燥、固化。

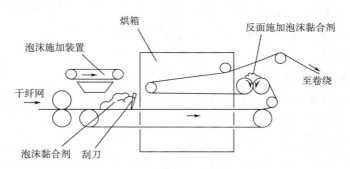

图 4-89 典型的泡沫浸渍工艺过程

4.2.5.2 饱和浸渍法

为了彻底浸透纤网,通常从浸渍机施加黏合剂,浸渍机使用涂抹辊从树脂浴中施加树脂。图 4-90 为饱和浸渍示意图。在这种模式中,涂敷辊穿过浴槽并在树脂通过挤压辊时将树脂涂敷到幅材上。挤压辊迫使树脂进入网的内部,并有助于实现均匀的深度黏合。

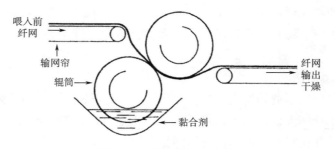

图 4-90 饱和浸渍示意图

4.2.5.3　喷洒黏合法

利用气压来将化学黏合剂通过喷嘴喷洒到纤维网上的方法即喷洒黏合法。喷洒黏合法是黏合薄型纤网的一种有效方法；对于厚型纤网来说，由于喷洒的树脂液滴很难渗透到纤网的内部，所以黏合效率会比较低。

由喷洒黏合法加固而成的产品具有高蓬松、多孔性和保暖性较好的特点，因此十分利于制备保暖絮片和过滤材料等。在用于制备过滤材料时，其多孔的特点会使过滤材料具有较好的容尘量和较长的使用寿命。

4.2.5.4　印花黏合法

印花黏合法是使用凹凸辊来把液体黏合剂涂覆在纤网上的。其原理示意图如图 4-91 所示。这种凹凸辊由于经常被图案化，又称花纹辊筒，其花纹能够容纳施加到纤网表面的固定体积的液体。在实际生产应用中，通常需要两个凹凸辊来实现黏合加固目的：一个用于将黏合剂涂抹到纤网的底面，另一个用于将黏合剂涂抹到表面，从而使黏合剂在纤网内部充分扩散。

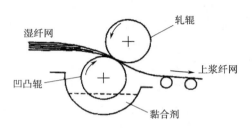

图 4-91　转移压印黏合装置

4.3　后整理技术

后整理技术在整个非织造过滤材料的制备流程中十分重要，与成网技术和固网技术不同的是，后整理技术通常能赋予非织造过滤材料更多的性能，从而使其能够较好地在各个过滤领域中应用。

4.3.1　抗菌整理

在人们的日常生活中，许多过滤材料都需要进行抗菌整理才能达到使用的标准。如在医疗卫生领域，防护服、口罩等纺织品都需要进行抗菌整理，从而保证人们的健康不受到细菌的侵扰，因此抗菌整理十分重要。

4.3.1.1　抗菌整理的机理

非织造材料的抗菌整理是用适宜的抗菌整理剂对非织造材料进行处理使之具有抑制或杀灭致病菌功能的过程。

经抗菌整理的非织造材料发挥抗菌作用的机理有以下三种。

（1）释放机理

非织造材料经过抗菌整理后，在一定条件下会释放出抗菌剂，其释放量足以抑制或杀灭细菌和真菌的繁殖。

（2）再生模式

再生模式是在非织造材料上施加一层化学整理剂，它在一定条件下不断地再生抗菌剂，其再生作用是在洗涤或者光照下，引起共价键断裂而产生的，并能通过表面接触使光谱的微生物迅速失去活性作用，因此这种模式具有贮存抗菌剂的能力。

（3）阻碍或阻塞作用

障碍或阻塞作用的原理是在非织造材料表面施加一层惰性物理障碍或涂层，防止微生物穿过织物，达到静态抑菌的效果。

4.3.1.2　抗菌剂

抗菌整理剂很多，主要可分为无机类、有机类和天然抗菌剂三大种类。

（1）无机类抗菌剂

无机类抗菌剂多为金属离子以及一些光催化抗菌剂和复合整理抗菌剂。无机抗菌剂的组成，主要包括载体与抗菌成分，抗菌成分主要是一些金属离子，如 Pd、Hg、Ag、Cu、Zn 等以及它们的化合物。市场上商品化的无机抗菌剂绝大多数是载银无机抗菌剂。光催化抗菌剂是半导体化合物。其中锐钛矿结构的二氧化钛半导体光催化抗菌剂有广阔的应用前景。

（2）有机类抗菌剂

有机类抗菌剂，大多是含氮、硫、氯等元素的各类复杂化合物，其主要品种有：季铵盐类、双胍类、醇类、酚类、醛类、有机金属类等。早期抗菌剂基本都属于有机类抗菌剂。目前应用的抗菌剂中无机抗菌剂虽抗菌效果持久、耐酸碱、耐洗涤、耐光耐热性好，但容易发生色变，必须制成超细粉均匀分布于制品表面，并对载体有选择性的缺点；有机抗菌剂虽然短期杀菌效果好，易分散混合、不易变色，但耐热稳定性差、寿命短，并且细菌可能对其产生抗药性，有些有机抗菌剂的分解产物有一定毒副作用甚至致癌。

（3）天然抗菌剂

天然抗菌剂按来源可分为植物类天然抗菌剂和动物类天然抗菌剂。

植物类天然抗菌剂包括桧柏提取物、艾蒿精油、芦荟胶、薄荷、大蒜等，通过其所含的挥发油、有机酸、生物碱、黄酮类、醌类、鞣质等化合物，破坏细菌的细胞壁和细胞膜，抑制能量供给、细菌核酸和蛋白质的合成等，从而造成细菌死亡。动物类抗菌整理剂主要集中在壳聚糖、甲壳素类材料的研发和应用方面。由于这些材料具有带正电荷的氨基，可与带负电荷的细菌表面结合，进而阻碍细菌的生物合成，造成细菌死亡，抑制细菌繁殖。

4.3.1.3　抗菌整理的方式

抗菌纺织品的制备方法很多，但大体分为三类：将天然抗菌纤维直接制备成抗菌纺织品；将含有抗菌成分的原料经纺丝法制备成抗菌纤维，再将所制备成的抗菌纤维加工成产品；用抗菌剂对纺织品进行整理而得到抗菌产品，该方法是目前市场上制备抗菌纺织品的主流方法。

（1）纺丝法

①共混纺丝。共混纺丝，就是将抗菌组分和其他一些助剂与目标性高分子树脂充分混合

后通过熔融纺丝方式制备出具有抗菌效果的纤维，该方法主要适用于没有反应活性的侧基基团材料，如乙纶、丙纶、涤纶等。采用该方法制备的抗菌纤维，不仅其表面含有抗菌组分，而且抗菌剂均匀分布在纤维内部，可通过缓慢向外渗透达到长效、持久、稳定的抗菌效果，已部分应用于医用纺织品、服装及其工业装饰用纺织品，如地毯等。当然，共混纺丝制备抗菌纤维对抗菌剂要求较高，不仅需要其具有较高的热稳定性和安全性，也需要其与高分子树脂有良好的相容性，这在很大程度上限制了其应用。

②复合纺丝。复合纺丝，就是将含有抗菌成分的纺丝原液与其他不含抗菌成分的纺丝原液通过特殊分配功能的喷丝头制备而成的具有特殊结构的复合纤维，如皮芯结构纤维、并列结构纤维、镶嵌结构纤维、分形结构纤维、中空多芯结构纤维等。一般而言，复合纺丝均侧重于纺丝装置，甚至是新型纺丝头的设计以及纺丝成型装备的优化。所制备的复合纤维往往表层含有抗菌组分，而芯层或内层不含有抗菌组分，因此，相较于共混纺丝，其所用抗菌剂的量更少，再加上所制备纤维的特殊的结构，可赋予其优异的耐水洗性能。当然，其织造工艺相较于共混纺丝，流程更多，工艺更复杂，生产成本也明显偏高。

（2）后整理法

后整理法，就是利用含有抗菌组分的溶液、涂料或者树脂，通过浸渍、浸轧或涂覆等手段对织物进行处理，再经高温焙烘或其他手段，使有效抗菌组分最终固定在纤维或织物上，赋予其抗菌效果的方法。该方法主要适用于含有反应活性的侧基基团材料或多孔纤维材料。根据制备方法的不同，有浸渍法、表面涂层法、树脂整理法、表面接枝改性法和微胶囊法等，这些方法加工简单，抗菌效果好，然而浸渍法和表面涂层法的耐摩擦和耐洗涤性能差，微胶囊法的抗菌效果持久性一般，主要用于一次防护用品。

4.3.2　疏水整理

疏水整理也是非织造过滤材料常用的一种整理方式。比如，在除尘滤袋的使用中，经常需要疏水整理提高滤料的疏水性，避免在除尘器内出现结露现象时滤袋表面黏结；在医用防护服装的使用中，需要进行疏水整理防止细菌污水对医护人员的健康造成威胁；疏水整理还可以用于疏水亲油型油水分离过滤材料，其中熔喷非织造材料较为常见。

4.3.2.1　疏水机理

（1）荷叶效应

荷叶效应的研究表明，荷叶具有超疏水能力的原因主要有两方面：一方面是由细胞组成的乳瘤形成表面微观结构；另一方面是在乳瘤表面有一层由表面蜡晶体形成的毛绒纳米结构。

（2）疏水原理

拒水整理主要是利用低表面张力的整理剂使非织造材料的表面张力远远低于水的表面张力，从而使非织造材料的表面具有疏水的效果，同时非织造材料能够保持良好的透气性能，这种整理称为透气的疏水整理。

①与表面能的关系。当水滴滴在某一固体表面上时，可能会形成以下两种情况，如图 4-92 所示：第一种情况是水滴在固体表面完全铺展，第二种情况是水滴形成小液滴。固

体表面和液滴边缘的切线方向形成的接触角 θ 可能出现以下的几种状态。由图可知，当接触角 $\theta > 90°$ 时，才可以做到既透气又透水。

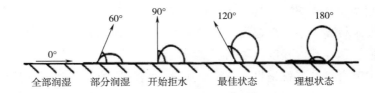

图 4-92   液体与基材表面之间的接触角

根据杨氏方程式，接触角 θ 与液、气、固表面张力之间存在如下关系：

$$\cos\theta = \frac{\gamma_{SG} - \gamma_{SL}}{\gamma_{LG}} \tag{4-9}$$

式中：γ_{SG} 为固体表面在饱和蒸汽下的表面张力；γ_{LG} 为液体在它自己饱和蒸气压下的表面张力；γ_{SL} 为固液间的表面张力；θ 为气、固、液三相平衡时的接触角。

当非织造材料经疏水处理后，织物表面、空气、水三者相互间的表面张力发生了变化，然而液体的表面张力没有发生变化，可视为常数。根据杨氏方程，$\gamma_{SG} - \gamma_{SL}$ 若为负数，则 $\theta > 90°$ 时固体表面体现为疏水性，同理当 $\theta < 90°$ 时体现为亲水性。

各种纤维的临界表面张力与常见液体的表面张力见表 4-3。

表 4-3   各种纤维的临界表面张力与常见液体的表面张力

纤维	液体	临界表面张力 γ_c / $(10^{-5} \cdot cm^{-1})$	纤维	液体	临界表面张力 γ_c / $(10^{-5} \cdot cm^{-1})$
纤维素纤维	—	200	聚乙烯	—	31
—	水	72	聚丙烯	—	30
锦纶 66	—	46	—	苯	26
羊毛	红葡萄酒	45	—CH₃	n-汽油	22~24
丙烯腈纤维，涤纶	—	43	四氟乙烯	—	18
—	花生油	40	—CF₂H	—	15
聚氯乙烯	液体石蜡	39	—CF₃	—	6

②与表面粗糙度的关系。由荷叶效应可知，非织造材料要获得超疏水能力主要取决于两方面：一是处理后的非织造材料的表面能的大小，它是疏水的基本条件；二是被处理的非织造材料表面的结构和状态，它对于加强疏水效果有着决定性的作用。

文泽尔（Wenzel）指出，如果将粗糙因子 f 定义为固体与液体接触面之间的真实表面积与表观几何面积的比。f 越大，表面积越粗糙，f 与接触角的可用文泽尔方程式表示如下：

$$f = \frac{\cos\theta_r}{\cos\theta} \tag{4-10}$$

式中：f 为粗糙因子；θ_r 为液体在粗糙表面的表观接触角；θ 为液体在理想光滑表面上的真实接触角。

可知：当 $\theta > 90°$ 时，因为 $f \geqslant 1$，所以 $\theta_r > \theta$，因此，粗糙的表面积可以使接触角 θ_r 增大，即 f 的增大有利于提高非织造材料的疏水性能。

4.3.2.2 疏水整理剂工艺及效果

（1）JB-170 拒水整理剂工艺及效果

整理剂的质量浓度为 30g/L；三聚氰胺的质量浓度为 20g/L；催化剂的质量浓度为 2g/L；整理液温度为 30℃，烘干和焙烘温度为 120℃×3min，150℃×3min。整理后的织物获得良好的拒水效果，拒水等级达到 90 分。水洗 20 次后的拒水等级仍达到 70 分。产品具有良好的拒水性能及一定的耐水洗性

（2）氟碳型拒水拒油剂 DM-365 工艺及效果

氟碳型拒水拒油剂 DM-365840g/L；交联剂 DM-391110g/L；乳化剂 DM-35421g/L；130℃焙烘 3min。整理后织物的防水等级达到 100 分，拒油级别达到 6 级，由于交联剂与氟碳型拒水拒油剂的协同效应，羊毛织物拒水拒油效果的耐久性有所提高，水洗 20 次后，防水等级仍可达到 90 分，拒油级别能达到 5 级。

（3）新型氟代聚丙烯酸酯乳液拒水剂工艺及效果

在阳离子或非离子表面活性剂和水溶性引发剂的作用下，将全氟烷基乙基丙烯酸酯与甲基丙烯酸 C12_18 醇酯、甲基丙烯酸二甲氨乙酯及丙烯酸羟丙酯乳液共聚，制备长碳链阳离子氟代聚丙烯酸酯（FSLDH）乳液，FSLDH-L 液能使处理后棉针织物的拒水拒油性明显增加；当 FSLDH-6 液用量达到 5g（100g 水中）时，经 FSLDH 乳液处理后的棉针织物，其拒水等级达到 90 分、静态接触角达到 144.9°、拒油等级为 5 级，但 FSLDH 用量增加，会导致织物的弯曲刚度有所增加。从而使其柔软性能下降；用 FSLDH-L 液整理棉针织物时，100℃预烘 5min 后，最佳焙烘温度为 170℃，焙烘时间为 3min。

（4）无氟拒水剂 HA-210 的乳化工艺及效果

乳化工艺为：乳化剂 Tween80，浓度 40%，以 6500r/min 转速乳化 10min；整理工艺为：HA-210 浓度 4%，催化剂浓度 1%，100℃预烘 2min，150℃焙烘 2min。整理后织物的沾湿等级可达 80，10 次水洗后，沾水等级仍可达到 70。

4.3.3 抗静电整理

非织造过滤材料由于使用的纤维原材料是电的不良导体，具有很高的比电阻，在使用过程中往往会受到静电的干扰，如手术服、手术帽、口罩等防护制品携带静电时，会干扰精密医疗仪器的运行，而且由静电产生的火花往往会在某些特殊场合产生爆炸。因此，抗静电整理对于非织造材料是十分重要的。

4.3.3.1 抗静电整理的机理

一般静电现象是电荷发生过程（电荷移动、分离）和消失过程（电晕放电、静电泄露）复杂交错而产生的现象。当这两个相反的过程达到平衡时就是实际的静电荷水平。纺织品抗

静电的机理及其方式可以总结为：减少电荷的产生；加快电荷的泄漏；中和产生的静电荷。

4.3.3.2　抗静电剂

抗静电剂按照其作用时间可以分为暂时性抗静电剂和耐久性抗静电剂。其中，暂时性抗静电剂包括吸湿剂和电解质、阴离子表面活性剂、阳离子表面活性剂、两性离子表面活性剂、非离子表面活性剂和有机硅等，这类抗静电剂多是通过润湿作用改善纤维的润湿性，加快纤维表面电荷的逸散从而实现抗静电效果，但是随着长时间的使用，这些表面的抗静电剂会逐渐向纤维内部迁移，从而使抗静电性能逐渐降低；耐久性抗静电剂包括聚丙烯酸类、聚酯聚醚类、聚胺类、三嗪类和交联类抗静电剂等，这类抗静电剂由于多为高分子物和具有交联网状结构，能够较好地改善纤维的润湿性能并能长久保持，从而使材料的抗静电性能较为持久。

4.3.3.3　抗静电整理的方法

（1）织物表面亲水整理

即用抗静电剂对织物表面进行亲水整理。这些抗静电剂大多数与被整理的纤维有相似的高分子结构。抗静电剂通过浸、轧、烘等热处理与织物发生交联作用而固着，或者是用树脂载体黏附在织物表面。而这些整理剂和树脂是亲水的，通过吸湿作用，加快织物表面的静电荷的散逸从而织物上不会聚集较多的静电荷，使织物的导电性提高。这种方法工艺流程短，投资少，见效快；但不耐洗涤，手感差，受空气湿度影响大。

（2）纤维化学改性法

大多数合成纤维比电阻在 $1013\Omega \cdot cm$ 以上，通过改性方法，可以使纤维获得抗静电的性能，从而得到抗静电纤维。这种方法是将抗静电剂渗入纤维内部，如磷酸酯、磺酸盐等表面活性剂，或是引入第三体，如聚氧乙烯及其衍生物，使纤维在生产出来本身就具有抗静电效果。现在纤维化学改性的方法有以下两种。

①在纤维表面引入亲水性基团，其机理和优缺点与织物表面处理相同。

②与亲水性的聚合物进行共聚或接枝聚合，纤维及织物能较好地保持原有的风格和力学性能，同时具有耐水洗性、持久的抗静电性能，但耐碱性差，成本高，而且有些抗静电剂在与其他助剂混合使用时，在综合整理过程中必须要慎重选择合适的抗静电剂，以获得理想的效果。

（3）混纺或嵌织导电纱线

目前纺织品抗静电整理的主要途径之一就是采用导电纤维。如金属纤维（不锈钢纤维、铜纤维和铝纤维等）、碳纤维和有机导电纤维。在生产过程中把导电纤维以一定的比例混纺，经纺织加工后可以降低织物的表面电阻，同时导电纤维之间的电晕放电使静电消除。这种方法获得的抗静电织物在各种环境和条件下具有良好的抗静电性和持久性。现在常用的是有机导电纤维如将 CuI 等导电分子制备导电纤维，其抗静电效果没有镀银纤维好。碳纤维和金属纤维柔韧性差，洗涤及揉搓过程中会发生脆损，抗静电性下降，同时金属纤维存在染色困难，造成色系不全的问题。

（4）涂覆法

将导电材料如石墨、铜粉或银粉掺进涂层中，对织物表面进行涂层。用纳米溶胶和纳米二氧化钛整理的织物抗静电效果好，但耐水洗性一般。在织物表面镀金属也是一种有效的抗静电方法。镀银后织物的导电性极强，质地轻薄，柔软透气，工艺简单但价格昂贵。镀铜后织物的导电性良好，但手感较硬不透气，服用性不好，耐气候性差。镀镍后织物导电性低于银、铜，但耐气候性好，性能均衡。复合镀，如镀铜—镍既具备复合金的优点，又能避免缺点。该方法设备简单，投资少，操作容易，易于控制，织物柔软，服用性能好，可推广性强，具有良好的前景。

4.3.4　烧毛整理

由于非织造过滤材料的生产工艺和所用的纤维不同，其表面经常会出现绒毛。这种细小的绒毛对非织造过滤材料的性能有着很大的影响，绒毛会堵塞非织造过滤材料的孔径，从而使其容尘量大大降低；绒毛还可以吸附空气中的灰尘，从而堵塞非织造材料的孔径，并影响其表面的整洁。而通过烧毛整理后，会使非织造过滤材料具有表面光滑、透气量大、过滤效率高和易于清灰等优良性能，特别是滤材的内部堵塞得到缓解，在使用气流反吹清灰时，反吹气流的压力不必过大，大大降低了能量消耗，节省了资金。

烧毛整理就是利用火焰的作用，去除凸起在非织造材料的表面的浮起纤维，使非织造材料获得光洁表面的一种整理方法。烧毛整理在非织造过滤材料中有很多应用，非织造过滤材料经过烧毛整理后可以避免纤维脱落，提高过滤性能，还可以使滤饼易于剥离，延长使用时间；医用卫生材料经过烧毛处理可以减少纳污吸尘能力，防止细菌感染。

4.3.4.1　烧毛机理

烧毛就是使非织造材料快速通过火焰或擦过炽热的金属板表面，以去除表面的绒毛而获得光洁表面的工艺过程。非织造材料表面的绒毛由伸露的纤维末端或完全裸露在表面的纤维组成。当非织造材料在火焰上迅速通过时，表面上分散存在的绒毛由于体积小、蓄热能力差，能很快升温并发生燃烧；而由于非织造材料本身厚实紧密、蓄热能力大等特点，升温较慢，当温度未达到着火点时，已经离开了火焰，从而达到既烧去绒毛，又不损伤非织造材料本身的目的。通常认为绒毛与非织造材料本身的温度差越大，越有利于烧毛，因此，目前倾向于在使火焰具有足够强度的情况下合理加快车速。

在烧毛的过程中，要把握以下几点关键问题：

依据纤维本身的热熔性以及非织造材料本身的蓬松性，合理调节温度。一般烧毛火焰温度，棉为800~850℃，涤纶为480~490℃（或560℃），羊毛为600℃（或720℃）。

4.3.4.2　烧毛机

烧毛机分为气体烧毛机和热板式烧毛机。气体烧毛机能够将非织造布快速通过气体燃料产生的火焰上方，能够瞬间除去表面绒毛。热板式烧毛机会与布接触摩擦，使布面擦伤，且烧毛不匀。因此，使用较多的是气体烧毛机。

气体烧毛机具有结构简单、操作方便、劳动强度低、热能利用充分、烧毛质量好、适用性广等特点，所使用的可燃性气体主要有城市煤气、液化气、气化汽油气、炉煤气、丙烷和丁烷等。

气体烧毛机通常由进布、刷毛、烧毛、灭火、冷却和落布等装置组成，如图4-93所示。

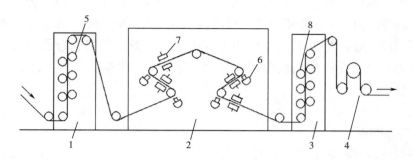

图4-93　气体烧毛机示意图

1—刷毛装置　2—烧毛装置　3—灭火装置　4—冷却装置　5—刷毛辊　6—烧毛火口　7—冷却风　8—灭火毛刷

4.3.5　驻极处理

空气过滤材料成为近年来研究的热门，其中熔喷非织造材料具备纤网结构致密，孔隙率高，纤维直径小于$5\mu m$，纤维排列呈三维杂乱结构等优点，因而对粉尘粒子的容尘量较大，是非织造过滤材料中应用较为广泛的一种。但熔喷过滤材料本身所具备的机械阻挡作用对空气中微粒的过滤效果是有限的，对其进行驻极处理使之带上电荷，可大大增强其对亚微米级粉尘粒子的静电吸附作用。其中驻极聚丙烯熔喷非织造材料具备优良的机械过滤和静电吸附作用，呈现出高滤效且低滤阻的特点，又因驻极聚丙烯熔喷滤料对直径在$0.05\sim0.3\mu m$的气溶胶粒子或粉尘粒子的过滤效果较为突出，所以在医用防护和空气过滤等领域被广泛应用。

4.3.5.1　带电（极化理论）

驻极体是一种在没有外加电场条件下可以长期储存电荷并产生永久电场的电介质材料。利用物理或化学的方法使纤维形成驻极体，则驻极体表面以及内部会产生较强的静电场。

通常情况下，根据驻极体电荷的性质和来源，能够被极化的聚合物电介质通常会存在两种电荷：空间电荷和偶极电荷。空间电荷是由外界的电子或离子被电介质表面或体内的带电粒子（陷阱）捕获而产生。偶极电荷则指被冻结的取向偶极子，也被称为束缚电荷。

（1）空间电荷

驻极体的空间电荷的形成主要发生在三个层次的结构上：一是电极所产生的电子被电介质分子结构的特殊位置捕获，如分子链断面和强极性键，这种情况多发生在聚合物材料的表面；二是存在于相邻分子间的原子基团内；三是存在于聚合物的晶区内或是晶相与非晶相的界面。电晕充电的方向不同，材料的电荷行为差异显著。

空间电荷的稳定性取决于材料的规整度和结晶度，因此，要提高驻极体材料的电荷稳定性，从选材来说，可通过改性、控制工艺条件等手段，尽可能使材料形成微晶结构，降低晶粒尺寸、提高结晶度。

（2）极化电荷

极化电荷的来源主要有三个方面：一是分子结构中极性基团在外电场作用下的有序取向；

二是异号电荷；三是晶粒的两个端面积聚相反的电荷产生的 Maxwell—Wanger 效应，形成与取向极化类似的极化，也称界面极化。

由于取向极化对材料的电场影响力很小，驻极体材料在制备时极化时间很短，极化电荷产生的第三个方面来源即 Maxwell—Wanger 效应将是极化电荷的主要来源。

（3）驻极体熔喷非织造材料的电荷分布

图 4-94 是熔喷非织造布通过电晕巧极后驻极体的电荷分布情况示意图。对图中各类电荷的说明如下。

①表面电荷。材料表面的存在杂质、氧化物的缺陷使得聚合物形成表面陷阱，从而可能捕获正电荷或负电荷，被表面陷阱所捕获的电荷称为表面电荷。

②极化电荷。在未极化时，驻极体材料分子主链或侧链上的极性基团的排列是杂乱无章的，偶极子的每一个平衡位置对应着位能的一个极小值，即为一个"位阱"，电场力的作用使位阱偏斜，偶极子将跳出位阶，沿电场方向排列，冷却后，偶极子将被冻结

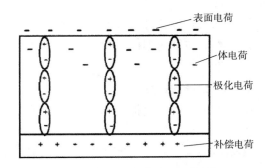

图 4-94　驻极体过滤材料的电荷分布示意图

在电场方向附近的陷阱中，形成介质的永久极化，使介质表面或体内出现极化电荷。这种电荷的极性与相邻极化电极极性相反，为异号电荷。

③体电荷（又称为空间电荷）。在外电场作用下，正负离子将向着两极分离，并且可能被陷阱捕获，外界的电荷也可能进入介质体内的陷阱中，造成聚合物体内永久性荷，称为体电荷。

4.3.5.2　驻极工艺

为了使纤维过滤材料有效地带上静电，根据纤维材料的性质，可以采用不同的驻极工艺。常用的驻极工艺主要有电晕放电法、静电纺丝法、摩擦起电法、热极化法、低能电子束轰击法和水驻极法等。电晕放电法是利用非均匀电场引起的空气局部击穿产生放电现象，利用离子束轰击电介质材料并沉积在电介质内；热极化法是电介质材料中的分子偶极子在高温电场作用下被热活化，然后沿电场方向取向，在低温电场下冻结该取向偶极子；静电纺丝法是通过高压直流电源使得高分子溶液或熔体带电，并在静电场作用下拉伸成带电的纳米纤维；水驻极法是通过高压水泵将制备好的去离子水输送到喷水装置，通过喷嘴对熔喷基布进行喷射，水射流与纤网发生摩擦从而产生静电，且驻极电荷分布在过滤材料的内部。

通过对比电晕放电法、摩擦起电法、静电纺丝法 3 种驻极工艺的驻极效果，结果显示，电晕放电法适用范围较广泛，而且更适合克重大的织物；摩擦起电法仅适合于具有不同电性的纤维，其驻极效果比电晕放电法还要好；静电纺丝法的优点在于其电荷储存能力比另外两者都强。

4.3.6 其他后整理技术

除以上整理技术外，非织造过滤材料的整理技术还有许多种，不同的整理技术可以使用于不同的实际应用之中以满足特定的要求。

4.3.6.1 热定型整理

热定型整理的目的是消除除尘滤袋加工过程中残存的应力，使滤料获得稳定的尺寸和平整的表面。因为滤料尺寸如不稳定，滤袋在使用过程中就会发生变形，从而增加滤袋与框架的磨损或使滤袋框架难以抽出，还可以导致内滤式滤袋下部弯曲积尘。

除尘滤料热定整理一般在烘燥机中进行。确定热定型温度有两个原则：一是高于除尘滤料所用纤维的玻璃化温度，但要低于其软化点温度；二是略高于除尘滤料能在几分钟内耐受的最高温度。

4.3.6.2 疏油处理

疏油处理的目的是提高非织造过滤材料的疏油性，从而达到去油污的目的，从而延长其使用寿命。

液体污物主要通过润湿性先在纤维表面沾污，然后通过毛细管作用向非织造材料内部沾污，其原理和水对纤维表面的润湿和渗透相似，只是通常油性液体污物的表面张力比水小，因此，液体污物对非织造材料的润湿能力更强。为了防止油性液体污物在纤维表面润湿、铺展，纤维表面的临界张力至少要低于污物的表面张力，才能具有拒油性能，从而对油性液体污物产生抵抗力，防止其黏附在纤维表面。目前，含氟类聚合物能够较好地达到拒油效果。

4.3.6.3 轧光整理

轧光整理的原理就是轧光机加压光辊产生的机械压力，并借助于纤维在一定的温度条件下具有的可塑性，对非织造材料进行光滑处理，使突出的毛羽及弯曲的纤维倒伏在非织造材料的表面，从而提高非织造材料表面的光滑平整度，使其对光线产生规则的反射，从而提高非织造材料的光泽。

轧光整理也是过滤材料特别是针刺过滤材料一种常用的后整理手段，针刺非织造材料经过高温热轧辊，滤材表面的绒毛被轧平伏，滤材同时被轧扁，表面表的平整光滑，同时厚度均匀。轧光经常与烧毛整理配合使用，非织造过滤材料可以先经过烧毛整理使得其表面较为光洁，然后再经过轧光整理使得滤材具有一定的平整度，其手感要比单一轧光或烧毛好。

4.3.6.4 涂层处理

涂层处理是在滤料表面涂布一层树脂等物质，使滤料能满足某些特定要求。为了提高玻璃纤维滤料的耐腐蚀性、疏水性，特别是曲挠性，生产出来的玻璃纤维滤料必须经过表面处理，也就是根据不同的使用条件，在玻璃纤维滤料表面涂覆不同的高分子有机聚合物。

4.3.6.5 阻燃滤料处理

阻燃滤料是指材质氧指数（LOI）大于 30 的纤维，如 PPS、P844、PTEF 等阻燃滤料，其材质氧指数的阻燃指标是安全的，对于 LOI 小于 30 的纤维，如聚丙烯、聚酰胺、聚酯、聚酰亚胺等滤料可采用阻燃剂浸渍处理。

参考文献

［1］柯勤飞,靳向煜.非织造学［M］.3 版.上海:东华大学出版社,2016.

［2］Hutten I M. Handbook of nonwoven filter media［M］. Oxford:Butter worth-Heinemann,2015.

［3］冷纯廷,李瓒.汽车用非织造布［M］.北京:中国纺织出版社,2017.

［4］焦晓宁,刘建勇.非织造布后整理［M］.北京:中国纺织出版社,2008.

［5］翟丽莎,王宗垒,周敬伊,等.纺织用抗菌材料及其应用研究进展［J］.纺织学报,2021,42(9):170-179.

［6］王东.非织造布拒水整理研究进展［J］.轻纺工业与技术,2011,40(2):53-54.

［7］朱传龙,黄时建,王磊磊,等.纺织品抗静电整理的现状及发展趋势［J］.教育教学论坛,2014(43):89-91.

［8］焦晓宁,金明熙.不同后整理手段对非织造布针刺过滤材料过滤性能的影响［J］.产业用纺织品,1999
　　(10):24-26.

［9］纪思宇.空气过滤用透明改性驻极非织造材料的开发［D］.天津:天津工业大学,2016.

［10］钱幺,吴波伟,钱晓明.驻极体纤维过滤材料研究进展［J］.化工新型材料,2021,49(6):42-46.

［11］张保利,王丽香,郭智敏,等.袋式除尘滤料的特殊处理和选择［J］.北方环境,2012,24(5):113-116.

第5章 非织造过滤材料的应用领域

非织造材料具有原料来源广泛，工艺流程短，生产速度高，产量高，工艺变化多、产品用途广，非织造布加工方法工艺多变，各种方法可以相互结合，不断产生新的生产工艺等优点，是全球纺织织造行业成长最迅速、创新最活跃的领域之一。被广泛应用于交通运输、医疗卫生、空气净化、水体净化和食品过滤等领域。

5.1 交通运输

汽车工业是非织造材料的一个具有巨大潜力的市场，尽管在汽车所用的原材料中按重量计纤维材料仅占3%。如今在汽车中应用的基于非织造材料的零件已超过40种，同时汽车工业是非织造材料过滤材料应用的一个非常重要领域，随着非织造材料过滤材料生产技术水平的不断提高和汽车工业的快速发展，非织造材料过滤材料在汽车工业中的应用量越来越大。

5.1.1 转向器检测过滤芯

在汽车生产过程中，转向器和转向泵是非常重要的零部件。为了保证产品质量，每一个转向装置在出厂前，都要经过专门的检测生产线进行严格的质量检测，模拟测试其动平衡、扭矩和剪切力等，在检测线上要使用非织造材料过滤芯（图5-1）。熔喷法是将聚合物在熔融状态下高压喷出，以极细的不规则排布的纤维状沉积在凝网帘带上或滚筒上形成纤维网，并借助自身的熔融黏合形成非织造材料。熔喷法非织造材料通过调整工艺参数，可以生产出不同布面效果和内在品质的产品，可以使纤维细度达到 0.5~5μm，制成的非织造材料具有良好的覆盖性。因熔喷法非织造材料纤维排列无规则、定向性好，故其特别适合做超细过滤芯。

图5-1 非织造材料过滤芯

非织造材料过滤芯内部纤维孔径小，孔隙多且分布均匀，纤维比表面积大，吸附能力强，过滤阻力小，过滤精度和过滤效率都较高，但成本也较高。日本尼坡迪索公司生产的高技术复合过滤芯，采用一种超精细纤维（0.5~1.5μm）熔喷非织造材料，以 3 层复合构成，这样就在滤芯内部形成了理想的纤维曲径式系统。其双外层过滤介质由 1.0~1.5μm 细旦纤维熔喷非织造材料组成，内层过滤介质则由 0.5~1.0μm 超精细纤维熔喷非织造材料组成，双外层起初效过滤作用，内层起高效过滤作用，双外层与内层之间形成中效过滤空间。国产过滤芯过滤精度不够，过滤效率低，成本也低。国产过滤芯采用传统滤纸作为过滤介质，滤纸所用的材料是棉纤维或涤纶短纤维，通过气流成网方法采用浸渍工艺制成，其纤维线密度一般都在1.5~2.5dtex，过滤介质内部空隙少，纤维之间孔径大，故过滤精度不够，过滤效率低。国内外过滤芯性能指标对比见表 5-1。

表 5-1　国内外过滤芯性能指标对比

项目	国外过滤芯	国内过滤芯
透气量/（m³/h）	820~880	2300~3200
渗水压/Pa	235~255	60~85
过滤精度/μm	2~3	15~30
过滤效率/%	99.50~99.98	80.00~85.00
使用更换时间/d	5~7	25~35
成本/（元/个）	1000~1200	50~100

5.1.2　发动机滤清器

传统的汽车发动机过滤介质均为纸介质，纸介质过滤精度差、效率低、过滤阻力大、使用寿命短。非织造材料复合过滤介质是多层三维立体网状结构，纤维间孔隙小且分布均匀，过滤阻力小，过滤效率高，比表面积大，吸附能力强，容量大，使用寿命长，所以具有很强的生命力，已被普遍采用。

目前应用的汽车发动机过滤介质为复合非织造材料滤料，一般为 3 层复合，3 层之间构成初、中、高效过滤作用。如日本产的一种涤纶、腈纶混合针刺复合非织造材料过滤介质，产品为 3 层复合结构，第一层为 3dtex×54mm 涤腈初效滤网，定量为 80~120g/m²，厚度为0.8~1.5mm；第二层为 1.5dtex×38mm 涤纶中效滤网，定量为 50~80g/m²，厚度为 0.5~1.0mm；第三层为尼龙机织底布。前两层滤网先通过针刺复合，然后与尼龙底布通过热压或热熔复合做成成品。国产发动机过滤介质在过滤性能和过滤精度方面已基本能达到进口产品的性能水平，完全可以替代传统的纸介质。表 5-2 为各种产品性能比较。

表 5-2　各种过滤产品性能比较

项目	纸介质	国外过滤介质	国内过滤介质
定量/（g/m²）	180	210	225
厚度/mm	1.5	2.7	2.8

续表

项目	纸介质	国外过滤介质	国内过滤介质
抗拉强力/（N/5cm）	32	106	95
撕裂强力/N	6.2	12	10
抗弯刚度/N	1.2	2.5	2.3
破碎强度/（N/cm²）	21	59	54
过滤效率/%	85~88	98.5~99.9	95.6~99.5
使用寿命/d	60	240	210
透气度/（Lm/s）	540	1000	1080

汽车用滤油材料是内燃机不可缺少的配套过滤材料。汽车用滤油材料分机油过滤材料和燃油过滤材料两种。当机油泵强制输送润滑油时，流动的润滑油不仅具有润滑、冷却运动件的摩擦表面等作用，而且能冲刷零件的摩擦面，带走因磨损而产生的金属颗粒和随空气与燃料吸入的未完全被滤去的尘埃。这些杂质不断地混入润滑油中，可能造成运动机件的磨损和划伤，油路的堵塞，从而导致供油不足，因此发动机润滑系统中必须安装由机油滤油材料制作的机油滤清器，以保持润滑油的清洁。

非织造柴油过滤材料选用耐热性较高的合成纤维，如涤纶等为原料，经气流成网制得各向同性的纤维网后，用浸渍黏合法工艺制成；所使用的黏合剂也应能耐受所使用的温度。汽车柴油过滤材料定重为 $100 \sim 150 \mathrm{g/m}^2$，要求能耐温 $180 ℃$，且长期使用不变形。

汽车机油过滤材料用于过滤汽车发动机润滑系统中的机油，要求有较高耐温性能（耐 $180 ℃$ 以上）与较高的强度，一般选用涤纶、芳砜纶等纤维，采用黏合法非织造生产工艺，必须浸渍耐温、耐油黏合剂，如酚醛、脲醛等。有些产品还必须经过轧光工艺整理。滤油材料具有由纤维和通道组成的迷宫式结构，不像金属丝网那样有很精细的直通式孔径。迷宫式结构加上流体中伴生的物理力，共同构成了滤油材料的过滤功能。滤油材料的纤维原料有植物纤维、玻璃纤维（主要是玻璃棉）、化学纤维等，一般会根据用途来选择原料品种、规格和配比。

用于制造滤油材料的植物纤维主要指木浆。

用玻璃纤维制造的超精密过滤材料与同孔径的全木质纤维过滤材料相比，具有阻力小、耐高温（最高工作温度可达 $300 ℃$）等优点。

用化学纤维的特点有利于提高过滤材料的过滤性能和强度，甚至赋予过滤材料以某些特殊性能。最常用的是聚酯、黏胶纤维等，有耐高温要求的则选用芳香族聚酰胺、聚酰亚胺、聚四氟乙烯纤维等。滤油材料选用的纤维原料大多自身没有结合力，必须以内添加和外施胶的方式添加增强剂。内添加可通过加入纤维状黏合剂和助剂的方法。

5.1.3 油漆过滤袋

油漆是各种器械工业产品外表装饰及防护的主要喷涂材料，汽车油漆生产线所采用的过滤系统是根据高压液体过滤原理制成的。经配料、研磨、兑稀（加干料、稀料、色相等）等工序加工后的油漆含杂质很多，需经输送管道进入过滤装置进行过滤。装置有一个环口型过滤袋，油漆从内向外经滤袋后，油漆中的固体杂质会阻留并黏附在过滤袋内层。非织造材料油漆过滤袋是油漆过滤系统的主要环节，它要求过滤袋具有一定的强度，且必须能允许很大流量的漆液通过，经过过滤袋后要能滤除粒径为 15μm 以上的固体杂质。

生产油漆过滤袋的材料主要是针刺非织造材料。针刺非织造过滤材料是三维结构，孔隙小、分布均匀，总孔隙率达 70%～80%，比机织二维结构过滤材料的总孔隙率 30%～40% 大 1 倍，在进行过滤时能对首批靠近的尘粒有强烈的截留和阻筛作用，既能快速形成尘层，以便进一步截留下一批尘粒，又能抑制粉尘粒子的深层渗透，避免降低效率，所以它的滤尘效率是普通机织布的两倍。针刺非织造材料过滤袋加工方便，过滤强度各方面性能较好，但阻挡能力不够，且有脱毛现象。因此在生产时通常采用针刺非织造材料复合机织布或热轧布的方法，复合以后强力大大提高，阻挡杂质的能力有很大改善，且有效减少了脱毛现象。

汽车工业是我国的支柱产业，汽车工业的发展决定着整个国民经济的发展速度，汽车工业在中国还有很大的发展空间，它必将给非织造过滤材料带来更大的应用市场。所以，我们非织造材料企业一定要看准方向，抓住机遇，更新观念，勇于探索，要研究开发出更多更好的科技含量高、附加值大的非织造过滤材料，为汽车工业发展配套服务，让非织造材料工业与汽车工业同步发展，从中取得更好的经济效益和社会效益。

5.2　医疗卫生

5.2.1　口罩

口罩是用于过滤进入人体肺部的空气，在呼吸道疾病传播、粉尘等污染的环境时起到较好的保护作用。其过滤机制主要有两种方式：一是利用织物中许多纵横交错的纤维（直径范围为 0.5～10μm）间小孔隙结构，阻隔细菌及病毒的通过，其原理是依靠布朗扩散、截留、惯性碰撞、直接拦截等机械阻挡作用阻挡颗粒物通过，但对粒径小于 1μm 的粒子过滤效果较差；二是静电吸附，依靠库仑力直接吸引气相中的带电微粒并将其捕获，或诱导中间微粒产生极性再将其捕获，大幅增强过滤效率，而空气阻力却不会增加。近年来，口罩在预防和阻断病毒传播方面都扮演着重要角色，如 2003 年的"非典"（SARS），2004 年的禽流感，2009 年的甲型 H1N1 流感，2012 年中东呼吸综合征（MERS）以及 2019 年的新型冠状病毒肺炎（COVID-19）。

5.2.1.1　口罩分类

口罩作为最常见的医疗器械之一，虽然外观大同小异，但其适用场所和标准要求却千差万别。除市售特殊用途的口罩外，口罩基本分为民用口罩和医用口罩两类。民用口罩主要分为防颗粒物口罩、日常防护口罩（如防花粉等）等；医用口罩主要分为医用防护口罩、医用外科口罩和一次性使用医用口罩。其外观执行标准和适用场所等见表 5-3。按照中国产业用纺织品行业协会的评价，口罩的防护能力为医用防护口罩>A 级 KN95 口罩>B 级 KN90 口罩>医用外科口罩>一次性使用医用口罩>普通口罩。

表 5-3　口罩的分类

分类名称	医用口罩			民用口罩	
	医用防护口罩	医用外科口罩	一次性使用医用口罩	防颗粒物口罩	日常防护口罩
外观					
类型	立体密合型	平面结构	平面结构	半面罩、全面罩等，可带呼吸阀	平面或立体，可带呼吸阀
执行标准	GB 19083—2010	YY 0469—2011	YY/T 0969—2013	GB 2626—2019	GB/T 32610—2016
适用人群或场所	高风险环境，如疫区发热门诊、隔离病房、插管、切开等高危工作区医务工作者	执行低风险操作的医务人员、医疗机构就诊人员、长时间处于人员密集区域的人员	相对聚集的室内环境、普通室外活动、短暂滞留于人员密集场所	工业场所，短暂滞留于较高风险环境的人员	空气污染颗粒物较多时

5.2.1.2　口罩标准和性能要求

我国现行的口罩执行标准共有 22 项，其中包括国家标准 6 项，行业标准 5 项，地方标准 3 项，台湾地区标准 8 项。本文对国内市场普遍使用口罩的国家和行业标准的技术规范进行了比较和分析，结果见表 5-4。

表 5-4　国内口罩技术规范标准比较

产品	医用防护口罩	医用外科口罩	一次性使用医用口罩	防颗粒物口罩	日常防护口罩
标准代码	GB 19083—2010	YY 0469—2011	YY/T 0969—2013	GB 2626—2019	GB/T 32610—2016
标准名称	医用防护口罩技术	医用外科口罩	一次性使用医用口罩	呼吸防护自吸过滤式防颗粒物呼吸器	日常防护型口罩技术规范
标准性质	强制性国家标准	医疗行业标准	医疗行业标准	强制性国家标准	推荐性国家标准
标准适用范围	医疗工作环境，过滤空气中的颗粒物，阻隔飞沫、血液、体液、分泌物等自吸过滤式医用防护口罩	临床医务人员在有创伤操作过程中所佩戴的一次性口罩	普通医疗环境中佩戴、阻隔口腔和鼻腔呼出或喷出污染物的一次性使用口罩	防护各类颗粒物的自吸过滤式呼吸防护用品	日常生活中滤除空气污染环境中颗粒物所佩戴的防护型口罩

产品	医用防护口罩	医用外科口罩	一次性使用医用口罩	防颗粒物口罩	日常防护口罩
主要评价指标	1. 基本要求 2. 鼻夹 3. 口罩带 4. 颗粒过滤效率 5. 气流阻力（吸气阻力） 6. 合成血液穿透 7. 表面抗湿性 8. 微生物指标 9. 环氧乙烷残留量 10. 阻燃性能 11. 皮肤刺激性 12. 密合性 13. 标志	1. 外观 2. 结构与尺寸 3. 鼻夹 4. 口罩带 5. 合成血液穿透 6. 细菌过滤效率 7. 颗粒过滤效率 8. 压力差（通气阻力） 9. 阻燃性能 10. 微生物指标 11. 环氧乙烷残留量 12. 皮肤刺激性 13. 细胞毒性 14. 迟发型超敏反应 15. 标志	1. 外观 2. 结构与尺寸 3. 鼻夹 4. 口罩带 5. 细菌过滤效率 6. 通气阻力 7. 微生物指标 8. 环氧乙烷残留量 9. 细胞毒性 10. 皮肤刺激性 11. 迟发型超敏反应 12. 标志	1. 材料和结构要求 2. 外观 3. 颗粒过滤效率 4. 泄漏性 5. 呼吸阻力（吸气、呼气） 6. 呼吸阀 7. 死腔 8. 视野 9. 头带 10. 连接和连接部件 11. 镜片 12. 气密性 13. 可燃性 14. 耐清洗和消毒 15. 其他实用性能 16. 标志	1. 基本要求 2. 外观要求 3. 耐摩擦色牢度 4. 甲醛含量 5. pH 值 6. 可分解致癌芳香胺 7. 环氧乙烷残留量 8. 吸气阻力 9. 呼气阻力 10. 口罩带 11. 呼吸阀 12. 微生物 13. 视野 14. 颗粒过滤效率 15. 防护效果 16. 标志

　　口罩标准的评价指标种类繁多，按照其实用性和安全性要求，其评价指标可分为外观结构和标志、功能性、舒适性、安全性和生物评价五类，具体见表 5-5。不同类型的口罩，在外观结构、功能性、舒适性、安全性上均有要求，且根据用途的不同，指标的侧重点也不同。表 5-6 按照评价指标类别，对不同种类口罩的重点评价指标进行了比对分析。

表 5-5　国内口罩技术规范评价指标分类

产品	医用防护口罩	医用外科口罩	一次性使用医用口罩	防颗粒物口罩	日常防护口罩
标准代码	GB 19083—2010	YY 0469—2011	YY/T 0969—2013	GB 2626—2019	GB/T 32610—2016
外观结构和标志	基本要求、鼻夹、口罩带、密合性、标志	外观、结构尺寸、鼻夹、口罩带、标志	外观、结构尺寸、鼻夹、口罩带、标志	材料和结构、外观、呼吸阀、死腔、视野、头带、连接和连接部件、镜片标志	基本要求、外观要求、口罩带、呼吸阀、视野、标志

产品	医用防护口罩	医用外科口罩	一次性使用医用口罩	防颗粒物口罩	日常防护口罩
功能性	颗粒过滤效率、合成血液穿透、表面抗湿性	颗粒过滤效率、细菌过滤效率、合成血液穿透	细菌过滤效率	颗粒过滤效率、泄漏性、气密性、耐清洗和消毒、其他实用性能	颗粒过滤效率、防护效果
舒适性	吸气阻力	通气阻力	通气阻力	吸气阻力、呼气阻力	吸气阻力、呼气阻力
安全性	环氧乙烷残留量，阻燃烧性能	环氧乙烷残留量，阻燃性能	环氧乙烷残留量	可燃性	环氧乙烷残留量、耐摩擦、色牢度、甲醛量 pH 值、可分解致癌芳香胺
生物评价	微生物指标、皮肤刺激性	微生物指标、皮肤刺激性、细胞毒性、迟发型超敏反应	微生物指标、皮肤刺激性、细胞毒性、迟发型超敏反应	—	微生物

表 5-6　国内口罩技术规范关键评价指标比较

指标	医用防护口罩 GB 19083—2010	医用外科口罩 YY 0469—2011	一次性使用医用口罩 YY/T 0969—2013	防颗粒物口罩（随弃式） GB 2626—2019	日常防护口罩 GB/T 32610—2016
鼻夹长度/cm	—	≥8	≥8	—	—
口罩带断裂强力/N	≥10	≥10	≥10	≥10	≥20
颗粒过滤/10%	非油性颗粒 1 级≥95.00 2 级≥99.00 3 级≥99.97	非油性颗粒≥30.00	—	盐性颗粒： KN90≥90.0 KN95≥95.0 KN100≥99.97 油性颗粒： KP90≥90.0 KP95≥95.0 KP100≥99.97	盐性颗粒： Ⅰ级≥99.00 Ⅱ级≥95.00 亚级≥90.00 油性颗粒： Ⅰ级≥99.00 Ⅱ级≥95.00 亚级≥90.00
细菌过滤效率/%	—	≥95	≥95	—	—
合成血液穿透	10.7kPa 时，口罩内侧无渗漏	16kPa 时，口罩内侧无渗漏	—	—	—

指标	医用防护口罩 GB 19083—2010	医用外科口罩 YY 0469—2011	一次性使用医用口罩 YY/T 0969—2013	防颗粒物口罩（随弃式） GB 2626—2019	日常防护口罩 GB/T 32610—2016
气流阻力/Pa	吸气阻力≤343	气体交换 压力差≤49	气体交换 压力差≤49	无呼吸阀口罩吸气阻力与 呼气阻力： KN90KP90≤170 KN95KP95≤210 KN100KP100≤250 有呼吸阀口罩吸气阻力： KN90 和 KP90≤210 KN95 和 KP95≤250 KN100 和 KP100≤300 有呼吸阀口罩呼气 阻力≤150	吸气阻力≤175 呼气阻力≤145
环氧乙烷 残留量/ （μg/g）	≤10	≤10	≤10	—	—
阻燃性能	续燃时间≤5s	续燃时间≤5s	—	续燃时间≤5~8s	—
微生物指标	细菌≤200CFU/g 真菌≤100CFU/g	细菌≤200CFU/g	细菌≤200CFU/g	—	细菌≤200CFU/g 真菌≤10CFU/g
生物评价	皮肤刺激性≤1.0	皮肤刺激性≤0.4 细胞毒性≤2 超敏反应无	皮肤刺激性≤0.4 细胞毒性≤2 超敏反应≤1	—	—
其他特征 指标	密合性≥100 表面抗湿性≥3 级	—	—	泄漏性，全面罩的气 密性，呼吸阀要求	防护效果（分 为 A、B、C、D 四级），呼吸阀 要求

口罩在使用过程中，必须保证使用者的安全和舒适性，一方面需有效阻隔环境的危害，另一方面自身不能存在安全隐患。因此，对口罩使用过程中的吸气阻力、呼气阻力、通气阻力、阻燃性能及微生物含量等都存在一定的要求。标志为"无菌"的口罩，不得检出相关微生物。为了实现灭菌的效果，常使用广谱灭菌剂"环氧乙烷"对口罩进行处理。但处理后环氧乙烷残留在口罩上也会对人体产生危害。因此，经"环氧乙烷"灭菌处理过的口罩，还需进一步检测环氧乙烷的残留量。

医用防护口罩、医用外科口罩、一次性医用口罩。这 3 类医用口罩对防护性能要求较高，包括颗粒过滤效率、细菌过滤效率和合成血液穿透等；对舒适性，如吸气阻力、气体交换压力差等指标也有一定的要求；对口罩本身的安全性，包括化学安全性的环氧乙烷残留量、生物安全性的微生物指标、生物评价的皮肤刺激性等指标也有要求。其中，医用防护口罩还需具有密合性。外科口罩在细菌过滤效率和合成血液穿透性能方面的要求高于医用防护口罩，这跟临床手术等操作环境要求有关。从技术指标上，这三个标准不存在优劣性。

防颗粒物和日常防护这两类民用防护口罩主要是对工业场所和生活环境颗粒物的防护，侧重于过滤颗粒物。常用于工业环境的防颗粒物口罩（GB 2626—2019）根据过滤颗粒类型的不同，分为过滤盐性颗粒的 KN 系列和过滤油性颗粒的 KP 系列。因这类口罩常用于工业环境等比较高危害性场所，故对泄漏性和全面罩的气密性有较高的要求。日常防护口罩（GB/T 32610—2016）按其防护效果分为 A、B、C、D 四个级别，其中，A 级口罩的过滤效率≥Ⅱ级，B、C、D 级口罩的过滤效率≥Ⅲ级。防颗粒物口罩和日常防护口罩在使用过程中，对舒适性指标，如气流阻力等均有要求。在安全性方面，只有日常防护口罩对环氧乙烷残留量和微生物指标有要求。防颗粒物口罩在外观材料与标志如材料和结构、外观、死腔、视野、头带、连接和连接部件、镜片、标志等项目有更详细和严格的要求。防颗粒物口罩和日常防护口罩可设计带呼吸阀。针对有呼吸阀的产品，对呼吸阀的气密性或阀盖牢度有不同要求。

5.2.2 血液过滤

血液成分主要由血浆和血细胞组成，血细胞又分为红细胞（$6 \sim 9.5 \mu m$）、白细胞（$6 \sim 20 \mu m$）和血小板（$12 \mu m$ 左右），不同的血液成分在人体内起着不同的作用。将血液中各成分进行分离的主要目的，一是为了提高血液的利用率，充分发挥血液的作用，尽量将病人所需要的血液成分输给病人，其他成分输给其他病人使用；二是为了尽量避免血液中其他血液成分产生排异反应，减少病人的痛苦，增加疗效；三是为了减少某些病毒的传染（如 AIDS 病毒的传染）。

5.2.2.1 血液过滤材料的类型

由于血液是生物活分子，不同的血液成分对不同的过滤介质有不同的亲和能力。血液过滤器根据血液中对不同成分的过滤分为三种，即吸收型、黏附型和机械过滤型。不同类型的过滤器对血液过滤的效果是不同的。表 5-7 列出了目前较为通用的几种血液过滤器的过滤效果。

表 5-7 几种血液过滤器的过滤效果

名称	Imugard IG500	Erypur	Leuko-Pak	BiOtest Mflob	Ultipor SQ40S	Travenol 20μm
过滤类型	吸收型	吸收型	黏附型	微聚体	—	高能过滤
过滤效率/%	98±2.4	98.3±1.7	54.6±14.7	37.5±10.8	13.3±11.2	44±11.3

5.2.2.2 血液过滤材料的选择

血液过滤材料除满足一般过滤材料的基本要求外，还必须满足对血液的无污染和无感染。国外所选取的材料有化学纤维，如聚酯、聚酰胺、聚丙烯腈、聚乙烯、聚丙烯等；天然纤维有棉纤维和羊毛；无机纤维有金属纤维、玻璃纤维和石棉。同时也可以采用多种纤维的混合。目前所使用的纤维多以合成纤维为主，主要是聚酯和聚丙烯。

5.2.2.3　血液过滤材料的要求

根据过滤要求选择合适的原料，对材料的要求一般应满足以下基本条件：

①具有一定的化学稳定性、耐腐蚀性和耐热性；具有耐微生物侵蚀的能力；对血液无污染。

②合理选择滤网的厚度和叠加层数，因为纤网的厚度和层数直接影响过滤效果。纤网厚度在 1~30cm，叠加层数在 8~54 层。

③根据过滤要求选择合适的滤网孔洞，用于血小板浓缩的过滤材料孔洞在 7.3~14.2μm；用于心脏手术过滤的孔洞的平均大小在 8~38μm。

④合理选择支撑网孔的大小、加工复合方式。目前一般用于血液过滤的材料大多是以熔喷非织造布为主要过滤基材，外覆纺粘长丝网或短纤网以某种方式复合加工而成。要具有足够的力学强度和尺寸稳定性，以及较经济的过滤效率和效果。

5.3　民用过滤

5.3.1　烟尘过滤

目前过滤已经成为众多家庭用具中的一个明显特点。大范围由过滤介质做成的各式过滤器已广泛用于家庭用具中，其中吸尘器受到了广大消费者的青睐，使用日趋广泛。吸尘器中的滤尘部分在整台器具中占有重要地位，它的材质、结构直接影响到吸尘效果和使用寿命。其中过滤材料在滤尘系统中起着举足轻重的作用。

室内烟尘过滤是指常温下弥散于车间内工作室，居室、娱乐场所等建筑物空间内的污染物浓度相对较低的空气洁净技术，室内环境污染是继煤烟污染和光化学污染之后的全球第三次空气污染问题，它对居民健康和整个社会经济均会造成重大的损失。世界卫生组织的调查表明，全世界每年至少有 10 万人因为室内空气污染而死于哮喘病，其中 35% 是儿童。造成室内空气污染的主要污染物来源见表 5-8。

表 5-8　典型室内主要空气污染物及其污染源

序号	污染物名称	主要污染源	
		室外	室内
1	VOCs 中苯类物质	机动车尾气	装潢材料、吸烟
2	VOCs 中醛类物质	—	装潢材料
3	PM10	机动车尾气、工业废气和次生颗粒物	吸烟、煤气或天然气燃烧和人群活动
4	NO_x	机动车尾气、工业废气	煤气或天然气燃烧
5	CO	机动车尾气	煤气或天然气燃烧、吸烟
6	CO_2	—	人体呼出气、燃料燃烧、生物发酵

对过滤材料的研究目前发展比较迅速，而非织造过滤材料作为一种新型的纺织过滤材料，以其优良的过滤效能、高产量、低成本、易与其他过滤材料复合且容易在生产线上进行打褶、折叠、模压成型等深加工处理的优点逐步取代了传统的机织和针织过滤材料而在各行各业得到了广泛应用，其用量越来越大。随着半导体工业、电子工业，和精密仪器工业的进步，对环境污染的控制变得更为重要，对工厂和人类生活环境中空气的洁净程度的要求越来越高，在生物制品、药品等的生产和包装过程中，"净室"变得不可缺少。

随着空气净化技术的发展，为满足净化要求和市场需求的多样性，多机理复合的空气净化器产品越来越多，开发能够过滤更加细小的颗粒物并具备高效低阻特性的空气过滤非织造材料成为当今空气过滤领域研究的重点内容。

5.3.2　净水器

随着社会的进步和工业迅速发展，水资源的污染越来越严重，而人们对水质的要求越来越高，这一对矛盾越来越突出。为了解决饮水不受污染，保障身体健康，随之各种各样的净水器也孕育而生。所谓净水器，就是根据目前使用的自来水水质、水压的特点以及人们的饮水习惯，以物理方法提高饮用水的质量，采用科学的、先进的净化技术对水进行深度处理，有效地滤除水中的各种细菌、病毒、农药、氧化物、悬浮物、重金属、异色、异味以及有害入体物质的"终端"滤水产品。近年来，投放市场的净水器种类繁多，功能也各异，对其称谓颇多，诸如净水器、多功能净水器、超级净水器、超滤净水器、滤水器、软化滤水器、超滤机、纯水机以及反渗透纯水机等。总而言之，不同类型的净水器对饮用水有害物质的过滤净化能力各不相同，其净化水质效果互补，只有由不同净化功能的滤水器组成多级的净水器，其净化水质效果最好、最理想。

生活用净水器滤芯采用的类型有以下几种。

魔力活性炭棒。对水中存在的有害物质进行靶向过滤，高效定向吸附余氯、有机物和重金属等有害物质的同时，保留水中钙、镁和钾等有益矿物质元素。

医疗级PES打褶膜。具有良好的稳定性、优异的亲水性和高不对称性过滤结构，通过打褶形式增加过滤面积，有效过滤孢子包囊和致病菌等有害物质，提升过滤效率。卓越的容污能力，高浊度地区亦可使用。

复合式陶瓷银离子活性炭纤维滤材。结构均匀结实，过滤孔径达 $0.1 \sim 1 \mu m$。独特的银离子符合技术，可抑制细菌生长，除氯、异味等。

PP棉+碳纤维+PP棉+颗粒活性炭。复合滤芯滤除悬浮物、泥沙、铁锈、胶体，吸附余氯、腐殖质、消毒副产品、有机物、异味、异色等水中杂质，有效截留重金属离子、细菌、病毒农药残留物，改善口感，使出水甘冽可口。在水流过紫外线抑菌灯时，紫外线可有效抑制管路内可能的细菌滋生，使水质更安全，使用更放心。

柔性材料滤网。树脂材料造价低，工艺简单，缺点是脆弱易破损，使用寿命短，滤布孔径大小分布不均，过滤效率低。取而代之的是新型材料，滤芯采用 $100 \mu m$ 孔径高性能不锈钢滤网制成。不锈钢材质，不易破损，使用寿命长，孔径为 $100 \mu m$，保证过滤精度，滤布孔径分布均匀，确保过滤效率。另通过 Muiti-in-One 一体过滤专利技术，把高强度聚合物、医疗级 PES 打褶膜和魔力活性炭棒，通过巧妙的结构设计，有机整合，使净水器具备强劲的物理拦截与高效的靶向吸附功能，加倍效率地过滤净化出安全健康的饮用水。水过滤材料正在研发中，椰壳活性炭、分层树脂床、多级石英砂滤层、阳离子树脂等。

5.4　污染治理

5.4.1　高温烟气过滤

许多工业过程涉及高温废气的产生，其污染物可以是固体，液体或气体。高温烟气通常指 220℃ 以上的工业烟气，而用于高温烟气净化的方法是有限的。基本上有纤维过滤器，静电除尘器，湿式洗涤器和旋风除尘器。使用纤维过滤器和湿式洗涤器，首先要使烟气冷却，要取得高效的过滤效果，温度需维持在很窄的范围内。对于高于 200℃ 的烟气，直接用常规布袋除尘器是有风险的。许多工业烟气属于高温烟气，如冶炼、焚烧、火力发电、燃煤锅炉、工业炉窑、余热回收利用等，在这一背景下，既要满足严格的排放标准，又要不受高温条件限制。于是，高温烟尘过滤技术成为空气污染控制领域的一个极重要的发展方向。

高温过滤有许多优点，可减少过滤前冷却气体的设备投资和运用费用，通过热能和有价值副产品的回收利用能增加总运营效率，减少用于降温的稀释气流净化，可避免结露引起的设备腐蚀，减少维护费和延长设备使用寿命，简化处理过程，减少投资、安装、维护费用和占地面积。

5.4.1.1　"FMS—氟美斯"耐高温过滤材料

因在研制玻璃纤维与进口耐高温化学纤维，如 RYTON、P84、Metamax，进行复合形成新材料的生产工艺中采用了 PTFE（聚四氟乙烯）的处理工艺，"氟"在其中起了一定的作用，我们即把这种类型的高温滤料定义为"FMS—氟美斯"。由于玻璃纤维与各种化学纤维复合可制得具有不同特性的多种耐高温过滤材料，为了便于统一和区分，我们把这种类型的滤料统称为"FMS—氟美斯"耐高温过滤材料系列。

5.4.1.2　PTFE 覆膜滤料

覆膜滤料是使用一层微孔发泡聚四氟乙烯薄膜覆合在一般传统滤料介质的表面上。覆膜滤料除具有传统滤料除尘机理的筛滤、拦截、惯性碰撞、扩散及静电五种效应外，由于薄膜微孔多，孔径小，只有 $0.3 \sim 0.5 \mu m$，一般尘粒很难通过微孔，因此薄膜的筛滤作用去除 $0.3 \mu m$ 以上的尘粒，加上薄膜对粉尘的拦截、惯性碰撞作用，对于 $0.1 \mu m$ 以上的尘粒具有很高的去除效率。

由于 PTFE 薄膜具有特殊的微孔结构，且表面无直通孔，使得粉尘颗粒物不易通过薄膜表面进入薄膜的内部或者基布中。由于覆膜滤料的基布表面上覆上一层 PTFE 微孔薄膜，由于粉尘颗粒的粒径远远大于薄膜微米级的微孔，从而被阻挡在薄膜表面，只允许气体通过而将粉尘颗粒物截留在薄膜表面，形成表面过滤的效果，这种过滤方法被称为表面过滤。

覆膜滤料的特殊过滤方式及诸多的优点，决定了其广阔的应用前景。覆膜滤料的开发是对袋式除尘技术的完善，弥补了袋式除尘技术的不足，并解决了普通滤料不能解决的问题，如含油含水的烟气；滤袋使用寿命太短，需要频繁更换；粉尘在滤料表面结块，清灰困难等。但覆膜成本较高，是普通滤料的2~6倍，同时覆膜滤料生产的技术要求高，目前国内对这一覆膜技术还没充分掌握，产品质量不稳定，进口产品价格昂贵。但对特殊烟气的处理，据统计，综合效益比普通滤料高出5%~8%。随着我国加入WTO，国际技术合作的不断深入。在不久的将来，这种覆膜滤料的价格将有大幅度的下降，作为普通滤料的替代品将有更广泛的用途。

5.4.1.3 超细面层梯度结构滤料

超细面层梯度结构滤料是针对日益严格的烟气排放标准而开发的一种新型滤料，其主要分为四个部分组成，从上往下依次为：超细纤维层、细纤维层、基布和粗纤维层。传统的滤料采用夹心层对称结构，即基布上下层纤维材料完全一样，过滤方式为深层过滤；该滤料采用纤度/密度分级组合的梯度结构，表层过滤层由超细PPS纤维形成致密层，迎尘层填充密度梯度结构，中层为高强低伸PTFE基布，里层与迎尘层形成纤度梯度结构，易于空气通过的粗孔层。超细纤维的线密度小，纤维直径越细，透气通道越致密，采用超细纤维制作的梯度结构滤料孔径更加细小，大幅提高滤料的过滤精度，获取更高的排放值。该梯度层状结构的设计有利于滤饼形成，使滤料过滤精度高且保持较大的透气量，提高粉尘的捕集效率，降低设备运行阻力。

5.4.2 污水治理

巨额的投资和昂贵的操作费用是应用薄膜法处理污水的弊端，仅清理薄膜一项所需的用电量就为整个污水处理厂正常运行所需电量的一半。因此，污水薄膜处理法至今未得到广泛应用。污水治理行业面临着寻找能够替代薄膜这一产品的巨大挑战，细纤维非织造材料成为关注对象。目前，某些机构已研发出一种由熔体静电纺丝和纺粘法非织造材料组成的聚合物，该聚合物的研发是一项以用户为导向、风险较低的环保型污水处理新技术。

5.4.2.1 水处理填料

（1）软性填料

软性填料是过滤领域的一种形式新颖的过滤材料，采用纺搓的纤维或细条状非织造材料串连，压有纤维丝均匀分布的塑料圆片，组成一定长度的单元纤维束或非织造材料条束，类似圆柱形，如图5-2所示。纤维束或非织造材料条束在水中径向展开，增大了比表面积，进而得以更好地吸附水中的微生物，从而达到净化水体的目的。采用的纤维品种主要以涤纶、丙纶为主，而非织造材料多数也是以涤纶或丙纶为原料，采用热轧、针刺、熔喷等加工技术制造而成。广泛适用印染、炼油、毛纺、丝绸、制药、含氰、石油化工等工业废水和生活污水的好氧处理，还适用麻纺、酒精、制糖、造纸、食品、发酵等高浓度废水厌氧处理。它的特点是比表面积大、利用率高、空隙可变、不存在堵塞问题、适用范围广、造价低等。

在颜料厂的污水处理中，软性填料可以在曝气池中吸附水中微生物和细菌。这种产品集填料和非织造材料的优点于一身，是一种过滤性能优越，过滤效率较高的新型过滤材料。其规格一般可设计成直径为 150mm、160mm、180mm 等多种。

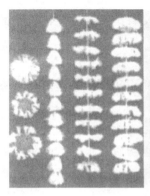

图 5-2 软性填料

（2）多孔球型悬浮填料

多孔球型悬浮填料是国内处理污水所用填料中最新开发的产品，如图 5-3 所示。该填料的球型骨架采用聚乙烯材料制成，球体内部填充薄型非织造布（如纺粘、熔喷、针刺、热轧、热风非织造材料絮片等）或者涤纶、丙纶，质量很轻，悬浮在液体表面吸附杂质。此产品特点是易更换、耐酸碱、抗老化、不受水流影响、使用寿命长、污物吸附效率高、安装方便等，广泛适用于石油化工、轻工业造纸、食品工业、制药等工业废水的处理中。

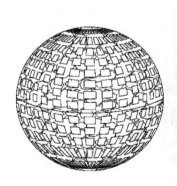

图 5-3 多孔球型悬浮填料

5.4.2.2 针刺过滤网

针刺非织造材料不但可以应用在空气过滤领域，还可以应用在液体过滤领域。选用的纤维种类和特性、针刺深度、针刺密度以及布的孔隙率等都对过滤效率有很大的影响。根据污水中的粒子的大小，可以设计出不同规格的过滤布（中水过滤所用的过滤非织造材料主要选用涤纶）来满足不同条件的应用。一般情况下，我们可以将针刺非织造材料设计成梯度过滤结构，过滤网布外端接触水流上游的纤维较粗，孔隙较大，这一阶段可以阻拦水中的大颗粒污染物，而与下游接触的滤布纤维较细，密实，可以拦截那些细小的粒子，另外，在梯度针刺布中加入一定数量的细旦纤维，可以增加纤维的比表面积，从而提高过滤效率。这种过滤材料可以做成普通的过滤器，在水流较急同时又有很多颗粒状污染物的情况下应用，同时也可以在深度过滤中做初级过滤用。

5.4.2.3　针刺布与活性碳毡复合过滤布

这是一种具有良好吸附性能的污水过滤材料，活性碳毡是由具有吸附性能的活性碳纤维做成的，这种活性碳毡使用的原料主要是黏胶纤维、腈纶、酚醛纤维或沥青基纤维，通常先在惰性气体的保护下高温碳化，再在高温下通二氧化碳或水蒸气进行活化制成。这种活性碳毡对水中大多数重金属离子、有色物和酚等有害物质有很强的吸附能力。用以处理有害物质超标的饮用水源，效果非常不错。在应用时，这种涤纶针刺布和活性碳毡复合而成的过滤布由涤纶针刺布接触过滤液体的上游，先过滤掉大分子颗粒，后面的活性碳毡不仅可以起到过滤的作用，而且可以吸附液体中针刺布所不能过滤的其他物质。在一些机械设备、电器厂中，电镀后的污水会含有很多重金属离子，用这种复合非织造材料取代机织布予以过滤可以提高过滤效率，从而达到中水排放标准。

5.4.2.4　针刺滤筒

针刺滤筒呈圆柱形，安装于过滤器中。滤筒中间是一个横截面呈蜂房状正六边形的柱状多孔高分子塑料骨架，骨架用以固定滤筒形状，防止其在使用过程中变形。针刺非织造材料紧密缠绕在多孔骨架上。控制滤层的缠绕密度及针刺布的不同针刺密度可制成不同过滤精度的滤筒。因过滤孔径外层大，内层小，故具有优良的过滤效果，能有效除去液体中的悬浮物微粒等。滤筒可用多种材质制成（现主要以耐酸碱性好的涤纶和丙纶为原料），可以适应各种液体过滤的需要，并具有良好的相容性；此外还可承受较高的过滤压力。目前此种滤筒主要配在循环过滤机上使用。对生活污水、造纸废水等的中水过滤中，这种循环过滤机具有非常不错的过滤效率。

5.4.2.5　热熔非织造材料过滤器

这种过滤器多为管状，是最高档的一种过滤器。它利用热熔型低熔点纤维（多为复合型纤维，如 ES 纤维）通过成网、加热熔融黏合方式加工成管状的过滤器，即加工成纤网后使纤网边加热边卷绕成管状。由于无须黏结剂，过滤效率高，阻力小，无纤维脱离，过滤面积大。此种过滤器不仅能用于中水过滤，还可以广泛用于制糖，酒精、制药等精密过滤的工业领域中。

5.4.2.6　冷轧厂废水处理用无机陶瓷膜

冷轧含油及乳化液废水主要来自轧机机组、磨辊间和带钢脱脂机组以及各机组的油库排水等，废水排放量大，水质变化大。含油及乳化液废水化学性质稳定性好，处理难度大。乳化液废水按处理原理可分为化学法、生物法和物理法。其中化学法包括：酸化法、凝聚法、盐析法等。生物法包括：接触氧化法、活性污泥法、厌氧氧化法、生物膜法和氧化塘法等。物理法包括：重力分离法、粗颗粒法、过滤法、膜分离法。这些方法各有利弊，适用于不同乳化液废水的处理。其中膜分离法尤其是超滤法以其独特的优势应用日益广泛。

有机超滤膜分离法，主要应用于大型钢铁项目，冷轧厂乳化液超滤膜处理也在其中。乳化液通过有机超滤膜处理后，出水含油量为 $10 \sim 30 mg/L$。目前在国内设计、制造和安装的首套乳化液有机超滤膜处理系统，出水已达到了引进超滤装置的水平。有机超滤膜具有系统结构简单，出水水质好的优点。但有机超滤膜还有明显的缺陷，存在耐油、耐温性能差、使用寿命短的缺点。近几年冷轧厂乳化液（含油）废水处理膜已由有机超滤膜转为无机陶瓷膜。无机陶瓷膜是以 Al_2O_3 多孔陶瓷为支撑体的氧化铝膜，陶瓷膜过滤器是一种采用陶瓷膜滤芯和防腐外壳制作而成的快速高效微孔过滤设备。产品再生能力强，当滤材堵塞后，在不影响正常工作的条件下，能利用系统进行滤材反冲洗，并能很快恢复过滤设备的高效精密过滤功能。产品安装简便、占地面积只需 $0.3 \sim 9 m^2$，处理能力达 $150 m^3/h$；耐高温、高压、耐酸碱腐蚀；过滤精度高；彻底高效反冲再生，使用寿命长；运行可靠、维护简单等优点。因此除了应用于冷轧厂废水处理，还已大量应用于石油开采（油田注入水的处理）、食品饮料、制药、生物工程、污水处理及饮用水净化等领域。无机陶瓷膜对液体中所含机械杂质的分离主要依据筛分理论，可以进行油水分离是因为无机陶瓷膜是一种极性膜，具有亲水疏油的特性，水与膜的界面能小于油与膜的界面能，所以在相同的压力下，水比油容易通过膜孔而实现分离。因此，无机陶瓷膜在冷轧厂乳化液（含油）废水处理应用上有广阔的前景。

5.4.3　湿法冶金

湿法冶金是通过酸碱或盐等化学溶剂从矿山中提取金属的过程。一般冶金选矿中的过滤都是在真空内滤机或真空外滤机上进行，过滤方法分为浮选、磁选、重选和联合选四种，常用的是浮选和磁选两种过滤方法。传统的过滤布为机织布，目前大多被非织造滤料所取代。非织造滤料选用纤维线密度为 $3.3 \sim 6.6 dtex$ 的丙纶，此类过滤毡由三层纤网复合而成。上层和下层为丙纶短纤网，中间层为长丝机织物，三层叠合后经针刺加工而成。

与传统的机织滤料相比，非织造滤料具有以下优点：非织造滤料的耐磨性好，即使有磨破或机械损伤也不像传统机织布那样因出现破洞而影响过滤质量；非织造滤料的剖面较厚，便于充分利用真空吸力，使用初期便于形成滤饼层，而且能够兼容粗细颗粒，产能高；非织造滤料为三维复合结构，精矿回收率高（高 20% 左右）、含水率低（6% 左右）；非织造滤料的定量轻（是传统机织布的 1/2），使用寿命长（在浮选法中比棉帆布提高 3.3 倍，接近锦纶毯；在磁选法领域，比丙纶毯提高 10%）；能降低工人的劳动强度，经济合理。

5.5　食品过滤

对于果汁、啤酒等食品，过滤处理后不流失其营养，并保留产品的外观，同时能降低产品的菌数；而对于乳清及牛奶的浓缩，不但可脱除其中的盐分，还可脱除一些小分子的染味物质，使得这种浓缩乳制成的冰淇淋及奶粉有较好的口感，逐渐替代传统的果蔬汁澄清技术。

5.5.1 啤酒过滤

在食品饮料的过滤过程中，优先考虑的是不改变饮料的风味、口感及其组分。最常使用的是硅藻土助滤剂和支撑板过滤系统。20世纪70年代末期，出现了不用助滤剂的膜过滤系统。20世纪80年代中期，错流技术被应用葡萄酒行业来代替硅藻土过滤、果汁浓缩和从酵母中回收啤酒，在以膜技术生产无醇啤酒时使用的也是错流技术。

经硅藻土过滤后的啤酒能除去绝大部分的酵母和散小物质，从外观上看已达到清亮透明，但还带有微量的酵母和细菌杂质。这种啤酒一般超过7天就会发生生物混浊。因此我们日常饮用的瓶装啤酒在装瓶后必须杀菌，使残留的酵母及其他杂菌停止繁殖。近年来酿造者对采用冷法除菌，即过滤工艺来达到除菌目的比较感兴趣。目前，用于啤酒无菌过滤的方法有纸板过滤和膜分离。纸板过滤往往难于达到要求，因此，啤酒无菌过滤的方法主要为膜分离。由于采用膜过滤除菌的啤酒（即纯生啤）较热杀菌的啤酒风味纯正、清爽、泡沫持久，所以更受消费者欢迎。对于生产厂家来说，产品损失率小。因此，工业化生产中采用冷法除菌的比例迅速提高。

用于啤酒无菌过滤的膜一般是以醋酸纤维、尼龙和聚四氟乙烯为主体，厚度为150μm。用0.8μm孔径的膜对啤酒进行无菌过滤具有很好的生物稳定性。但是所用的膜价格高，且再生困难，所以生产成本较高，这就制约了冷法除菌的发展。玻璃纤维液体过滤器在啤酒过滤方面也有应用。

5.5.2 茶包

我国茶叶种类丰富，而每一类的茶叶在味道、形状等方面都各不相同，他们对包装的材料的要求也不一样。特别是在透气性、防潮性等方面，有着不同的要求。还有，不同材料的包装还会跟不同的茶叶发生一些化学反应，倘若选择不好的话，就会影响到茶叶的味道，让其品质变低。除了要选择好茶包装材料外，还要看到，在绿色环保理念深入人心的时代背景下，无论是消费者还是社会，都需要商品包装的材料选择能够有更高的环保与再利用价值，以此来减少人类对自然界的破坏，同时也能大大降低对资源的消耗，降低企业的原料成本。

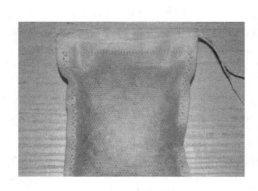

图5-4 茶包外观

非织造材料一般是采用聚丙烯（PP材质）粒料为原料，经高温熔融、喷丝、铺网、热压卷取连续一步法生产而成。传统的袋泡茶包很多都使用非织造材料，成本比较低，如果非织造材料符合质量标准，也是比较安全的。但非织造材料茶包的缺点是茶水渗透性和茶包视觉通透性不强，茶包外观如图5-4所示。

两种玉米纤维茶包。一种是日本进口的PLA玉米纤维布。将玉米淀粉糖化，发酵成为高纯乳酸，再经过一定的工业制造程序形成聚乳酸，实现纤维再造，纤维布细致均衡，网孔排列整齐，观感上完全可以与尼龙材料相比，视觉通透性也很强，茶包也比较挺括，在不浸泡水之前就能清晰看到茶包内的茶叶情况。一种是英国进口的玉米纤维布。看起来天然植物材质感更强，存在一些不规则的纤维纹路网孔细密，肉眼看不出网孔，在不浸泡水的条件下，茶包视觉通透性不强，在浸泡水之后，视觉上的通透性会有所提高。

从这几年我国茶叶内包装实际情况看，很多企业热衷于采用一些聚酯或是铝箔等材料制成的复合类薄膜。具体而言，就是薄膜的外层采用的是聚酯类材料，而中间层则选用铝箔材质，内层选用的是聚乙烯材质。这一复合类薄膜之所以被茶包装广泛使用，一个很重要的原因就是其聚集很多材质的优点于一身，因此其一方面具有较好的气密性和化学稳定性，能够更好地保存茶叶的味道，并且能够让其不受一些有毒物质的污染，保障质量安全与稳定。另一方面，这种复合类材料的印刷适应性也更高，让企业的印刷成本得以大大降低。还有就是其物理强度也较高，因此用于茶包装的话，能够对茶叶进行很好的保护，而不至于出现破损、漏气等情况。另外，因为其中间层选用的是铝箔材料，所以其阻隔性也比较好，这就利于茶产品的长距离运输和长时间保存。还有效避免了茶叶会出现变质、受潮等不良反应，甚至还会沾染上有害物质，对消费者的身体造成不容小觑的负面影响。

5.5.3　牧场牛奶过滤

机械过滤是在牧场的牛奶过滤中使用的一种工艺，其特点是孔径在 $100 \sim 250 \mu m$ 之间，工作压力约为 $50kPa$。牛奶中的脂肪球及其他营养成分可以通过牛奶过滤纸，而粪便、昆虫或其他颗粒物质则被截留。

牧场中用于牛奶过滤的机械过滤方法也称为屏障过滤法。这是因为过滤纸提供了一道具有高度专业化特性的多孔物理屏障，能够将牛奶中的固体物质分离出去。而大于牛奶过滤纸孔径的任何成分（包括稻草、毛发、昆虫等）无法通过过滤纸，被截留在牛奶过滤纸中。使用泵来使牛奶通过牛奶过滤纸的方法，是目前挤奶设备中最常用的方法。传统的牛奶过滤方式为纱布过滤，其特性为：静态时过滤孔径稳定，但在工作压力（ $50kPa$ ）的状态下，过滤孔径变大，导致除牛奶外其他杂质异物的通过，而且重复使用会导致纱布的食品级性能下降。这种传统的纱布过滤方式会导致大量杂质残留于设备内部，造成设备使用性能的下降；并且因杂质度的增加还会导致牛奶中细菌数增加以及牛奶价值下降，而这恰恰违背了牛奶过滤的基本作用。

现代牧场牛奶生产对于牛奶的过滤提出了更高的要求，优质的牛奶过滤纸必须具有一定的物理特性，选择的过滤纸必须具有正确的尺寸和容量，能够与挤奶设备和牛群规模的需求相匹配。过滤纸也必须使用高度均匀的织物制成，集以下特性于一身：高湿态强度、均匀的孔径和分布、坚固的接缝、尺寸稳定性、达到食品级。

非织造材料生产工艺中湿法成网技术的应用很好地迎合了过滤纸的上述特性在湿法成网过滤织物的生产技术中，首先将纤维分散到水中，形成均匀的原料。然后将混合物泵送到网孔传送带或多孔滚筒上，纤维随机排列，然后将水排出，最后对无纺织物进行干燥处理。目前，借助现代化技术已经可以生产多达三层纤维的纤维网，并且每层都具有独特的成分。湿法成网材料是一种高度均匀的织物，具有可控的孔隙率以及出色的过滤特性、高湿态强度以及尺寸稳定性。

5.6 其他

5.6.1 电池隔膜

蓄电池由于具有充放电次数多、使用寿命长、可快速充放电、耐过充、携带方便等优良性能，越来越受到人们的重视。蓄电池按其发生反应的环境分为两大类：一类是酸性蓄电池，另一类是碱性蓄电池，但无论哪一类蓄电池都需要有性能优异的蓄电池隔膜。一般情况下，蓄电池都是在强酸或强碱性条件下发生反应，同时在反应过程中伴有氧气生成和阴阳离子或电荷的转移，所以蓄电池隔膜必须满足以下的要求：材料绝缘性能好，结构细密多孔、电阻低；具有良好的机械强度、弹性和抗弯曲变形能力；耐强酸强碱、耐氧化性能良好；化学稳定性良好；较强的电解液保持能力；良好的透气性、透水性。

碱性蓄电池隔膜所用材料一般要求材料耐碱性好、吸碱速度快、吸碱率高、孔隙率高、耐氧化性好等。主要有三大类：第一类是尼龙蓄电池隔膜，一般选用尼龙6、尼龙66加工而成，这类材料的强度高，弹性恢复率高，耐疲劳性和吸湿性好，因而其蓄电池隔膜具有吸碱率高和吸碱速度快等优点。第二类是丙纶蓄电池隔膜，一般选用聚丙烯纤维加工而成，丙纶的特点是强度高，耐磨性和弹性好，耐酸碱、耐磨蚀性好，密度小，丙纶的耐碱性和耐氧化性比尼龙好，但由于丙纶的吸湿性差，从而使得其吸碱率和吸碱速度不及尼龙。第三类是维纶蓄电池隔膜，一般选用聚乙烯醇缩甲醛（维纶）加工而成。由于聚乙烯醇缩甲醛中带有醚基，醚基在酸中不稳定，而在碱中却相当稳定，因此其耐碱性好。虽然维纶的耐碱性和耐氧化性不及尼龙好，但由于维纶具有一定的吸湿性，还具有耐磨性好、强度高、价格低、吸碱率高等优点，因此也被众厂家竞相采用。

碱性蓄电池隔膜的加工方法根据所选用原料的不同而不同。成网方式一般采用气流杂乱成网。在加固工艺上，尼龙和丙纶选用热轧法，隔膜的定量一般小于 $100g/m^2$；因维纶不是热塑性纤维，一般选用饱和浸渍法，隔膜的定量大于 $50g/m^2$。近年来国外也出现了采用多种纤维混合成网，经水刺后，再通过热处理使热黏纤维熔化，从而使纤网加固成隔膜。

酸性蓄电池隔膜：主要选用熔喷聚丙烯非织造材料。传统的隔膜材料（如橡胶、PVC和玻璃纤维隔膜）的缺点是成本高、孔隙率低、孔径分布极不均匀。熔喷聚丙烯非织造材料较传统的酸性蓄电池隔膜具有独特的优良特性：孔隙率高、电阻低、无污染，熔喷聚丙烯非织造材料隔膜具有独特的超细纤维三维网状结构，孔隙率高达80%，从而使熔喷隔膜对离子的透过阻力减小；寿命长，目前使用熔喷聚丙烯隔膜的蓄电池，其循环耐久能力测试已超过14个单元，是蓄电池标准要求5个单元的近三倍；工艺流程短、工艺简单稳定、投资少、原料供应充分。

5.6.2　油水分离

改性纤维球滤料技术是一种较为新型的油田污水处理技术。在此基础上，开发了改性纤维球过滤器设备，能有效地提升污水处理精度。同时，均具有可再生能力强、占地面积小等优势，用于含油污水处理过滤单元中。这种新型的过滤设备，采用的特种纤维丝是由新的化学配方合成，改变了原有纤维滤料亲油的特点，而让其具有了亲水特性，能提升对悬浮物截滤效果。还可以通过加药反冲洗，具有可再生特性。在油田污水过滤中，改性纤维球滤料技术运用具有可再生、过滤精细、不沾油等优点。从改性纤维球外形上来说，其丝径较细，比表面积每克最高可以达到 $2000m^2$。正是由于这一特点，经过有效的叠加后能减小滤层孔隙，保证孔隙度能够高于80%，与传统的滤料相比拦截效果更好，在低渗透油田注水处理中运用效果更好，也更适用与高悬浮物水排放过滤工作。经过特殊的化学配方合成，能提升改性纤维球的亲水性。遇水后，在改性纤维丝表面会聚集大量的水分子，其表面形成一层水膜，在油、纤维球中间起到良好的隔离层。通过反冲洗，能将纤维球表面油污进行清洗，提高其再生性能。在改性纤维球滤料使用中，沿着水流方向，滤层孔隙率越来越小，孔隙分布呈现上大下小的状态，能增强对过滤物的拦截作用，将含油污水中悬浮物进一步截滤。

改性纤维球过滤器具有以下几个方面的优势：一是适用范围较广，能有效提升其除油、去悬浮物的效率；二是过滤精度较高；三是滤速较快，能提升污水处理量。根据相关运行试验对比，在达到同等过滤精度要求时，用一级改性纤维球过滤器情况，改用石英砂过滤器、双滤料过滤器则至少用两级；而为了实现同等污水处理量，采用改性纤维球过滤器，罐体直径要比其他几种过滤器小很多。同时，也至少能提升一个等级的含油污水出水指标。在石油企业选择过滤器设备时，达到相同来水指标、污水处理量，选择改性纤维球过滤器，能有效减少投资成本，且这种滤料使用寿命较长，一般在三年以上。

作为一种新型的油田污水精细过滤设备，改性纤维球过滤器优势较为明显。包括：亲水疏油、比表面积大、孔隙率高、再生性能良好等。在低渗透油层污水处理工作中优势更加明显，能实现高精度的过滤，对提升油田开发作业可持续性具有重要作用，能为我国石油产业发展做出巨大贡献，值得推广。

参考文献

[1] 李瑞欣,彭景洋,刘亚,等.非织造布在过滤中的应用[J].非织造布,2011,19(6):63-66.

[2] 瞿彩莲,窦明池.非织造布过滤材料在汽车工业中的应用[J].现代纺织技术,2006,14(6):60-62.

[3] 陈浩,赵明良,杨靖,等.医用非织造过滤材料的发展与应用[J].国际纺织导报,2016,44(10):44-46.

[4] 蒋佩林.PBT/壳聚糖单向导水非织造材料的制备及其在细胞过滤与释放中的应用[D].上海:东华大学,2018.

[5] 新型血液透析膜摆脱石油基材料依赖[J].非织造布,2013(3):52.

[6] 陈悦群,周旭波,张松浩,等.陶瓷膜对 L-精氨酸发酵液过滤的研究[J].中外食品工业(下半月),2015(3):10-11.

[7] 董琳琳,陈明智,杨光烈,等.浅谈液体过滤材料的开发[J].非织造布,2007(2):8-10.

[8]张巍．茶包装材料的选择与再利用研究[J]．福建茶叶,2018,40(11):140,237.

[9]李海涛．优质牛奶生产之牛奶过滤环节概述[J]．中国奶牛,2014(5):52-55.

[10]赵思,焦晓宁,裘康．简述中水过滤非织造布的性能和应用[J]．产业用纺织品,2007(6):36-40.

[11]张一风,张泽书．氧化铝工业用高强耐碱过滤材料的研究开发[J]．产业用纺织品,2009,27(8):7-11.

[12]靳文礼．改性纤维球过滤器在油田污水处理中的应用[J]．科学咨询(科技·管理),2019(6):44.

[13]邓宝庆．PVC中空纤维超滤膜在特低渗透油田含油污水处理中的应用与认识[J]．内蒙古石油化工,2016,42(5):29-30.

[14]左贺,崔雅珊,蒋新凯,等．净水器滤芯材料研究[J]．山东工业技术,2019(4):58.

[15]陶建羽,张琳．户外便携净水器的设计探索[J]．精品,2021(17):250.

[16]杨海华．血液过滤用非织造布的发展现状与趋势[J]．产业用纺织品,1999(1):22-25.

[17]赵思,焦晓宁,裘康．简述中水过滤非织造布的性能和应用[J]．产业用纺织品,2007(6):36-40.

[18]田力,张照元．无机陶瓷膜处理冷轧厂乳化液废水工艺[J]．中国环保产业,2010(9):44-46.

第6章 非织造过滤材料的测试方法和标准

无规矩不成方圆，当然，非织造过滤材料产品也是，我们生产出来的产品其实都可以用来过滤，但过滤效果如何以及是否满足市场要求标准？要想使过滤产品达到理想的效果，满足我们的需求，需要我们经过一系列的测试检验，这一章详细地讲解了非织造过滤材料的测试方法和标准。

6.1 非织造过滤材料的特性要求

材料的过滤性能指标及使用性能指标（物理指标和化学指标等）用于表征材料过滤效果，反映了过滤材料的优劣。过滤性能指标一般是指材料的过滤效率、过滤精度、截留粒径、纳污率、滤阻、孔隙率、透气度等；物理指标主要指材料的尺寸稳定性、耐磨性、耐压缩性、抗撕裂性等；而化学指标主要是指材料的耐温性、耐酸碱腐蚀性、耐湿性等。

接下来通过对几种产业用的非织造过滤材料的简单介绍，了解关于非织造过滤材料的性能指标要求，并为后续性能测试提供一些基础的认识。

6.1.1 袋式除尘用针刺非织造过滤材料

袋式除尘器能高效地吸收烟尘、粉尘，是治理大气污染的主要手段。袋式除尘器的最大优点就是除尘效率高、速度快、基本上达到零排放，对 $2.5\sim10\mu m$ 的微细颗粒物都有很高的捕集效率。过滤材料按照温度的使用范围分为：中低温段（$90\sim140℃$）。适用的纤维有聚丙烯（PP）纤维、聚酯（PET）纤维及均聚丙烯腈（PAN）纤维等。中高温段（$140\sim200℃$）。适用的纤维有 Kermel、芳纶1313、聚苯硫醚（PPS）及玻璃纤维等。高温段（$200\sim300℃$）。适用的纤维有 P84、聚四氟乙烯（PTFE）及玻璃纤维等。特殊高温段（大于300℃）。可选用的纤维有陶瓷纤维、碳纤维、高硅氧纤维及玄武岩纤维等。针刺非织造过滤材料的内在质量性能指标和外观质量要求见表6-1、表6-2。

6.1.2 聚苯硫醚纺粘水刺复合过滤材料

聚苯硫醚纺粘水刺复合过滤材料是以聚苯硫醚纺粘水刺非织造过滤材料与基布经复合加工而成的过滤材料，简称 PPS 纺粘复合滤料。其中，基布为机织布，由短纤纱或长丝交织而成，用以加强过滤材料经纬向力学性能。基布采用的纤维材料包括：聚苯硫醚纤维、聚间苯二甲酰间苯二胺纤维、聚酰亚胺纤维、聚四氟乙烯纤维、玻璃纤维等。聚苯硫醚纺粘水刺复合过滤材料的内在质量性能指标见表6-3。

表 6-1　滤料的内在质量性能指标

序号	项目			要求					
				有基布					无基布
				常温	中温	高温			
						聚四氟乙烯	玻璃纤维/玄武岩纤维	其他	
1	单位面积质量偏差/%			±5					
2	单位面积质量 CV 值/% ≤			3					
3	幅宽偏差/% ≥			0					
4	厚度偏差/%			±8					
5	厚度 CV 值/% ≤			5					
6	透气率偏差/%			±20					
7	透气率 CV 值/% ≤			8					
8	断裂强力/N ≥		纵向	1000	1000	700	2000	900	900
			横向	1100	1100	700	2000	1200	1000
9	断裂伸长率/% ≤		纵向	45	35	40	10	35	45
			横向	50	50	50	10	50	50
10	定负荷伸长率/%		纵向	0.65					1.2
			横向	4.2					2.7
11	残余阻力/Pa ≤			300					
12	动态除尘效率/% ≥			99.99					
13	疏水性能/级 ≥			4					
14	疏油性能/级 ≥			3					
15	表面电阻/Ω <			10^{10}					
16	电荷密度/（μC/m²） ≤			7					
17	耐腐蚀性能	断裂强力保持率/% ≥	纵/横向	95					
18	耐温性能	断裂强力保持率/% ≥	纵/横向	100					
		热收缩率/% ≤	纵向	1.5					
			横向	1					
19	阻燃性能			火焰中只能阴燃，不应产生火焰，离开火源，阴燃在 15s 内自行熄灭					

表6-2　滤料的外观质量要求

序号	项目	要求
1	破洞；边裂；烧焦；污点	不得出现
2	停车痕	针眼不明显，不影响表面状况，不得超过2处
3	布面折皱	由卷绕或轧光引起的皱纹，可恢复，不得超过2处

表6-3　滤料的内在质量性能指标

序号	检测项目			规格 g/m²							
				150	200	250	300	450	500	550	600
1	单位面积质量偏差率/%			±5				±4			
2	幅宽偏差率/%			±1							
3	厚度偏差率/%			±15				±10			
4	透气率/［m³/（m²·min）］			21.1	19	17	15	9	6.5	4	1.5
5	透气率偏差率/%			±20							
6	断裂强力/N　≥	PPS 纺粘滤料	纵向	250	350	480	600	800	900	1000	1100
			横向	200	260	320	380	500	580	650	720
		PPS 纺粘复合滤料	纵向					1100	1200	1300	1400
			横向					1100	1200	1250	1300
7	断裂伸长率/%≤	PPS 纺粘滤料	纵向	45							
			横向	40							
		PPS 纺粘复合滤料	纵向					45			
			横向					40			
8	耐磨次数/次　　　≥			3000		5000		8000		12000	
9	除尘效率/%　　　≥			99				99.9			
10	疏水性能/级　　　≥			4							
11	疏油性能/级　　　≥			3							
12	表面电阻/Ω　　　<			10¹⁰							
13	耐腐蚀性能	断裂强力保持率/%	纵/横向	95							
14	耐温性能	断裂强力保持率/%	纵/横向	100							
		热收缩率/%	纵向	1.5							
			横向	1							
15	阻燃性能			火焰中只能阴燃，不应产生火焰，离开火源，阴燃在15s内自行熄灭，滴落物未引起脱脂棉燃烧或阴燃							

6.1.3 燃煤锅炉烟气过滤用聚四氟乙烯类材料

燃煤锅炉烟气温度一般在150~270℃，烟气中不仅含有工业粉尘，还常伴有水蒸气、酸性气体、碱性氧化物以及不同的含氧量，不同场合下的烟尘排放成分不同，不同纤维的耐热性、耐水解性、耐腐蚀性、耐氧化性不同，高温烟尘过滤使用场合不同。由于PTFE纤维耐高温及高温力学保持性能优良，可以长期在260℃下使用，短期使用温度可以高达280℃。同时，PTFE具有优异的耐腐蚀和抗氧化性能。因此，PTFE纤维是可以用作高温粉尘过滤材料。燃煤锅炉烟气过滤用聚四氟乙烯类材料的内在质量性能指标见表6-4。

表6-4　滤料的内在质量性能指标

项目			要求			
			PTFE 类滤料		聚四氟乙烯覆膜滤料	
			针刺	水刺	针刺	水刺
单位面积质量/（g/m²）≥		PPS/PTFE	500	480	500	480
		PTFE+PPS/PTFE-L	580	530	580	530
		PTFE+PPS/PTFE-M	600	560	600	560
		PTFE+PPS/PTFE-H	650	600	650	600
		PTFE+PI/PTFE-I	600	—	600	—
		PTFE/PTFE	750	—	750	—
单位面积质量偏差率/%			±5			
单位面积质量 CV 值/%			3			
厚度偏差率/%			±10			
厚度 CV 值/% ≤			3			
透气率/［L/（dm²·min）］			≥80		20~50	
透气率偏差率/%			±15	±15	—	
透气率 CV 值/% ≤			8			
断裂强力/N	PPS/PTFE	纵向	900	800	900	800
		横向	1200	1500	1200	1500
	PTFE+PPS/PTFE-L	纵向	900	800	900	800
		横向	1200	1400	1200	1400
	PTFE+PPS/PTFE-M	纵向	800	800	800	800
		横向	1000	1200	1000	1200
	PTFE+PPS/PTFE-H	纵向	800	700	800	700
		横向	800	900	800	900

续表

项目			要求			
			PTFE 类滤料		聚四氟乙烯覆膜滤料	
			针刺	水刺	针刺	水刺
断裂强力/N	PTFE+PI/PTFE-I	纵向	750	—	750	—
		横向	750	—	750	—
	PTFE/PTFE	纵向	700	—	700	—
		横向	700	—	700	—
50N 定负荷伸长率/%　　≤		纵向	2			
		横向	2			
热收缩率/%　　≤		纵向	1.5			
		横向	1.5			
残余阻力/Pa　　≤			500	500	400	
出口粉尘浓度/（mg/m³）			0.5	0.25	0.1	
粉尘剥离率/%			50			
耐腐蚀性的强力保持率/%	PPS/PTFE		95			
	PTFE+PPS/PTFE		96			
	PTFE+PI/PTFE-I		80			
	PTFE/PTFE		100			
覆膜牢度/MPa			0.1			

6.1.4　熔喷空气过滤材料

熔喷非织造材料具体性能评价参照以下相关质量要求，产品基本项技术要求见表 6-5，外观质量要求见表 6-6，工业领域用的熔喷非织造空气过滤器额定风量下的阻力和效率见表 6-7，防护口罩内在质量指标见表 6-8，防护口罩过滤效率级别及要求见表 6-9。

表 6-5　基本项技术要求

项目	规格/（g/m²）													
	10	15	20	30	40	50	60	70	80	90	100	110	120	150
幅宽偏差/mm	−1~3													
单位面积质量偏差率/%	±8			±7			±5				±4			
单位面积质量变异系数/%	≤7						≤5							

项目		规格/（g/m²）												
		10	15	20	30	40	50	60	70	80	90	100	110	120	150
断裂强力/N	横向	≥2			≥6			≥10							
	纵向	≥4			≥9			≥15							
纵横向断裂伸长率/%		≥20													

注　1. 规格以单位面积质量表示，标注规格介于表中相邻规格之间时，断裂强力按内插法计算相应考核指标；超出规格范围的产品，按合同执行。

　　2. 内插法的计算公式：$Y = Y_1 + \dfrac{Y_2 - Y_1}{X_2 - X_1}(X - X_1)$，其中 X 为单位面积质量，Y 为断裂强力。

表6-6　外观质量要求

项目		要求
同批色差/级		4~5
破洞		不允许
针孔	不明显	≤10 个/100cm²
	明显	不允许
晶点*	面积<1mm²	≤10 个/100cm²
	面积≥1mm²	不允许
飞花*		不允许
异物		不允许

＊仅考核用于民用口罩的熔喷法非织造布

注　1. 晶点是指布面存在的点状聚合物颗粒。

　　2. 飞花是指布面存在的已固结的由飞絮/飞花形成的纤维块或纤维条，表面有凸起感。

表6-7　空气过滤器额定风量下的阻力和效率

效率级别	代号	迎面风速/（m/s）	额定风量下的效率 E/%		额定风量下的初阻力 ΔP_i/Pa	额定风量下的终阻力 ΔP_f/Pa
粗效1	C1	2.5	标准试验尘计重效率	50>E≥20	≤50	200
粗效2	C2			E≥50		
粗效3	C3		计数效率（粒径≥2.0μm）	50>E≥10		
粗效4	C4			E≥50		

效率级别	指标					
	代号	迎面风速/（m/s）	额定风量下的效率 E/%		额定风量下的初阻力 ΔP_i/Pa	额定风量下的终阻力 ΔP_I/Pa
中效 1	Z1	2.0	计数效率（粒径≥0.5μm）	40>E≥20	≤80	300
中效 2	Z2			60>E≥40		
中效 3	Z3			70>E≥60		
高中效	GZ	1.5		95>E≥70	≤100	
亚高效	YZ	1.0		99.9>E≥95	≤120	

表 6-8　防护口罩内在质量指标

项目		要求
耐摩擦色牢度（干/湿）[a]/级　≥		4
甲醛含量/（mg/kg）　≤		20
pH 值		4.0~8.5
可分解致癌芳香胺染料[a]/（mg/kg）　≤		禁用
环氧乙烷残留量[b]/（μg/g）　≤		10
吸气阻力/Pa　≤		175
呼气阻力/Pa　≤		145
口罩带及口罩带与口罩体的连接处断裂强力/N　≥		20
呼吸阀盖牢度[c]		不应出现滑脱、断裂和变形
微生物	大肠菌群	不得检出
	治病性化脓菌[d]	不得检出
	真菌菌落总数/（CFU/g）　≤	100
	真菌菌落总数/（CFU/g）　≤	200
口罩下方视野　≥		60°

注　a 仅考核染色和印花部分。
　　b 仅考核经环氧乙烷处理的口罩。
　　c 仅考核配有呼吸阀的口罩。
　　d 指绿脓杆菌、金黄色葡萄球菌与溶血性链球菌。

表 6-9　过滤效率级别及要求

过滤效率分级		Ⅰ级	Ⅱ级	Ⅲ级
过滤效率/%　≥	盐性介质	99	95	90
	油性介质	99	95	80

6.2　非织造过滤材料的结构特征表征与分析

　　材料的结构决定其性能，非织造过滤材料的过滤性能与其材料的结构密切相关。用于表征非织造材料纤网结构的指标有很多，通常包括以下三个方面：

　　①纤维结构特征，主要包括纤维直径、纤维截面和纤维取向度等；

　　②纤网结构特征，主要包括面密度和厚度；

　　③孔隙结构特征，包括孔径及其分布、孔隙率。

6.2.1　纤维结构特征

6.2.1.1　纤维直径

　　纤维直径是构成非织造材料内部结构的基本结构参数之一，直径的大小会直接影响到材料的孔径、孔隙率和孔道曲折结构，进而影响颗粒物在材料内部的运动轨迹和材料的过滤性能。不同粗细的纤维，其过滤精度及过滤效率是不同的，当纤维材料克重恒定时，纤维直径越细，材料堆积密度越高，形成的孔径结构越小，致密的孔径结构将会干扰载流体在材料内部的运动轨迹，这样有助于提高微小颗粒与纤维材料发生碰撞的机会，且过滤精度也会显著提高。然而，这也大大增加了材料的过滤阻力，降低了其透气性能。因此，选择合理的纤维直径和材料结构设计对提高材料的过滤性能具有重要意义。

　　（1）测试原理

　　原理一：光学显微镜法，利用光学显微镜测量单丝纵侧面两个边缘之间的距离得到单丝的表观直径（注：该方法的准确度受限于衍射效应，当纤维直径小于 $10\mu m$ 时，不建议使用该方法）。

　　原理二：扫描电子显微镜，观察垂直于纤维轴的截面或图像分析。这种方法适用于平行纤维束，也可以直接用来检查单向复合材料中纤维的分布以及测量纤维的体积含量（当纤维横截面的形状不是圆形时，或者纤维直径小于 $10\mu m$ 时，推荐使用该方法）。

　　（2）遵循标准

　　GB/T 69762—2013《碳纤维　纤维直径和横截面积的测定》。

　　（3）测试方法

　　①光学显微镜法。首先取长度约为 50mm 的单丝，对显微镜进行校准，然后将试样固定在试样框的长孔中线位置，先用胶带暂时地将单丝的一端黏住，轻轻地将单丝拉直，另一端也用胶带暂时黏住。将试样置于载玻片上，加入液体介质。应选择在 20℃ 时折射率在 1.43～1.53 之间的液体介质，且不吸湿，不影响纤维的直径。移动载物台，使光束照在单丝所在区域，调节目镜使其聚集在十字线上，旋转目镜或载物台使移动线与被测单丝的轴向平行。调整焦距使单丝成像清晰，调节移动线分别与单丝的两边完全重合。转动微分筒，使其中一条移动线移动到与另一条线重合时，读取微分筒的刻度（N_r 格），总共测量 20 根单丝。

②扫描电子显微镜法。将一束纤维粘贴在黑色导电胶带上，置于扫描电镜的载物台上，扫描纤维的横截面，得到单丝横截面的扫描图像，用图像分析软件对扫描图像进行分析。

（4）纤维直径与过滤效率

纤维粗细与过滤效率之间的关系如图6-1所示。

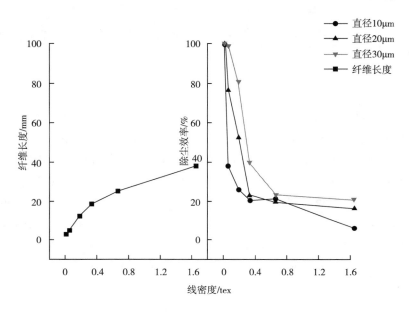

图6-1　纤维粗细与过滤效率之间的关系

6.2.1.2　纤维截面

随着纤维加工技术的日渐成熟，各种异形截面的纤维已被成功研制，如三叶、四叶等异形截面纤维，如图6-2所示。与常规纤维相比，异形截面的纤维具有较大的比表面积及表面粗糙度，其主要对微小悬浮粒子的截留、拦截及捕集等。当含尘气流经过不同截面形态的纤维时，其流线轨迹会发生相应的改变，气流中的颗粒物也会因纤维比表面积和粗糙度的差异而产生不同的沉积方式。具有三角形或四方形截面的纤维较圆形或椭圆形纤维具有更大的拦截面积，由其堆积而成的聚集体也具有更为粗糙的表面结构，当气流经过纤维时，会发生气流方向的突变，含尘气流中的粉尘颗粒物，由于惯性作用直接被凸起的棱角拦截，这有利于其过滤效率的提高，而气体部分则由于气流流向的改变，使其具有更为顺畅的气流方向，这有利于其空气阻力的降低。因此合理设计纤维的断面形态，对于过滤性能的提升有着极为重要的作用。

6.2.1.3　纤维取向度

由于纤维的排列结构会影响到流动气流与纤维间的相互作用，同时会改变气体的动力学状态，进而影响气流中颗粒物的流线轨迹，最终体现为过滤性能的改变，因此，纤维的排列结构对于纤维类空气过滤材料的过滤性能有着极为重要的影响。由上述过滤机理的分析可知，

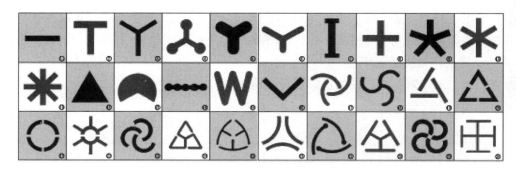

图 6-2 异型纤维截面

在纤维类空气过滤材料中，可以分为单纤维的过滤机理和纤维集合体的过滤机理，因而纤维的排列结构对不同的过滤机理有着不同的影响。对于单纤维的过滤机理，因为纤维排列方向与气流的流动方向是平行或垂直，对于气流的流动状态有着不同的影响，因而在此过滤机理下，纤维排列通常是指纤维与气流流向的夹角，所以在分析纤维排列对过滤性能的影响时通常取两种极端情况：一种是纤维轴与流向垂直；另一种是纤维轴与流向平行。而对于纤维集合体，不仅单纤维与气流流向的夹角会影响到气体流动的动力学状态，纤维的堆积结构也有着极为重要的影响，因而纤维排列是指各单纤维之间的夹角，由于纤维与纤维之间夹角的不同，使其形成不同的排列结构，而不同的排列结构会影响到纤维过滤材料的孔径结构，进而影响其过滤性能。

6.2.2 纤网结构特征

6.2.2.1 面密度

非织造材料的面密度是指单位面积非织造材料的质量，也称单位面积质量、克重或定量，单位是克每平方米（g/m²）。

在其他条件不变的情况下，非织造过滤材料的堆积密度随其克重的增加而增加，其内部孔径结构变小且更加致密，这将有利于提高非织造材料对微小粒子的拦截或捕集。然而，其孔隙率将会下降，材料内部的气流通道将会大大减小，进而增加了材料的过滤阻力。

（1）测试原理

测得裁取试样面积及质量，并计算试样单位面积质量，进而表征纤网克重，单位为克每平方米（g/m²）。

（2）遵循标准

GB/T 24218.1—2009《纺织品 非织造布试验方法 第1部分：单位面积质量的测定》。

GB/T 6529—2008《纺织品 调湿和试验用标准大气》。

（3）测试仪器

可使用圆刀裁样器，其裁剪的试样面积至少为 50000mm²、方形模具，其裁剪面积至少为 50000mm²（如 250mm×200mm），需要配备裁刀、钢尺，分度值为 1mm，用于小尺寸及特殊尺寸试样裁剪，配备裁刀、天平（质量测试误差范围应控制在±0.1%）。

（4）测试过程及结果

在标准大气条件下，使用天平对规定面积的试样分别称量其质量，并求解质量平均值，得出单位面积质量，并依据前文非织造布厚度测定，测试得出相应试样的厚度，进而求解得出织物密度。如果需要，计算变异系数，以百分率表示（需要注意的是，若求解变异系数，则试样个数至少为 5 个）。常见非织造过滤材料的面密度见表 6-10。

表 6-10 常见非织造过滤材料的面密度

种类	面密度/（g/m²）	种类	面密度/（g/m²）
汽车过滤材料	140~160	医用滤袋	350
纺织滤尘材料	350~400	过滤毡	800~1000
冷风机滤料	100~150	超细纤维滤料	1~100

6.2.2.2 厚度

材料的厚度对过滤性能至关重要。非织造材料克重恒定时，材料厚度越小，所形成的内部结构越致密，越有利于材料对微小粒子的拦截与捕集。但是，其内部过滤通道较少，将会引起过滤阻力急剧增加。当非织造材料厚度越大，材料内部结构越蓬松，过滤通道越多，越有利于载流体通过材料内部结构，然而不利于对微小粒子拦截。因此，针对不同的过滤要求，选择合适的厚度对有效改善材料的过滤性能具有至关重要的作用。

（1）测试原理

将非织造布试样放置在测试装置水平基准板上，用与基准板平行的压脚对试样施加规定压力，将基准板与压脚之间的垂直距离作为试样厚度。

（2）依据标准

GB/T 24218.2—2009《纺织品 非织造布试验方法 第 2 部分：厚度的测定》。

GB/T 6529—2008《纺织品 调湿与试验用标准大气》。

（3）测试仪器及测试方法

如图 6-3 所示测试装置标明，其存在一定的局限性。对于厚度大于 20mm 的蓬松类非织造布，图 6-4 给出适宜的试验装置。

在开始测试前，要判断所测试样是否属于蓬松类非织造材料（当施加压力从 0.1kPa 增加到 0.5kPa 时，其厚度的变化率达到或超过 20% 的非织造材料），进而选择合适的测试方法，同时取样要确保无明显疵点和褶皱。

对于常规非织造材料，裁剪 10 块面积均为（130±5）mm×（80±5）mm 的试样，依据 GB/T 6529—2008《纺织品 调湿和试验用标准大气》的规定对试样进行 1 调湿。选择常规测试仪器，调整压脚上的负荷达到 0.5kPa 是均匀压强，并调节仪器示值为零。抬起压脚，在无张力状态下将试样放置在基准板上，确保试样对着压脚的中心位置。降低压脚直至接触试样，保持 10s 后记录仪器读数：单位为毫米（mm），精确至 0.1mm，其余 9 块试样重复上述操作。

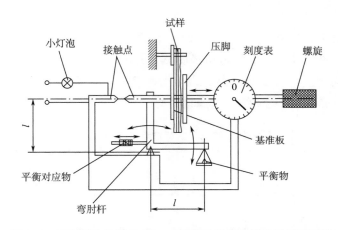

图 6-3　用于最大厚度为 20mm 的蓬松类非织造布的试验装置

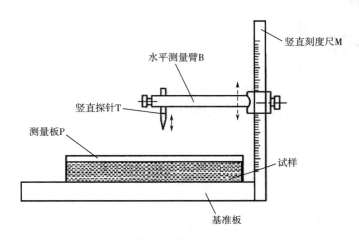

图 6-4　蓬松类非织造布厚度测定装置

　　而对于厚度大于 20mm 的蓬松类非织造材料，裁剪 10 块面积均为（200±0.2）mm×（200±0.2）mm，依据纺织品调湿标准对试样进行调湿。若采用图 6-3 所示仪器时，当质量为（2.05±0.05）g 的平衡物放置好后，检查装置的灵敏度，并确定指针是否在零位。向右移动压脚，将试样固定在支架上，使试样悬挂在基准板与压脚间，转动螺旋使压脚缓慢向左移动直至使小灯泡发亮；保持 10s 后记录仪器读数，单位为毫米（mm），精确至 0.1mm，其余 9 块试样重复上述操作。选择图 6-4 所示仪器时，将测量板放在水平基准板上，调整探针高度，使其刚好接触到测量板的中心时，刻度尺读数为零。在无张力状态下将试样放置在基准板上，再将测量版完整地放置在试样上而不施加多余压强。保持 10s 后，向下移动测量臂直至探针接触到测量板表面，从刻度尺上读取并记录厚度值，单位为毫米（mm），精确至 0.5mm，其余 9 块试样重复上述操作，常用过滤材料的厚度见表 6-11。

表6-11 常用过滤材料的厚度

产品	厚度/mm	产品	厚度/mm
空气净化过滤材料	10，35，40，45，50	药用过滤毡	1.5
冷风机过滤材料	2~3	纺织滤尘材料	7~8

（4）非织造材料厚度对过滤性能的影响

以聚丙烯熔喷非织造材料为例，通过试验分析厚度对熔喷非织造过滤材料的过滤效率、透气性、孔径、泡点压力和泡点孔径等指标的影响，进而表征非织造材料厚度对过滤性能的影响。试验结果表明：

在一定范围内，随着聚丙烯熔喷非织造材料厚度增加，气溶胶粒子通过过滤材料时，其表面承受的过滤压力随之增大，即过滤阻力增大。然而，过滤材料的使用寿命是随着过滤阻力的增大而下降的，因此在设计熔喷非织造过滤材料时，需要综合考虑过滤材料的过滤效率和耐用性之间的平衡。

在一定范围内，随着聚丙烯熔喷非织造材料厚度增加，过滤效率明显提高。对于粒径小于 $2.0\mu m$ 的粒子，其过滤效率随着材料厚度的增加而提高；当被过滤的微粒直径大于 $2.0\mu m$ 时，此时材料厚度对过滤效率影响不大。

6.2.3 孔隙结构特征

6.2.3.1 孔隙率

纤维集合体的孔隙率是指纤维过滤材料内部的孔径相对于纤维本体结构所占的比例。对于纤维过滤材料，在孔径尺寸一定的前提下，孔隙率的高低会影响到单位时间内气体透过的量，进而影响到其空气阻力。在纤维类空气过滤材料的内部由于纤维的错综排列，使得同一层的纤维与纤维之间形成均匀分布的孔隙结构，而不同层之间由于纤维的堆积状态不同，形成三维的曲折孔径结构，通常来讲，同层纤维与纤维之间以及不同层纤维的密实堆叠由于使得孔径形态曲折度低，导致其孔隙率低，一般此类材料的空气阻力压降大，而对于不同层之间纤维能够无规排列的同时形成蓬松的三维立体空间孔径结构的纤维空气过滤材料，由于其较大的孔径曲折度，使得其孔隙率远高于密实结构的纤维空气过滤材料的孔隙率，从而使其具有更低的空气阻力。因而，合理设计纤维集合体的堆积形态，进而提高其孔隙率，对于材料的空气阻力的降低有着极为显著的影响。

（1）测试原理

方法A（质量密度法）：对已知纤维材料密度的单组份非织造布，或已知各纤维密度及其含量的多组分非织造布，通过试样的质量和材料的密度求得试样的真体积，并在规定压强下测得试样的厚度计算表观体积；最后得出试样的孔隙率（真体积：去除所有内部孔隙后的绝对体积；表观体积：根据厚度与试样面积的乘积计算得出的体积）。

方法B（体积法）：对未知纤维密度或成分的非织造布，根据小分子直径的惰性气体在一定条件下的波尔定律（$PV=nRT$），通过测定样品仓放入样品后气体容量的变化测定试样的真体积；并用规定压强下测得试样的厚度计算表观体积，最后得出试样的真密度和孔隙率（真密度：去除内部空隙后的材料密度）。

（2）试验装置

厚度测试仪、真体积测试仪和天平（精度为 0.001g）。

真体积测试仪示意图如图 6-5 所示。

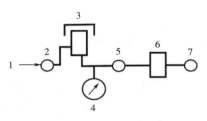

图 6-5　真体积测试仪结构示意图
1—高纯压缩氮气　2—电磁阀 1#　3—样品仓
4—压力传感器　5—电磁阀 2#
6—附加仓　7—泄压阀

（3）试验步骤

厚度试验：对于常规非织造布，厚度按相关要求测试，测试压强设定为 0.1kPa，测定厚度记为 t，结果精确到 0.01mm。

①方法 A（质量密度法）。本方法适用于已知纤维密度的单一组分和已知含量的多组分的非织造布。

按 GB/T 24218.1—2009 测定试样单位面积含量 ω，进而计算得出试样的孔隙率。

②方法 B（真体积法）。本方法适用于未知纤维密度或成分的非织造布。首先进行取样，裁取 3 个没有明显缺陷和褶皱的试样，在试样横向上根据样品仓的深度裁取相应宽度的试样，在样品纵向上裁取的试样尺寸应足够长，使其卷绕后可占据样品仓体积的 86%，裁剪好试样后分别测量每个试样的横向长度 W_i 与纵向长度 L_i，精确到 1mm，分别称量并记录其质量，精确到 0.001g。所裁取的试样离布边至少 100mm 样应保证均匀。

（4）结果计算

①方法 A（质量密度法）。对于单组分非织造布，根据式（6-1）计算得出试样的孔隙率，结果保留 2 位小数：

$$n = 1\left(\frac{\omega}{1000t - \rho_f}\right) \times 100 \tag{6-1}$$

式中：n 为孔隙率（%）；ω 为单位面积质量（g/m²）；ρ_f 为已知的非织造布纤维密度（g/cm³）。

对已知各纤维密度（ρ_{fi}）及其含量的多组份（$i = 1, 2, \cdots, n$）非织造布，通过式（6-2）计算得出试样的纤维平均密度，再通过式（6-1）计算得出试样的孔隙率，结果保留 2 位小数：

$$\rho_{fa} = \frac{\sum_{1}^{n} \rho_{fi} \times P_{fi}}{100} \tag{6-2}$$

式中：ρ_{fa} 为纤维平均密度（g/cm³）；ρ_{fi} 为第 i 种纤维的密度（g/cm³）；P_{fi} 为第 i 种纤维在试样中的含量（%）。

②方法 B（真体积法）。样品的真体积 V_P 计算公式：

$$V_P = V_C + \frac{V_A}{1 - \frac{P_2}{P_3}} \tag{6-3}$$

式中：V_P 为试样真体积（mm^3），结果精确至 $0.1mm^3$；V_C 为样品仓体积；V_A 为附加仓体积；P_2 为 $6.895×10^3Pa$；P_3 为测试压力值。

试样表观体积根据式（6-4）计算得出，结果精确至 $0.1mm^3$。

$$V_d = L_i × W_i × t \tag{6-4}$$

式中：V_d 为试样的堆积体积（mm^3）；L_i 为试样的纵向长度（mm）；W_i 为试样的横向长度（mm）；t 为试样厚度（mm）。

（5）试样孔隙率

试样孔隙率 n 按式（6-5）计算，结果取 3 个试样的平均值，结果保留 2 位小数。

$$n = \left(1 - \frac{V_P}{V_d}\right) × 100 \tag{6-5}$$

式中：V_P 为试样真体积（mm^3）；V_d 为试样堆积体积（mm^3）。

（6）非织造过滤材料孔径对过滤性能的影响

武松梅和袁传刚在《非织造材料孔径与过滤性能关系的研究》一文中通过对熔喷和针刺非织造过滤材料的孔径、透气性和过滤性能进行测试，得出非织造过滤材料孔径大小及分布对过滤性能的影响，有以下结论：

①针刺过滤材料孔径分散程度高，孔隙率较大，过滤阻力低，进而导致过滤效率较低。而熔喷非织造材料的微孔小而多，纤维对颗粒物起到强烈的截留和粗筛作用，加之孔隙率较低，透气性较差，过滤阻力大，过滤效率高。

②非织造过滤材料孔径对过滤效率有直接的影响，随着非织造过滤材料孔径的增大，过滤效率降低。

6.2.3.2　孔径结构

孔径结构（孔径大小、孔径大小分布以及孔道曲折程度等）是影响纤维材料过滤性能的最主要的结构因素之一。纤维过滤材料由于纤维之间的形成的无序错综排列结构，使得同一层面的纤维与纤维之间以及不同层面的纤维与纤维之间形成三维曲孔通道结构，当粉尘颗粒物经过时，若其尺寸大于纤维过滤材料的孔径尺寸，由于拦截过滤机理的作用，可有效地将颗粒物滤除，但如果颗粒物的尺寸小于纤维过滤材料的孔径尺寸，一部分颗粒物会由于扩散过滤机理以及惯性撞击过滤机理的作用而被滤除，但另一部分颗粒物会随着高速气流而穿过过滤材料，因而，纤维过滤材料的孔径大小会极大地影响其过滤效率。此外，孔径结构的通道性质会影响空气气流的动力学性质，进而影响气体的透过性能，因而，合理而有效的孔通道性质是降低过滤材料空气阻力的有效途径，通常蓬松堆积的纤维过滤材料由于其独特的三维曲折孔通道结构，使得高速气流通过时一方面可由于较长的透过路径，使得颗粒物的停留时间较长，可有效提高其过滤效率，同时，由于曲折通道形成的高孔隙率，使气体的阻力极大地降低。因而，孔径结构对纤维过滤材料的过滤性能有极为重要的影响。

6.2.3.3　孔径及孔径分布测试

孔径测试一般通过测量一些与孔径有关的物理量来间接表征孔径，如泡点法、泡压法等。

（1）泡点法

①测试原理。利用将吸附于毛细孔隙中的液体排出所需的压力与孔隙孔径存在的函数关系来表征和计算材料的孔径。用对被测试材料具有良好润湿性的液体浸渍介质充满多孔材料试样的开孔隙空间，在缓慢增加的压力作用下，再用与液体浸渍介质不相容的气体将孔隙空间内的浸渍介质排出，第1个气泡一定是从最大的孔径处排出，第1个气泡出现并引起连续出泡时的临界压力为泡点压力，用泡点压力可以计算出材料的最大孔径。

②遵循标准。GB/T 32361—2015《分离膜孔径测试方法：泡点和平均流量法》。

③试验装置及测试步骤。泡点测试装置示意图如图6-6所示，测试精度要求不高的情况下可以采用如图6-7所示的平板膜泡点测试简易装置，平板膜固定器结构如图6-8所示。

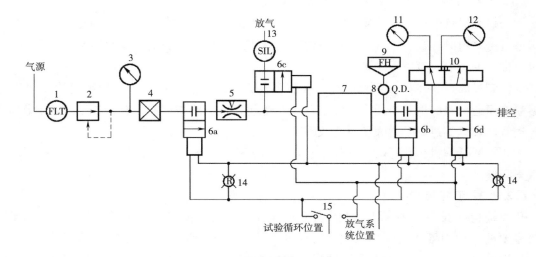

图6-6　泡点测试装置示意图

1—过滤器　2—压力控制阀　3—压力表　4—手动截止阀　5—手动流量控制阀　6（a、b、c、d）—电磁阀

7—储气罐　8—快速断开接头　9—膜固定器　10—手动三通阀　11，12—压力表　13—消音器

14—报警灯　15—电动单刀双掷开关

测试时，首先将样品置于要测试的浸渍液中2h，使其完全被浸润，不易浸润的试样，可使用真空方法提高浸润效果；然后将充分浸润的试样放在膜固定器中，拧紧锁紧环，向储液池中注入浸渍液，保持液面高出膜面2~3mm；缓慢增加气体压力，当储液池中央出现第一串连续气泡时，记录气体压力。运用压缩空气通过被溶剂润湿的样品孔隙（毛细管道）时，得到流量与压力的关系曲线，从而计算出材料的最大孔径、平均孔径、孔径分布等各项指标。电池隔膜类材料最大孔径公式如式（6-6）所示，最大孔径测试装置示意图如图6-9所示。

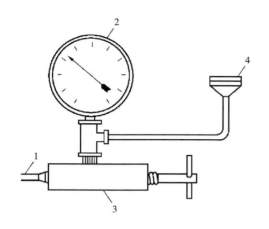

图 6-7　平板膜泡点测试简易装置示意图

1—气源接口　2—压力表　3—微量调节器　4—膜固定器

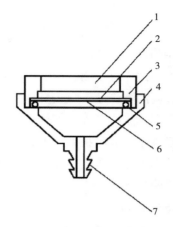

图 6-8　平板膜固定器结构示意图

1—储液池　2—支撑盘　3—锁紧环　4—底盘
5—O 形密封圈　6—膜样品　7—气体入口

$$\phi = \frac{\dfrac{4}{g}\alpha\cos\theta}{\rho_1 h_1 - \rho_2 h_2} \tag{6-6}$$

式中：ϕ 为材料最大孔径（μm）；g 为测试地重力加速度（cm/s^2）；α 为测试温度 t 时溶剂的表面张力（10^{-5}/cm）；ρ_1 为 U 形压力计中或汞的密度（g/m^3）；h_1 为 U 形压力计中水或汞的高度差（cm）；ρ_2 为测试温度 t 时溶剂的密度（g/m^3）；h_2 为注入溶剂的高度，通常为 2cm；θ 为溶剂与隔膜材料接触角，一般为 0。

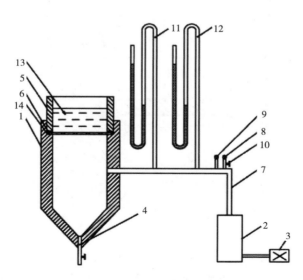

图 6-9　最大孔径测试装置示意图

1—测孔器　2—稳压储气罐　3—空气压缩机　4—排液孔　5—罩帽　6—垫圈　7—气管
8—压力表　9—气体流量计　10—压力调整阀　11，12—压力计　13—测试液　14—试样

（2）泡压法

BSD—PB泡压法孔径分析仪使用原理仍然是泡点法，可以用来测试非织造材料孔径，夹具如图6-10所示，筛板和筛网间夹持试样，以防止试样在过大压力作用下变形甚至破坏。操作时首先将试样置于测试液体中，使其被对其有良好浸润性的液体充分润湿，由于表面张力的存在，浸润液将被束缚在材料的孔隙内；给材料的一侧加以逐渐增大的气体压强，当气体压强达到大于某孔径内浸润液的表面张力产生的压强时，该孔径中的浸润液将被气体推出；由于孔径越小，表面张力产生的压强越高，所以要推出其中的浸润液所需施加的气体压强也越高；同样可知，孔径最大的孔内的浸润液将首先会被推出，使气体透过，然后随着压力的升高，孔径由大到小，孔中的浸润液依次被推出，使气体透过，直至全部的孔被打开，达到与未浸润材料相同的透过率。被打开的孔所对应的压力，为泡点压力，该压力所对应的孔径为最大孔径；在此过程中，实时记录压力和流量，得到压力—流量曲线；压力反映孔径大小的信息，流量反映某种孔径的孔的多少的信息；然后测试出未浸润材料的压力—流量曲线，可根据相应的公式计算得到该膜样品的最大孔径、平均孔径、最小孔径以及孔径分布、透过率。该方法是ASTM薄膜测定的标准方法，泡点法获得孔径数据可准确表征膜类材料研究者关心的通孔大小及分布，避免了吸附法、压汞法等方法所测试数据包含了盲孔、表面凸凹、缝隙等非有效孔径的问题，可适用于非织造材料孔径测试。孔径测试范围为$0.02\sim500\mu m$，既能测试片状材料，还可以测试滤芯等特殊外观材料，浸润液体可选择多种浸润速度快的液体，高精度双流量传感器可实现流量分段测量、量程互补及自动切换。

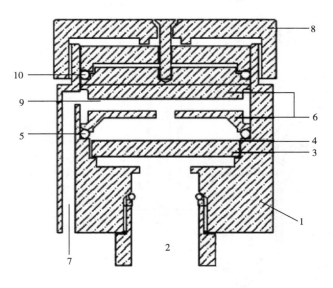

图6-10　BSD—PB泡压法孔径分析仪夹具

1—池体　2—池体下端出口　3—筛板　4—筛网　5—密封圈　6—试样台
7—进气孔道　8—池盖　9—筛板进气道　10—池盖O形密封圈

6.3　非织造过滤材料的常规特性测试与分析

6.3.1　吸湿性测试

（1）原理

织物试样水平放置，测试液与其浸水面接触后，会发生液态水沿织物的浸水面扩散，并从织物的浸水面向渗透面传递，同时在织物的扩散的渗透面扩散，含水量的变化过程是时间的函数。当试样浸水面滴入测试液后，利用与试样紧密接触的传感器，测定液态水动态传递状况，计算得出一系列性能指标，以此评价织物的吸湿性。

（2）遵循标准

GB/T 21655.2—2019《纺织品　吸湿速干性的评定　第2部分：动态水分传递法》。

（3）试验仪器

液体水动态传递性能测试仪如图6-11所示：主要包括传感器模块、供水模块、数据采集模块。

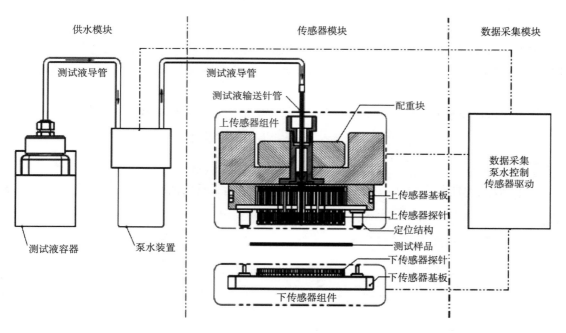

图6-11　仪器示意图

（4）测试步骤

①取样。样品采集的方法和数量按相关规定进行，对于织物样品，每个样品剪取0.5m以上的全幅织物，取样时避开布端2m以上。对于制品，至少取1个单元，裁取5块尺寸为（90±2）mm×（90±2）mm，并避开影响试验结果的疵点和褶皱；对于制品，试样应从主要

功能面料上选取。

②试验。用干净的镊子轻轻夹起待测试样的一角，将试样平整的置于仪器的两个传递之间，对着测试液滴下的方向放置，启动仪器，在规定时间内向织物的浸水面滴入（0.22±0.01）g 测试液，并开始记录时间与含水量变化状况，从开始滴入测试液，到测试结束，测试时间为120s，数据采集频率不低于10Hz。取出试样，用干净的吸水纸吸去传感器板上多余的残留液，静置至少60s，再次测试前应确保无残留液，重复上述试验步骤，直至所有试样测试完毕。

（5）结果计算

①吸水速率 A。按式（6-7）分别就算浸水面平均吸水速率 A_T 和渗透面平均吸水速率 A_B，数值修约至 0.1。

$$A = \sum_{i=T}^{t_p} \left(\frac{U_i - U_{i-1}}{t_i - t_{i-1}} \right) \Big/ \left[(t_p - T) \times f \right] \tag{6-7}$$

式中：A 为平均吸水速率（%/s），分为浸水面平均吸水速率 A_T 和渗透面平均吸水速率 A_B。若 $A<0$，取 $A=0$；T 为浸水面或渗透面浸湿时间（s）；t_p 为进水时间（s）；U_i 为浸水面或渗透面含水率变化曲线在时间 i 时的数值；f 为数据采样频率。

②液态水扩散速度 S。按式（6-8）计算液态水扩散速度 S，数值修约至 0.1。

$$S = \sum_{i=1}^{N} \frac{r_i - r_{i-1}}{t_i - t_{i-1}} \tag{6-8}$$

式中：S 为液态水扩散速度（mm/s），分为浸水面液态水扩散速度 S_T 和渗透面液态水扩散速度 S_B；N 为浸水面或渗透面最大浸湿测试环数；r_i 为测试环的半径（mm）；t_i 和 t_{i-1} 为液态水从环 $i-1$ 到环 i 的时间（s）。

③单向传递指数 O。按式（6-9）计算单向传递指数 O，数值修约至 0.1。

$$O = \frac{\int U_B - \int U_T}{t} \tag{6-9}$$

式中：O 为单向传递指数；t 为测试时间（s）；$\int U_B$ 为渗透面的吸水量；$\int U_T$ 为浸水面的吸水量。

④结果评定。按照下表6-12要求进行评级。

表6-12　等级评定

性能指标	1 级	2 级	3 级	4 级	5 级
浸湿时间 T/s	>120.0	20.1~120.0	6.1~20.2	3.1~6.1	≤3.0
吸水速率 A/(%/s)	0~10.0	10.1~30.0	30.1~50.0	50.1~100.0	>100.0
最大润湿半径 R/mm	0~7.0	7.1~12.0	12.1~17.0	17.1~22.0	>22.0
液态水扩散速度 S/(mm/s)	0~1.0	1.1~2.0	2.1~3.0	3.1~4.0	>4.0
单向传递指数 O	<-50.0	50~100.0	100.1~200.0	200.1~300.0	>300.0

注　浸水面和渗透面分别分级，分级要求相同；其中5级程度最好，1级最差。

6.3.2　耐热性测试

（1）原理

通过测试热处理后滤料的强度保持率及热收缩率来衡量滤料耐温特性。

（2）遵循标准

GB/T 6719—2009《袋式除尘器技术要求》。

（3）测试方法

①在滤料样品上随机剪取 500mm×400mm 滤料四块；

②取出其中一块试样，分别测定其经纬向断裂强度 f_0 及断裂伸长率 λ_{Li}；

③将其余三块分别测量其经向、纬向长度 L_0，标记后平行悬挂于高温箱内；

④以 2℃/min 速度升温至该滤料最高连续使用温度后恒温并开始计时；

⑤恒温 24h 后取出滤料，滤料冷却后分别测定各块滤料经纬向长度 L_1，经纬向断裂强度 f_1 及断裂伸长率；

⑥按式（6-10）和式（6-11）计算滤料经热处理后的经纬向断裂强力保持率 λ 和经纬向热收缩率 θ。

$$\lambda = \frac{f_1}{f_0} \times 100 \tag{6-10}$$

$$\theta = \frac{L_0 - L_1}{L} \times 100 \tag{6-11}$$

式中：λ 为热处理后滤料的经纬向强度保持率（%）；θ 为热处理后滤料的经纬向热收缩率（%）；f_0 为未经热处理滤料经向断裂强力（N），样条尺寸为 5cm×20cm；f_1 为热处理后滤料经纬向断裂强度的平均值（N）；L_0 为未经热处理滤料经纬向长度（mm）；L_1 为热处理后滤料的经纬向长度（mm）。

6.3.3　力学性能测试

6.3.3.1　拉伸性能测试

（1）原理

对规定尺寸的试样，使用等速拉伸仪器沿其长度方向施加等速拉伸效果，测试其断裂强力与断裂伸长率。

（2）遵循标准

GB/T 24218.3—2010《纺织品　非织造布试验方法　第3部分：断裂强力和断裂伸长率的测定（条样法）》；GB/T 6529—2008《纺织品　调湿和试验用标准大气》；GB/T 3923.1—2013《纺织品　织物拉伸性能　第1部分：断裂强力和断裂伸长率的测定（条样法）》。

（3）测试方法

①取样。按照产品标准规定或有关双方协议进行取样，确保所取样品没有明显的褶皱等

影响测试结果的缺陷。沿样品纵向和横向各取五块距离布边至少100mm的试样，且取样需均匀地分布在样品的纵向和横向上。试样宽度为（50±0.5）mm，长度应大于夹持距离200mm（具体长度及夹持距离可根据有关双方协商确定，并在试验报告中指出）。

②调湿。按照GB/T 6529—2008相关规定进行调湿。如果需要进行湿态试验，试样要在每升含有1g非离子型润湿剂的蒸馏水中浸泡1h。取出试样，去除多余水分，立即进行试验，对于其余试样，重复上述操作。

③试验设定（表6-13）。应在标准大气环境下进行试验，设定合适的预张力，确定合适的夹持距离，一般为（200±1）mm，也可根据实际情况，确定合适的夹持距离。

表6-13　CRE等速伸长型强力试验机拉伸速度设定

隔距长度/mm	织物断裂伸长率/%	伸长速率/(%/min)	拉伸速率/(mm/min)
200	<8	10	20
200	≥8且≤75	50	100
200	>75	100	100

④夹持试样。试样可采用一定预张力条件下夹持，或者采用松式夹持（即无张力夹持），当采用预张力夹持试样时，应保证试样产生的伸长率小于2%，否则采用松式夹持。

⑤开启仪器。以合适的恒定伸长速度拉伸试样直至断裂，并记录试样的强力—伸长曲线。

⑥试验结果记录。记录试样在拉伸过程中最大的力，作为断裂强力，单位为牛顿（N）。如果试样强力—伸长曲线出现多个强力峰，一般取最高值作为断裂强力数值，并在试验报告中指出该现象，记录试样断裂强力对应的伸长率，即为断裂伸长率。分别计算纵向和横向试样的平均断裂强力，单位为牛顿（N），结果精确至0.1N；平均断裂伸长率精确至0.5%，并计算其变异系数。若试样断裂处在钳口位置，或者试样滑脱，则此次试验数据无效，需更换新试样。

6.3.3.2　顶破强力测试

（1）原理

在试样夹持在固定基座的环形夹持器内，钢球顶杆以恒定的移动速度垂直地顶向试样，使试样变形直至断裂，测定其顶破强力。

（2）遵循标准

GB/T 24218.5—2016《纺织品　非织造布试验方法　第5部分：耐机械穿透性的测定（钢球顶破法）》。

（3）测试方法

①取样。按照产品相关标准规定或相关协议进行，试样应具有代表性，没有明显的褶皱等缺陷，试样应为边长大于125mm的正方形或者直径大于125mm的圆形，取样区域应距离布边300mm以上，从每个样品上取5个试样进行试验。

②设定参数。设置钢球顶杆移动速度为（300±10）mm/min，设置动程时，应使钢球顶杆顶破试样后不与基座接触，同时为检验测试装置是否准确，需要提前测试已知试样的钢球顶破强力进行检验。

③将试样平整地放入环形夹持器内，并固定充分，启动试验仪，使钢球顶杆移动，直至顶破试样，记录试样的钢球顶破强力。

④对于在环形夹持器边缘破坏或滑移的试样，其数据应当舍弃，并另取试样进行试验，需要得到 5 个有效数据。

⑤计算顶破强力的平均值，以牛顿（N）为单位，结果保留整数。

6.3.4 抗静电性能测试

（1）原理

使试样充电至 5000V 后断开电源，试样上的电压通过接地衰减，测定其电压衰减至 500V 所需的时间。

（2）装置与仪器

静电衰减测试仪由高压发生器、非接触式静电场强计、计时器、试样夹具、金属屏蔽罩及显示器组成，如图 6-12 所示。

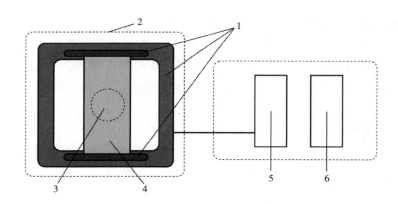

图 6-12 静电衰减测试仪示意图

1—试样夹具 2—金属屏蔽罩 3—非接触式静电场强计探头 4—试样 5—高压发生器 6—计时器，显示器

（3）试验准备

如果需要，将样品按 GB/T 8629—2001 中 4A 程序洗涤，洗涤后样品在 60℃下烘干 1h。从样品上随机取样 3 块，每块试样的尺寸为（70±5）mm×（140±5）mm。当试样有经纬向或正反面特性不同，或无法确定特性的情况下，需进行分别取样，每组试样 3 块。上述试样应在所选定的测试环境下静置不小于 24h。

（4）试验步骤

①将试样紧固在金属屏蔽罩内的夹具上，应保证试样与探头平行，夹具中心露出面积不得少于 $2500mm^2$，并应对试样进行消电处理至零电位，然后关闭金属屏蔽罩。

②调节高压发生器，对试样施加电压，使试样带电稳定至 5000V，如果试样无法加电至 5000V，则记录试样无法加电，并停止试验。

③对试样停止加电，同时启动计时器并将试样接地，读取试样电压衰减至 500V 的时间

并记录，衰减时间大于 60s 时停止测试，试验结果按>60s 记录。

④调节高压发生器，对试样施加电压，使试样带电稳定至 5000V，如果试样无法加电至 5000V，则记录试样无法加电，并停止试验。

⑤对试样停止加电，同时启动计时器并将试样接地，读取试样电压衰减至 500V 的时间并记录，衰减时间大于 60s 时停止测试，试验结果按>60s 记录。

⑥按上述①~⑤的试验步骤测试其余试样。

（5）结果评定

如果需要，可根据表 6-14 对纺织品的静电性能进行评定。如果出现正、负电压衰减时间等级不同，则按照等级低的结果进行评定。

表 6-14 静电衰减时间技术要求

等级	A 级	B 级	C 级
静电衰减时间/s	≤0.10	≤5.0	≤60

（6）非织造过滤材料静电性能对过滤性能的影响

驻极体空气过滤材料利用静电力作用捕集尘粒，具有过滤效率高、阻力小和抗菌等优点。非织造过滤材料的静电性能在一定程度上提升，对于初始过滤效率提升十分明显，但是过高的静电吸附能力会导致容尘量快速提升，堵塞孔隙进而造成过滤阻力增大。

6.3.5 耐腐蚀性能测试

（1）原理

将试样置于酸性或碱性环境内一定时间，然后通过测定试样的重量变化及力学性能变化进而表征其耐腐蚀性能。

（2）遵循标准

GB/T 3923.1—2013《纺织品 织物拉伸性能 第 1 部分：断裂强力和断裂伸长率的测定（条样法）》；

GB/T 6719—2009《袋式除尘器技术要求》附录 D 酸碱处理方法。

（3）测试方法及步骤

浸泡失重法：

①在 3m² 滤料样品上随机剪取 500mm×400mm 滤料 3 块；

②取其中一块按照 GB/T 3923.1—2013 相关操作测试其经纬向断裂强度 f_0；

③将第 2 块样品浸泡在温度 85℃、质量分数为 60% 的 H_2SO_4 溶液中；

④将第 3 块浸于质量分数为 40% 的 NaOH 常温溶液中；

⑤24h 后将它们全部取出，经过清水充分漂洗，并在通风橱中干燥；

⑥按 GB/T 3923.1—2013 相关操作测试其经纬向断裂强度 f_i。按式（6-12）计算其经纬向断裂强力保持率 λ；

$$\lambda = \frac{f_i}{f_0} \times 100 \qquad (6-12)$$

式中：λ 为断裂强力保持率（%）；f_0 为滤料初始断裂强力；f_i 为第 i 种检验的滤料强力。

为测试滤料耐有机物的腐蚀性，可将上述的酸、碱溶液，改换为相应有机溶液，按上述同样步骤，测定其强力保持率 λ。

⑦对浸泡前后的试样分别进行称重，并计算失重率。

（4）高温耐腐蚀滤料应用实例

高耐酸玻纤膨体覆膜滤料（S750F10）于 2014 年 7 月在山西某电厂的发电机组除尘器改造工程中使用，其工况条件及运行情况见表 6-15，滤料应用周期强度保留情况见表 6-16。

表 6-15　工况条件及运行情况

项目	参数
除尘器类型	分时定位移动反吹风布袋除尘器
锅炉/MW	燃煤锅炉 2×100
煤种硫含量/%	3.6
滤袋样式/mm	扁袋（500×60×7800）
设计处理风量/($10^4\mathrm{m}^3$/h)	87.2
过滤面积/m^2	18，200
过滤风速/(m/min)	0.8
清灰压力/(kg/cm^2)	0.03
运行温度/℃	110~170
开始运转时间	2014 年 7 月
目前运行状态	正常
运行阻力/Pa	900~1100
粉尘排放浓度/(mg/m^3)	13

表 6-16　高耐酸玻纤膨体覆膜滤料（S750F10）应用周期强度保留

周期	项目	NO1	NO2	NO3	NO4	NO5	平均值	保留率/%
初始	经向	3633	3716	3897	3911	3441	3719	—
	纬向	3440	3500	3911	3818	3641	3657	—
半年	经向	3417	3175	3418	2978	3562	3310	89
	纬向	3197	3289	3544	3460	3148	3328	91
两年	经向	2521	2398	2617	2278	2274	2418	65
	纬向	2399	2678	2419	2772	2538	2561	70

6.3.6　耐磨性测试

（1）原理

对安装在马丁代尔耐磨试验仪试样夹具内的圆形试样，在规定的摩擦负荷下，利用标准磨料对试样进行摩擦，在试验的过程中间隔称取试样的质量，根据试样的质量损失确定织物的耐磨性能。

（2）遵循标准

GB/T 21196.3—2007《纺织品 马丁代尔法织物耐磨性的测定 第3部分：质量损失的测定》。

（3）测试方法

按照工作圆盘的尺寸取五块非织造材料样品，先为两个砂轮根据要求选取不同的磨料。检测时，对五块样品分别称重记录原始重量，得出平均值 G_0，然后将被检测非织造材料样品正面朝上夹持在工作台上，两个旋转砂轮与圆盘相接触，并由工作圆盘控制装置带动两个砂轮产生相对运动，使被检测非织造材料样品受到平面多向摩擦，当达到规定摩擦次数后则机器自动停止。取下样品清除上面黏附的纤维粉末，分别称重得出磨损后的平均值 G_1。按式（6-13），根据被检测非织造材料样品原始重量平均值和磨损后重量平均值，便可以计算出非织造材料的重量损失率，从而对被检测非织造材料样品做出耐磨性能评定。

$$耐磨损失量 = G_0 - G_1$$
$$耐磨损失率 = \frac{G_0 - G_1}{G_0} \times 100\% \tag{6-13}$$

（4）试验装置

马丁代尔耐磨试验仪由装有磨台和传动装置的基座构成。传动装置包括 2 个外轮和 1 个内轮，该机构使试样夹具导板运动轨迹形成李莎茹图形。

试样夹具导板在传动装置的驱动下做平面运动，导板的每一点描绘相同的李莎茹图形。

试样夹具导板装配有轴承座和低摩擦轴承，带动试样夹销轴运动。每个试样夹具销轴的最下端插入其对应的试样夹具接套，在销轴的最顶端可放置加载块。具体参考 GB/T 21196.1—2007《纺织品 马丁代尔法织物耐磨性的测定 第1部分：马丁代尔耐磨试验仪》。

6.4 非织造过滤材料的过滤性能测试与分析

6.4.1 透气量测试

（1）原理

在规定的压差下，测试一定时间内气流垂直通过试样规定面积的流量，计算透气率。

（2）遵循标准

GB/T 24218.15—2018《纺织品 非织造布试验方法 第15部分：透气性的测定》。

（3）试验仪器

①测试头。能够提供 $20cm^2$、$38cm^2$ 或 $50cm^2$ 的圆形测试面积。测试面积的允差应不超过 0.5%。

②夹持系统。用于固定试样，能够使试样牢固地固定在测试头上而不产生扭曲，同时保

证试样边缘不漏气。

③真空泵。为垂直通过试样测试面积提供一个稳定的气流，通过适当地调整气流流速为试样的上下表面间提供 100~2500Pa（10~250mmH₂O）的压差。能够提供 100Pa、125Pa 或 200Pa 的压力差。

④压力传感器或压力计。连接到试样的测试头上，用于测试试样两侧的压力差，以 Pa（mmH₂O）表示，精确到±2%。

⑤流量计或测量孔径。用于测定通过规定面积内的气流流量，以升每秒（L/s）或其他等同单位表示）。允差应不超过±2%。若使用其他测试单位，宜经过利益双方协商确定，并在实验报告中给出。

⑥校正板。或用于校准试验设备的其他工具，由耐久性材料制成，在规定压差下具有已知的透气性能值。

⑦计算和显示测试结果的装置。

⑧切割模或模板。用于剪切试样尺寸为 100mm×100mm。

⑨测试设备的计量应符合 GB/T 19022—2003 中第 7 章中图 2 和附录 A 的要求。设备宜能够且提供符合国家校准要求的证书。

（4）测试程序

①依据产品标准或相关方协商确定取样。对于可直接测试大尺寸非织造布的试验设备，可在大非织造布上随机选取至少 5 个部位作为试样进行测试；对于无法测试大尺寸试样的试验设备，则用模或模板（见 5.8）剪取至少 5 块 100mm×100mm 大小的试样。

②将试样从普通环境中放入符合 GB/T 6529—2008 规定的标准大气环境中调湿至平衡。

③握持试样的边缘，避免改变非织造布测试面积的自然状态。

④将试样放置在测试头上，用夹持系统固定试样，防止测试过程中试样扭曲或边缘气体泄漏。当试样正反两面透气性有差异时，应在试验报告中注明测试面。对于涂层试样，将试样的涂层面向下（朝向低压力面）以防止边缘气体泄漏。

⑤打开真空泵，调节气流流速直至达到所要求的压差，即 100Pa、125Pa 或 200Pa。在一些新型的仪器上测试压力值是数字预选的，测量孔径两侧的压差以所选的测试单位数字显示，以方便直接读取。

⑥如果使用压力计，直到所要求的压力值稳定，再读取透气性值，以升每平方厘米秒表示［L/（cm²·s）］。

（5）结果计算

根据式（6-14）计算每块试样的透气率，结果取所有试样的算术平均值，其中每块试样的测试值及算术平均值均修约到 3 位有效数字。计算变异系数并精确至 0.1%。

$$R = \frac{\overline{q}_v}{A} \tag{6-14}$$

式中：R 为透气率［L/（cm²·s）］；$\overline{q}_v$ 为平均气流量（L/s）；A 为试验面积（cm²）。

（6）响透气性的因素

①克重。非织造过滤材料克重越大，厚度越厚，纤维网孔隙减少，其透气量减少。

②加工工艺处理。浸胶后非织造过滤材料透气量减少。浸胶使纤维网孔隙减少，进而使非织造过滤材料的透气量减少。非织造材料的孔径结构包括孔径大小及其分布、孔隙率。材料透气性以单位时间通过单位面积的气体体积来表征。当材料孔隙率相当时，透气性随材料平均孔径的增大而增加；当材料平均孔径相当时，透气性随孔隙率增加而增加。

③厚度。随着织物厚度的增加，织物的透气量变化波动较大；织物的透气性能总体呈现下降趋势，并且织物厚度在 0.1～0.3mm 范围内，透气性能相差较大，这说明在同类织物的结构构成上可以对透气性能做一定的改善。相同纤维规格的非织造过滤材料的厚度越厚，平均孔径越小，透气量少。厚度对非织造布的透气性能能有一定的影响，但织物原料及其结构本身对织物透气性能的影响更大。

6.4.2 容尘量测试

容尘量是指纤维材料所能容纳捕集粉尘的总量。然而，在实际过滤过程中，颗粒的形状、尺寸及重量都存在差异，且容尘量与过滤过程中形成滤饼的方式密切相关。因而，实际的容尘量与实验测试值存在一定偏差。另外，材料的容尘量也与过滤器的结构和使用有很大关系。对于可循环利用的过滤材料而言，它是指当过滤阻力达到设定值时，脉冲气流从反向对材料表面形成的滤饼进行清灰后，材料所容纳的灰尘量。与深层过滤相比，表层过滤的单次容尘量相对较小，然而，因其可循环使用，所以具有表层过滤性能的纤维材料使用寿命相对较长。

（1）原理

用试样作为筛布，将已知一定直径的标准颗粒材料放在试样上振筛，称量试样振筛前后的重量差值即为试样的容尘量。

（2）遵循标准

GB/T 14799—2005《土工布及有关产品　有效孔径的测定　干筛法》。

GB/T 6719—2009《袋式除尘器技术要求》。

（3）测试方法

①将滤料样品夹在滤料静态过滤性能测试仪的夹具上。

②经恒重后的高效滤膜称重后置于滤膜夹具处。

③启动抽气机，调节流量，控制滤料滤速为（1.0±0.1）m/min。

④启动发尘器，控制粉尘浓度为（5±0.5）mg/m³，连续发尘 10g。

⑤停止测试后，对高效滤膜和滤袋进行称重。

⑥按式（6-15）计算滤袋的静态除尘率：

$$\eta_j = \frac{\Delta G_f}{\Delta G_f + \Delta G_m} \times 100 \tag{6-15}$$

式中：η_j 为滤料的静态除尘率（%）；ΔG_f 为受检滤料捕集的粉尘量（g）；ΔG_m 为高效滤膜捕集的粉尘量（g）。

容尘量 ΔG 即为 $\Delta G_f + \Delta G_m$ ，单位为克（g）。

6.4.3 过滤效率测试

6.4.3.1 非织造过滤材料气体过滤效率

过滤效率是指当上游含尘气体经过滤料时，一部分颗粒物会被滤料捕集，被滤料捕集的颗粒量与上游含尘气体中颗粒总量的比值即为过滤效率，是过滤材料最重要的性能指标之一，直接决定了材料的使用性能。目前非织造过滤材料气体过滤效率的测试方法主要包括钠焰法、油雾法、计重法和计数法。

方法一：计数法

（1）原理

用气溶胶发生器发生满足试验要求的气溶胶，使用 OPC（即光学粒子计数器）对受试过滤器上、下游 $0.1 \sim 0.3 \mu m$ 粒径范围内的粒子进行检测，并计算计径效率。测量上游气溶胶浓度时，若上游气溶胶浓度超过 OPC 上限浓度，采样空气应经过稀释，以降低 OPC 计数的重合误差。采样空气的稀释可通过稀释器实现，也可通过上、下游 OPC 取样流量的差异实现。

（2）遵循标准

GB/T 6165—2021《高效空气过滤器性能试验方法效率和阻力》（注：以下两种方法也符合该标准）。

（3）测试装置及步骤

计数法过滤器性能检测试验装置主要由气溶胶发生器、风道系统、气溶胶取样与检测装置组成，试验装置示意图 6-13 所示。

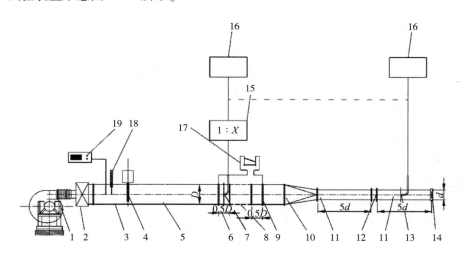

图 6-13　计数法过滤器性能检测试验装置示意图

1—风机　2—高效空气过滤器　3—直管段　4—气溶胶入口　5—稳定段　6—过滤前静压环　7—过滤前采样管

8—受试过滤器　9—过滤后静压环　10—变径管　11—直管段　12—孔板流量计　13—过滤后采样管

14—阀门　15—稀释器　16—离子采样系统　17—微压计　18—温度计　19—湿度计

D—被测过滤器上游管道直径　*d*—被测过滤器下游管道直径　*X*—稀释倍数

可选择单分散气溶胶计数法或多分散气溶胶计数法进行效率测试。两种方法的风道系统一致，仅气溶胶发生器及所对应的检测装置有所区别。当采用单分散气溶胶计数法进行试验时，如过滤器所采用滤料已经过单分散气溶胶计数法试验，并已经获得其 MPPS，则过滤器试验中所选择的单分散气溶胶计数中值应在其 MPPS 的±10%以内。对于测量装置 OPC，其粒径应至少包括 0.1μm、0.2μm 和 0.3μm 三档。风道系统中应设置电加热器，以保证系统内的温度在 (23±5)℃范围内、相对湿度不大于 75%。测试气溶胶宜采用喷雾方式发生的 DEHS (癸二酸二辛酯)、PAO (聚 α 烯烃) 等油性液态气溶胶，应采用固态气溶胶进行测试时，应进行必要的静电中和处理，并利用参考过滤器验证其与油性液态气溶胶测试结果的一致性。

①运行准备。应在开启气溶胶发生器、试验装置中无受试过滤器的情况下，分别测量上、下游的气溶胶计数浓度，并计算上、下游采样的相关系数。

目测检查受试过滤器中的滤料有无缺损、裂缝和孔洞；检查过滤器边框角的结合部位以及边框与滤料之间是否密封、有无间隙、构造上有无异常。经外观检查合格的过滤器方可作为检测用。

将受试过滤器按箭头指示的气流方向紧固安装于测试段上。

②系统启动。启动风机，调节风机变频器和风道末端阀门，使风道系统的风量达到试验风量。

调节系统内的温度在 (23±5)℃范围内、相对湿度不大于 75%。

③过滤器过滤效率检测。

a. 试验气溶胶应与试验空气均匀混合。为了测定粒径效率，应分别对 0.1~0.2μm 及 0.2~0.3μm 两档粒径范围进行至少 3 次测试，分别计算平均值及置信度为 95% 的过滤效率下限，选择其较低值作为受试过滤器的计数法测试效率。

b. 进行效率测试时，可用 2 台 OPC 同时测量，也可用 1 台 OPC 先后在受试过滤器的上、下游分别测量。采用第二种测量方式时，应在每次下游气溶胶浓度检测前对 OPC 进行净吹，以便在开始测量下游浓度之前，OPC 的计数浓度已经下降到能可靠测定下游气溶胶浓度的水平。

c. 为保证检测结果具有良好的重复性及统计意义，每个效率测试周期内，检测到的下游粒子总数应不少于 100 粒。

d. 在检测期间，应同时测出受试过滤器所处风道内的温度、湿度、静压和环境的温度、湿度、大气压。

④过滤器过滤效率计算。根据 OPC 对过滤器前后的粒子数测量结果，受试过滤器的过滤效率 E 应按式 (6-16) 计算。E 取最后一个 9 之后的第一位数字为有效数字，第二位数字按四舍五入进行修约。例如，实际测试 $E=99.976\%$，修约后 $E=99.98\%$。

$$E = [1 - (A_2 - A_0)/R A_1] \times 100\% \tag{6-16}$$

式中：E 为受试过滤器过滤效率；A_2 为下游气溶胶粒子浓度 (粒/m³)；A_0 为下游气溶胶粒子背景浓度 (粒/m³)；A_1 为上游气溶胶粒子浓度 (粒/m³)；R 为相关系数。

置信度为 95% 的置信区间下限 $E_{95\%, min}$ 应按式 (6-17) 计算：

$$E_{95\%, min} = [1 - (A_{2, 95\%max} - A_0)/R A_{1, 95\%min}] \times 100\% \tag{6-17}$$

式中：$E_{95\%,\ min}$ 为置信度为 95% 的置信区间下限效率；$A_{1,\ 95\%min}$ 为置信度为 95% 的上游气溶胶浓度下限（粒/m³），根据泊松分布，实测粒子浓度计算置信度为 95% 的粒子计数置信下限见表 6-17；$E_{2,\ 95\%max}$ 为置信度为 95% 的下游气溶胶浓度上限（粒/m³），根据泊松分布，实测粒子浓度计算置信度为 95% 的粒子计数置信上限见表 6-17。

表 6-17　实测粒子浓度计算置信度为 95% 的粒子计数置信上限

粒子数	置信下限	置信上限	粒子数	置信下限	置信上限
0	0.0	3.7	35	24.4	48.7
1	0.1	5.6	40	28.6	54.5
2	0.2	7.2	45	32.8	60.2
3	0.6	8.8	50	37.1	65.9
4	1.0	10.2	55	41.4	71.6
5	1.6	11.7	60	45.8	77.2
6	2.2	13.1	65	50.2	82.9
8	3.4	15.5	70	54.6	88.4
10	4.7	18.4	75	59.0	94.0
12	6.2	21.0	80	63.4	99.6
14	7.7	23.5	85	67.9	105.1
16	9.4	26.0	90	72.4	110.6
18	10.7	28.4	95	76.9	116.1
20	12.2	30.8	100	81.4	121.6
25	16.2	36.8	n（$n>100$）	$n-1.96\sqrt{n}$	$n+1.96\sqrt{n}$
30	20.2	42.8	n（$n>100$）	$n-1.96\sqrt{n}$	$n+1.96\sqrt{n}$

方法二：钠焰法

（1）原理

用雾化干燥的方法人工发生接近过滤材料 MPPS 范围的 NaCl 气溶胶进行测试，可采用中效过滤器预过滤筛选的方式对干燥后的 NaCl 晶体进行筛选，测试气溶胶颗粒的计数峰值粒径应为（0.09±0.02）μm，几何标准偏差应不大于 1.9 将过滤器上、下游的 NaCl 气溶胶采集到燃烧器并在氢火焰下燃烧，将燃烧产生的钠焰转变为电流信号并由光电测量仪检测，用测定的电流值求出过滤器的过滤效率。

（2）试验装置

钠焰法过滤器性能检测装置主要由 NaCl 气溶胶发生装置、风道装置、气溶胶取样与检测装置组成，试验装置示意图如图 6-14 所示。

（3）试验步骤

用洁净压缩空气将喷雾箱中质量浓度为 2% 的 NaCl 水溶液经喷雾器雾化，形成含盐雾滴

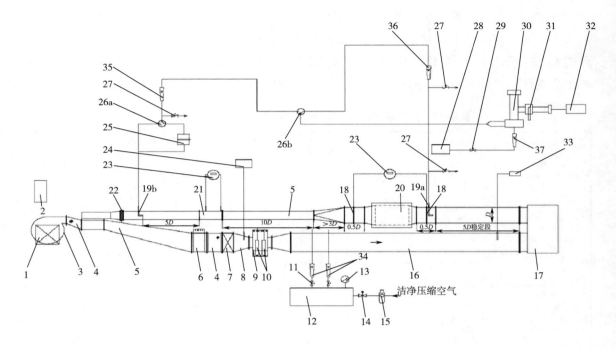

图 6-14　钠焰法过滤器性能检测试验装置示意图

1—预过滤器　2—风机变频柜　3—风机　4—软接头　5—风管　6—电加热器　7—高效空气过滤器

8—变径管　9—喷雾箱　10—喷雾器　11—通断阀　12—分气缸　13—压力表　14—喷雾电磁阀

15—减压阀　16—干燥管段　17—缓冲箱　18—静压环　19a—前取样管　19b—后取样管

20—过滤器检测箱体　21—孔板流量计　22—光圈阀　23—微压计　24—温控仪　25—本底过滤盒

26a—三通切换阀（本底/滤后）　26b—三通切换阀（原始/本底滤后）　27—放气阀　28—H$_2$发生器

29—H$_2$恒流阀　30—燃烧器　31—光电转换器　32—光电测量仪　33—温湿度计　34—喷雾流量计

35—本底滤后流量计　36—原始流量计　37—H$_2$流量计　D—管道直径

气溶胶，并与来自风机经过加热与过滤的洁净热空气相混合。在混合干燥段，雾滴中的水分蒸发，气流到达缓冲箱时，试验气溶胶已形成均匀的多分散相固体气溶胶。必要时，可在缓冲箱出口处设一道中效过滤器，筛选出更接近过滤器 MPPS 范围的测试气溶胶。设置中效过滤器时，可将 NaCl 水溶液浓度提高到 10%，以获取满足效率测试需求的测试气溶胶质量浓度。缓冲箱下游管段长度能满足气溶胶在前取样管口截面处的混匀需求（必要时，可在缓冲箱出口处设分流器）。风道系统的风量和静压分别由风机变频器及光圈阀控制，试验后的气流由风道末端排出。气溶胶取样靠风道内的静压通过受试过滤器前、后取样管压入检测系统，通过改变阀门的位置，交替对过滤器前、后气溶胶进行取样，并将原始、滤后和本底气溶胶分别送入燃烧器。原始气溶胶在混合器中经过本底过滤器过滤的洁净空气相混合（即稀释）后，方可进入燃烧器。在燃烧器内，气溶胶的 Na 原子被 H$_2$ 火焰高温所激发，发出波长为589nm 的特征光，其强度与气溶胶质量浓度成正比。钠光强值通过光电转换器变为光电流值，由光电测量仪进行检测。过滤段阻力由受试过滤器两侧的静压环连接至微压计检测，其结果减去过滤器检测箱体的阻力即为过滤器阻力。

检测流程如下。

①将光电转换器上的转盘转到"全闭"位置。打开 H_2 发生器，点燃 H_2，调节 H_2，调节流量为 200mL/min，燃烧器预热 30min 后可启动系统开始检测。

②打开光电测量仪电源开关，预热光电测量系统。

③将湿敏探头从干燥器皿中取出，与湿度计引出的信号线连接并放入缓冲箱入口处的测孔中。打开湿度计的电源，按下"测量"键，湿度计上即可显示缓冲箱入口处的湿度。

④目测检查受试过滤器中的滤料有无缺损、裂缝和孔洞；检查过滤器边框角的结合部位以及边框与滤料之间是否密封、有无间隙、构造上是否异常。经外观检查合格的过滤器方可作为检测用。

⑤将受试过滤器置于风道系统的箱体中并夹紧。

⑥系统启动。启动风机，调节风机变频器和光圈阀阀门使风道系统的风量和静压达到检测要求。启动空气压缩机，待压力达到 0.5MPa 时，开启喷雾电磁阀，喷雾压力逐渐达到 0.6MPa，维持压力稳定，且每个喷雾器的空气流量计读数稳定至设计值，同时再次校核试验风量。测量缓冲箱入口处的空气相对湿度，如大于 30%，应逐步投入电加热器，直至相对湿度达到规定值。

⑦阻力检测。使用微压计测试试验风量下的过滤段压力，减去过滤器检测箱体的空阻力，即为过滤器阻力。

⑧过滤器过滤效率检测。将三通切换阀（图 6-14 中 26a、26b）转至"本底"，用放气阀调节本底滤后流量计（图 6-14 中 35）的流量为 120L/h，将光电转换器上的滤光转盘转至"全通"位置（此时减光倍数 $N=1$），打开光窗，用钠焰光度计测量本底洁净空气光电流值，测试结束后关闭光窗。

将三通切换阀（图 6-14 中 26a、26b）转至"原始"，用放气阀调节原始流量计（图 6-14 中 36）的流量为 120L/h，将滤光转盘转至 Ⅱ，打开光窗，用钠焰光度计测量过滤前气溶胶光电流值，测量结束后关闭光窗。

将三通切换阀（图 6-14 26a、26b）转至"滤后"，用放气阀调节本底滤后流量计（图 6-14 中 35）的流量为 120L/h，将将滤光转盘转至 Ⅱ（由于过滤器效率的不同，转盘有可能需要转至 Ⅰ 或全通），打开光窗，用钠焰光度计测量过滤后气溶胶光电流值，测量结束后关闭光窗。

在检测期间，应同时测出受试过滤器所处风道内的温度、湿度、静压和环境的温度、湿度、大气压。

⑨过滤器过滤效率计算。受试过滤器过滤效率 E（%）可按式（6-18）进行计算。E 取最后一个 9 之后的第一位数字为有效数字，第二位数字按四舍五入原则进行修约。例如，实测值 $E=99.976\%$，修约后 $E=99.98\%$。

$$E = 1 - P = 1 - \frac{A_2' - A_0'}{\varphi A_1' - A_0'} \times 100\% \qquad (6-18)$$

式中：E 为受试过滤器过滤效率；P 为受试过滤器透过率；A'_1 为过滤前气溶胶光电流值（μA）；A'_2 为过滤后气溶胶光电流值（μA）；A'_0 为本底洁净空气光电流值（μA）；φ 为自吸收修正系数。由试验求得，在本标准的设备和运行参数条件下 $\varphi = 2$。

当 $A'_1 \gg A'_0$ 时，A'_0 可以忽略不计，式（6-18）可简化为式（6-19）。

$$E = 1 - P = 1 - \frac{A'_2 - A'_0}{\varphi A'_1} \times 100\% \qquad (6-19)$$

方法三：油雾法

（1）原理

在规定的试验条件下，用涡轮机油通过汽化—冷凝式油雾发生炉人工发生油雾气溶胶，气溶胶粒子的质量平均直径范围应为 $0.28 \sim 0.34\mu m$。使与空气充分混合的油雾气溶胶通过受试滤料，采用油雾仪测量滤料过滤前、后的气溶胶散射光强度。散射光强度大小与气溶胶浓度成正比，由此求出受试滤料的过滤效率。

（2）试验装置

油雾法滤料性能检测试验装置由发雾装置和试验装置两部分组成，发雾装置可采用喷雾式油雾发生器或汽化—凝聚式油雾发生器，采用喷雾式油雾发生器的试验装置如图 6-15 所示。

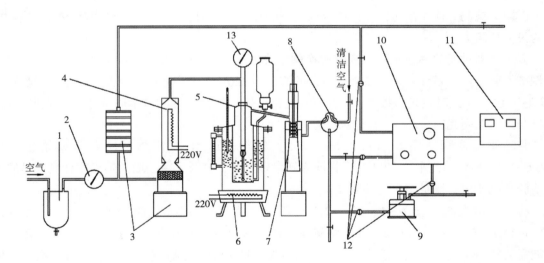

图 6-15 油雾法滤料性能检测试验装置示意图

1—气水分离器　2—稳压阀　3—空气过滤器　4—空气加热器　5—油雾发生器　6—加热电炉　7—螺旋分离器
8—混合器　9—滤料夹具　10—光电雾室　11—透过率测定仪　12—流量计　13—气压表

（3）试验步骤

①将受试滤料平整置于滤料夹具上并夹紧，按照滤料试验的比速要求调节流量计流量，通入油雾气流。

②将滤料过滤后的气流和洁净空气通入透过率测定仪，调节量程转换旋钮，得到透过率

测定仪测得值 P，按如下过滤器过滤效率检测计算方法求解油雾过滤效率 E。

用电动阀切换，开启主风道，关闭旁风道。将洁净空气和过滤后油雾气溶胶取样通入透过率测定仪，调节量程转换旋钮，得到透过率测定仪测得值 P'，并按式（6-20）和式（6-21）计算受试过滤器透过率和过滤效率。

$$P = P' - P_0 \tag{6-20}$$

$$E = 100 - P \tag{6-21}$$

式中：P 为受试过滤器透过率（%）；P' 为透过率测定仪测得值（%）；P_0 为透过率测定仪本底测得值（%）；E 为受试过滤器过滤效率（%）。

③检测完毕后应以洁净空气通入雾室，将雾室内残留的油雾吹净。

④关闭空气加热器和水浴加热电炉的电源，关闭油雾仪电源。

⑤停止给油雾发生炉供气，切断空气压缩机电源。

附：喷雾式油雾发生器发雾原理及结构。

原理：压缩空气流以超音速通过喷嘴，将涡轮机油带出并分散成雾，借滤油网的撞击，大的油滴基本被油面捕获，只有较小的油雾随空气流流出，经螺旋分离器进一步分离，去掉大的粒子。喷雾时油温应保持在 95~100℃，喷雾式油雾发生器的结构如图6-16所示。

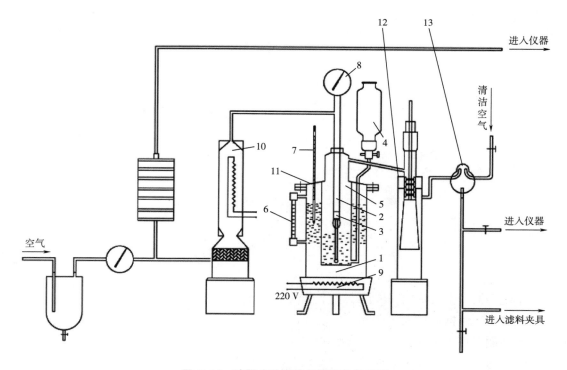

图6-16　喷雾式油雾发生器结构示意图

1—钢制水（油）浴容器　2—钢（铜）管　3—喷嘴　4—油漏斗　5—油容器　6—水（油）位玻璃管

7—温度计　8—气压表　9—加热电炉　10—空气加热器　11—油雾发生炉　12—螺旋分离器　13—混合器

6.4.3.2 非织造过滤材料液体过滤效率测试

液体过滤已经渗透到人们生活中的诸多领域，无论是食品饮料行业、生物医药行业还是航天工业等都需要液体净化过滤，其是利用过滤介质的特殊结构，使液体中的杂质在液体流过介质中的孔隙时被截留在介质的表面或内部而除去。非织造液体过滤材料一般由针刺工艺制得，其纤维三维杂乱分布，增加了悬浮粒子与单纤维碰撞和黏附的概率，过滤效果优异。此类材料具有较优的容纳污垢能力、极低的压降和较好的化学稳定性，从而满足洁净高效、寿命持久的过滤要求。

非织造过滤材料液体过滤效率测试参考 GB/T 30176—2013《液体过滤用过滤器 性能测试方法》，其重要性能指标有压降—通量、截留精度、透水率和透水阻力、视在纳污量。

（1）透水率和透水阻力

测试原理和方法：保持过滤元件试样进水侧为恒压，在一定压差作用下测量透水通量，即可获得透水率，液体过滤器过滤性能测试系统图如图 6-17 所示。过滤元件试样的透水阻力可以由测得的透水率、过滤元件试样两侧压差、试验温度下水的黏度计算得出，透水率和透水阻力具体测试方法如下。

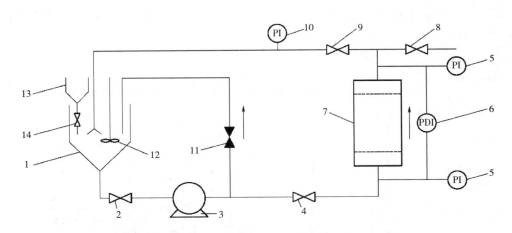

图 6-17 液体过滤器过滤性能测试系统图

1—试验液储槽 2—试验液储槽底阀 3—泵 4—回路泵 5—压力表 6—差压计
7—过滤器 8—取样及排放阀 9—回路阀 10—流量计 11—节流阀
12—搅拌器 13—固相添加装置 14—固相添加装置出口阀

①系统经洁净水清洗到固体污染度符合 QJB420B 中规定的 4 级要求。

②在试验液储槽中加入洁净水，将被测过滤元件装入过滤器 7，调节阀门 4、9、11，使过滤元件两侧保持指定的压差进行透水试验，记录透水通量。

③计算透水率。可用式（6-22）计算对应的透水率：

$$Q_{si} = \frac{V_i}{A} \tag{6-22}$$

式中：Q_{si} 为试样在某定压差下的透水率［m³/（m²·s）］；V_i 为试样在某定压差下的透

水通量(m^3/s);A 为过滤元件试样的透水面积（m^2）。

透水阻力计算见式（6-23）：

$$R_{ms} = \frac{\Delta P_s}{\mu Q_s} \qquad (6-23)$$

式中：R_{ms} 为过滤元件试样阻力（m^{-1}）；ΔP_s 为过滤元件试样两侧压差（Pa）；μ 为试验温度下水的黏度（Pa·s）。

（2）压降—通量

压降是在规定的流体流通条件下被测试过滤器上游、下游的压差值等于通过过滤器筒体与过滤元件的压力损失之和。在规定压差和温度为 25℃ 的条件下，试验液通过被测试过滤器，单位时间、单位过滤面积上透过试验液的体积称为液体通量。常温条件下，可将渗透液的体积换算至 25℃ 条件下的体积，作为液体通量，压降—通量的测试方法如下。

①在试验液储槽内加入洁净水，打开阀门2，关闭阀门4，8，9，11 启动泵3，打开阀门4，8，清洗系统。

②待系统清洗干净，关闭阀门8，打开阀门9，使系统内洁净水通过不装过滤元件的过滤器7。

③调节节流阀11，使得通过过滤器的流量达到过滤元件的额定值，记录过滤器前后的压差和流量。按合适的相等增量加大流量，流量测点应不少于4点，同时记录各流量测点相对应的过滤器筒体的压降。

④从图6-17中被测过滤元件的额定值按③中测定的流量测点逐渐减少流量，记录各流量测点相对应的过滤器筒体的压降，计算各流量点的平均压降 ΔP_1。

⑤被测过滤元件装入过滤器筒体，按③、④测得相应流量点测量的压降，并分别求得对应流量点平均压降 ΔP_2。

数据处理：

$$\Delta P = \Delta P_2 - \Delta P_1 \qquad (6-24)$$

（3）截留精度

过滤器的截留精度由过滤元件最大透过粒径、β 比值或截留粒径表示，使用单次通过法测定过滤元件对某一规定粒径粒子的截留率达到 90% 称该粒径为过滤元件的截留粒径。滤器上游料液单位体积内所含某一粒径段（或大于某一给定尺寸）的颗粒数与经过滤器后所得滤液单位体积内所含该粒径段（或大于同一尺寸）的颗粒数之比为过滤比（β 比值）。过滤元件单次通过截留性能测试系统如图6-18所示，截留精度具体测试方法如下。

①系统经洁净水清洗到固体污染度应符合 GJB 420B—2015 中规定的四级要求。

②将被测过滤元件装入过滤器10内。

③将试验液放入给料槽8中，打开阀门9，使适量的试验液进入过滤器10，关闭阀门9。

④启动空压机1，调节阀门4，使过滤器内的压力达到指定值，打开阀门11，使试验液在规定压差下通过过滤元件。

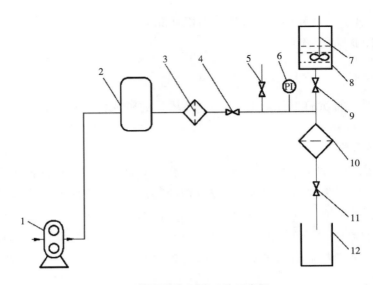

图 6-18　截留性能测试系统示意图

1—空压机　2—缓冲罐　3—空气过滤器　4—稳压调节阀　5—放空阀　6—压力表
7—搅拌器　8—给料槽　9—进料阀　10—过滤器　11—排液阀　12—滤液罐

⑤过滤一定时间后，关闭空压机 1、阀门 4 和阀门 11。

⑥取过滤前、后元件试样，用光阻式自动颗粒计数器分别测定其不同粒径颗粒的颗粒数。

⑦卸下过滤元件试样，用洁净水彻底清洗整个管路系统。

⑧数据处理。过滤液中最大粒子的直径即为过滤元件的最大透过粒径。过滤元件对某种粒径颗粒的截留率按式（6-25）计算：

$$R_i = \left(1 - \frac{N_{\mathrm{pi}}}{N_{\mathrm{bi}}}\right) \times 100\% \tag{6-25}$$

式中：R_i 为某种粒径的截留率；N_{pi} 为单位体积滤液中该粒径颗粒的个数（个/L）；N_{bi} 为单位体积试验液中该粒径颗粒的个数（个/L）。

截留率达到 90% 的颗粒粒径就是截留粒径。过滤元件的过滤比（β 比值）按式（6-26）计算：

$$\beta_i = \frac{N'_{\mathrm{p}i}}{N'_{\mathrm{b}i}} \tag{6-26}$$

式中：β_i 为某个粒径段的 β 比值（量纲为 1）；$N'_{\mathrm{p}i}$ 为液中某粒径段（或大于某粒径）颗粒个数（个/L）；$N'_{\mathrm{b}i}$ 为体积试验液中某粒径（或大于某粒径）颗粒个数（个/L）。

（4）纳污量

向试验系统添加试验粉末，当被测试过滤元件压降达到极限压差值时，所添加试验粉末的总质量为视在纳污量。

①视在纳污量试验可在液体过滤器过滤性能测试系统上进行。在试验液储槽 1 内加洁净水，打开阀门 2，关闭阀 4、8、9、11，启动泵 3。打开阀门 4、8，清洗系统。

②关闭阀门 8，打开阀门 9、11，用节流阀 11 调整试验系统流量至额定值，测量被试过滤器壳体压差。关闭试验系统。

③将被测试过滤元件装入过滤器壳体内。启动试验系统，调整试验系统流量至额定值。

④按一定速率向被测试过滤器上游添加试验粉尘，直至过滤元件压差达到规定的极限压差。

⑤关闭试验系统，试验结束。

⑥数据处理。被测过滤元件压降达到极限压差值时，向试验系统添加试验粉末的总质量按式（6-27）计算：

$$M_i = \frac{G_i q_i t_f}{1000} \tag{6-27}$$

式中：M_i 为视在纳污量（g）；G_i 为粉尘添加装置中的平均质量污染度（mg/L）；q_i 为平均注入流量（L/min）；t_f 为达到最终压差时的实际试验时间（min）。

参考文献

［1］GB/T 24218.1—2009，纺织品　非织造布试验方法　第 1 部分:单位面积质量的测定［S］.

［2］GB/T 6529—2008,纺织品　调湿和试验用标准大气［S］.

［3］GB/T 24218.2—2009,纺织品　非织造布试验方法　第 2 部分:厚度的测定［S］.

［4］GB/T 29762—2013,碳纤维　纤维直径和横截面面积的测定［S］.

［5］GB/T 21655.2—2019,纺织品　吸湿速干性的评定　第 2 部分:动态水分传递法［S］.

［6］GB/T 13767—1992,纺织品　耐热性能的测定方法［S］.

［7］GB/T 33017.3—2016,高效能大气污染物控制装备评价技术要求　第 3 部分:袋式除尘器［S］.

［8］GB/T 24218.3—2010,纺织品　非织造布试验方法　第 3 部分:断裂强力和断裂伸长率的测定(条样法)［S］.

［9］GB/T 3923.1—2013,纺织品　织物拉伸性能　第 1 部分:断裂强力和断裂伸长率的测定(条样法)［S］.

［10］GB/T 24218.5—2016,纺织品　非织造布试验方法　第 5 部分:耐机械穿透性的测定(钢球顶破法)［S］.

［11］GB/T 21196.3—2007,纺织品　马丁代尔法织物耐磨性的测定　第 3 部分:质量损失的测定［S］.

［12］GB/T 24218.15—2018,纺织品　非织造布试验方法　第 15 部分:透气性的测定［S］.

［13］GB/T 17634—2019,土工布及其有关产品　有效孔径的测定　湿筛法［S］.

［14］GB/T 6165—2021,高效空气过滤器性能试验方法　效率和阻力［S］.

［15］马开永,陈德全,何建明,等.高耐酸玻纤覆膜滤料耐腐蚀性能及应用研究［J］.中国环保产业,2017,231(9):50-52,55.

第7章　非织造过滤材料结构设计及组合实例

自20世纪80年代以来，非织造材料由于其功能的先进性、应用的便利性和制备的多样性而不断地发展壮大。其中，作为非织造材料的一种，非织造过滤材料的发展十分迅速。由于原料和工艺的多样性，非织造过滤材料的成型技术开始具有组合性，同时还具有种类繁多的结构。本章依托于高速发展的高分子材料和不断创新的成型技术，对非织造材料的结构设计和组合技术作详细的阐述。

7.1　结构设计

非织造过滤材料由于其应用的多样性，经常需要经过结构调控之后才能够拥有与实际应用相匹配的使用性能。因此，非织造过滤材料的结构同样具有多样性，其类别大体可以分为纤维结构和聚集体结构。

纤维结构可以分为形态结构、聚集态结构和分子结构。纤维的形态结构，是指纤维在光学显微镜或电子显微镜，乃至原子力显微镜（AFM）下能被直接观察到的结构。由于形态结构具有易调节和变化较直观等特性，非织造过滤材料在结构设计中经常进行的是形态结构的调控。

聚集体结构即无数纤维经过缠结或黏合所形成的整个非织造材料的结构，它既可以是形态结构，也可以是功能结构。

本节主要对纤维形态结构和聚集体形态结构进行详细的介绍。

7.1.1　纤维形态结构

7.1.1.1　皮芯结构

皮芯结构纤维是一种由两种不同组分聚合物制备而成的纤维。其中两种组分分别形成皮层和芯层，利用皮芯的不同组分，从而得到兼有两种组分特性或突出一种组分特性的纤维。

皮芯结构纤维可以分为同心实芯型、偏心实芯型（图7-1）和液芯型（图7-2），通常应用于过滤、组织工程、药物释放、医疗卫生等领域，或通过后整理和其他改性使其具有功能性应用。皮芯结构纤维的制备方法主要有以下几种：熔融纺丝法、静电纺丝法、同轴静电纺丝法、气喷法和离心纺丝法等。

熔融纺丝法是皮芯结构纤维较为常用的制备方

图7-1　实芯型皮芯结构纤维扫描电镜示意图

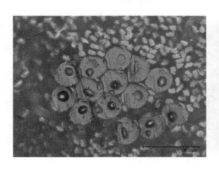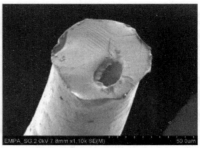

图7-2　液芯型皮芯结构纤维扫描电镜示意图

法，在用于非织造过滤材料时，基于皮层和芯层的熔点差异，由熔融纺丝法制备的皮芯结构纤维通常起到黏合作用，用于非织造过滤材料的复合制备，在黏合过程中，皮层起熔融黏合作用，芯层起主体支撑作用；熔融纺丝法制备的皮芯结构纤维还可以通过改性、驻极等后整理工艺直接用于非织造过滤材料的制备。熔融纺丝法皮芯型喷丝板切面如图7-3所示。

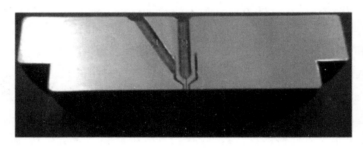

图7-3　皮芯型喷丝板切面图

除熔融纺丝外，由其他纳米级成型工艺如静电纺丝法所制备的皮芯结构纤维，由于具有较细的纤维形态和较大的比表面积，通常可以直接用于非织造过滤材料。但是纳米级成型工艺所制备纤维的力学性能和成型工艺的普适化远不如熔融纺丝法，这使得其在过滤领域中的应用具有了一定的局限性。

（1）同心皮芯结构

同心皮芯结构的喷丝组件主要由以"导管"和"狭缝"两种形式，如图7-4所示。"导管"形式中，作为芯层的A组分通过"导管"进入喷丝孔，与作为纤维皮层的组分B复合；"狭缝"形式中，组分A经过圆形凸台到达"狭缝"时，与组分B相遇，然后通过喷丝孔形成皮芯结构纤维。"导管"形式的喷丝组件虽然加工精度要求高，但在纺丝过程中更容易获得高复合率的纤维产品；"狭缝"形式喷丝组件较简单，下分配板的导孔和喷丝板的导孔同心度的要求可稍低，机械加工容易，但分配板和喷丝板间的狭缝宽度对复合率的影响明显，组件的使用需要反复组装和拆洗，板面的平整度难免在多次使用后被破坏，从而影响狭缝间隙，导致纤维的复合成功率下降。

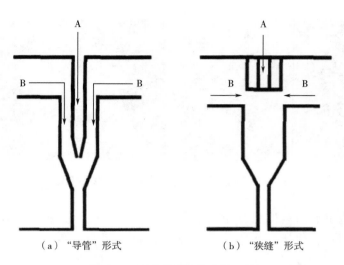

（a）"导管"形式　　　　（b）"狭缝"形式

图 7-4　同心皮芯纤维喷丝组件

目前，聚丙烯（PP）/聚乙烯（PE）双组分纤维（即 ES 纤维）是皮芯结构纤维中产量最大的，其中 PP 为芯层，PE 为皮层，常用于热黏合材料。ES 纤维热风非织造材料只有部分低熔点纤维熔融，可形成三维网状结构，用不同线密度的纤维进行混纺时可形成过滤梯度。ES 纤维中的 PP 和 PE 组分，介电性能好，具有显著的疏水性（吸水率小于0.01%），是驻极的理想材料，对其进行驻极处理可以明显改善热风非织造材料的过滤性能。周晨等[5]以未驻极的 ES 纤维热风非织造材料为原料，对其进行电晕驻极处理，结果表明：热风非织造材料的纤维线密度越小、面密度越大，材料的驻极效果越好；ES 纤维热风非织造材料的即时电荷存储稳定性较 PP 熔喷非织造材料差。钱幺等则以 ES 纤维针刺非织造材料为原料，对其进行摩擦处理，通过控制摩擦次数，对比摩擦驻极前后的表面静电势以及过滤效率，并分析了 ES 纤维针刺非织造材料的电荷存储稳定性。结果表明：经过摩擦处理的 ES 纤维非织造材料的过滤效率大幅提升，过滤阻力有所下降；克重越大，摩擦后的表面静电势越大，过滤效率提高的越显著；ES 纤维非织造材料具有较好的电荷存储稳定性。电晕驻极示意图和摩擦驻极示意图如图 7-5 所示。

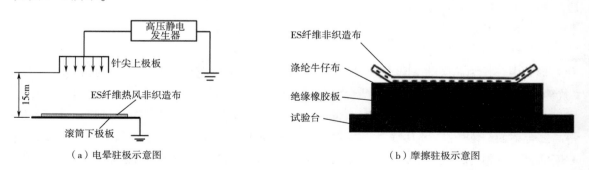

（a）电晕驻极示意图　　　　　　　　　（b）摩擦驻极示意图

图 7-5　ES 纤维驻极示意图

除此之外，Liu 等报道了一种新型的皮芯双组分纺粘驻极体材料，使用聚乙烯/聚丙烯（PE/PP）作为基材，硬脂酸镁（MgSt）作为电荷增强剂，具有低阻力且能改进电荷的稳定性。驻极体材料通过纺粘工艺和热风黏合得到三维（3D）流体结构后，显示出 37.92Pa 的低阻力，10.87g/m² 的出色容尘量和 98.94% 的高过滤效率。此外，由于引入了 MgSt，其过滤效率在 90 天内仅下降了 4.1%。图 7-6 为硬脂酸镁改性 PP/PE 皮芯非织造过滤材料的制备工艺。

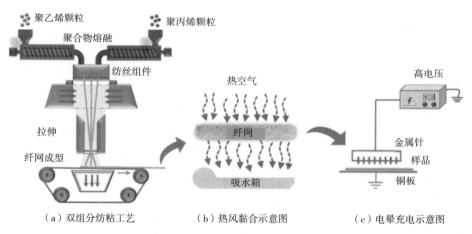

（a）双组分纺粘工艺　　　（b）热风黏合示意图　　　（c）电晕充电示意图

图 7-6　硬脂酸镁改性 PP/PE 皮芯非织造过滤材料

（2）偏心皮芯结构

因为两种组分在横截面上不对称分布以及性能与结构差异，经牵伸和热处理后，偏心皮芯结构会由于两组分的收缩差而发生自卷曲，从而形成三维卷曲的结构，纤维的蓬松性也会得以改善，这使得其非常适合应用于过滤领域。

从同心皮芯型复合纤维变成偏心皮芯型复合纤维的方法就是改变复合纺丝组件的设计。复合纺丝组件主要由分配板和喷丝板组成。偏心皮芯复合纺丝组件与同心皮芯复合纺丝组件的区别是在喷丝孔的芯层入口设计一个偏心的入口或将芯层流量进行不对称设计。偏心皮芯复合纺丝组件主要分为两种类型，导管式和狭缝式，如图 7-7 所示。

崔晓玲等以聚苯硫醚（PPS）为皮层、聚酰胺 6（PA6）为芯层，研究了 PPS/PA6 偏心皮芯型复合纤维的制备，拉伸后得到具有三维卷曲性能的纤维，在过滤酸性溶液时，随着时间的延长，芯层 PA6 侵蚀剥落，形成 C 形截面纤维（图 7-8），过滤材料的过滤面积反而会增大，过滤效果提高。

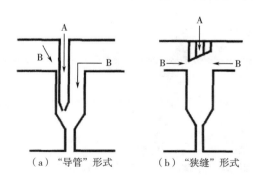

（a）"导管"形式　　　（b）"狭缝"形式

图 7-7　偏心皮芯结构纤维喷丝组件

图 7-8　酸处理后纤维截面

7.1.1.2　并列结构

并列结构纤维是为了追求类羊毛卷曲性能的而研发出的一种纤维。并列结构是同样是存在于双组分纤维中的一种结构，其中两种不同的聚合物分别排列在纤维的两侧。

熔融纺丝法是并列结构纤维常用的制备方式之一，在纺丝牵伸过程中，纤维并不会发生卷曲，但在经过热处理后，由于两种组分黏度和熔点的差异，较大的热收缩性能差异使纤维纵向呈现三维螺旋状卷曲，这种卷曲的永久蓬松性、弹性、覆盖性能等是其他机械加工方法得到的卷曲无法比拟的。并列型喷丝板切面图如图 7-9 所示。

除熔融纺丝法外，静电纺丝并列结构纤维近年来也开始逐渐被研发应用于各种领域，如工业过滤、电子能源、生物工程和医疗卫生等。并列型静电纺丝的基本装置主要包含三部分：高压电源，并列喷射装置和接收装置，其基本原理同传统静电纺丝相一致。在喷射装置的毛细尖端及接收端之间施加高电压，形成强电场，喷射装置内部的溶液随两个管道流至双针头尖端处汇成悬挂于尖端的荷电液滴，并在强大的电场力作用下逐渐被拉伸成一个 Taylor 锥，当电场力超过某一临界值时，溶液尖端同种电荷间相互排斥克服了溶液自身的黏弹力和表面张力，使两股高聚物溶液形成射流飞向接收端，并在电场中逐渐拉伸变细，以一种螺旋锥体路径喷射到接收板上。整个纺丝过程中伴随溶剂挥发和聚合物溶液固化成丝。图 7-10 为并列型静电纺丝示意图。

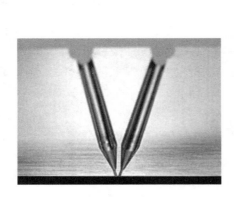

图 7-9　并列型喷丝板切面图

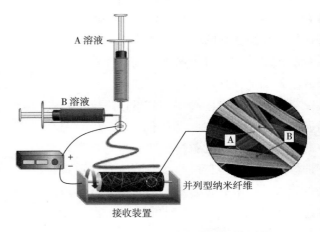

图 7-10　并列型静电纺丝示意图

目前，产量最大的并列结构纤维为 PTT/PET 双组分纤维。施媚梧等研究了 PTT/PET 双组分长丝的纺丝技术，目的是通过合理设计搭配纺丝参数，在提高可纺性基础上制造最佳弹性的双组分长丝。研究结果表明，PTT 和 PET 两组分特性黏度差越大时，得到的双组分纤维螺旋状结构越显著、弹性越好；当两组分比例为 1∶1 时，PTT/PET 双组分纤维具有最大的卷曲伸长率和收缩率；随着牵伸倍数的增加，PTT/PET 双组分纤维的卷曲伸长率和收缩率均增加，纤维的整体取向、各组分的结晶度均有增加的趋势；随牵伸温度的增加，纤维的卷曲收缩率降低，卷曲伸长率增加。

林文静等研究发现 PTT/PET 复合纤维经过热处理后卷曲形态发生了较大的变化，比羊毛纤维的卷曲明显得多，由此带来的弹性也会好得多。热处理中处理温度和处理时间是两个关键参数，纤维卷曲随温度的升高而增强，90℃时达到最大；处理时间为 15min 时到达最佳状态，并没有必要时间过长。经过湿热处理后，并列复合短纤维的断裂强度均会下降，断裂伸长率大幅度上升。肖海英等同样也研究了后处理的温度和张力对 PTT/PET 双组分纤维卷曲形态和弹性的影响。随着热处理张力的增加，双组分纤维的卷曲数减少、卷曲半径减小，使卷曲伸长率减小、卷曲弹性回复率增加、卷曲模量增加。纤维的卷曲变形变得较为困难，变形的回复能力增强。

Cai 等以聚偏氟乙烯（PVDF）和聚酰亚胺（PI）树脂为原料，采用静电纺丝成型工艺制备了并列型双组分纤维，并研究了其过滤性能。研究表明：PVDF/PI 双组分纤维在热处理前后可保持优越的过滤性能。在高温时具有更高的 QF 值，显示了极好的过滤效果，与单纺 PVDF 和 PI 电纺纤维膜相比更适于用作高温过滤材料。

7.1.1.3　橘瓣结构

橘瓣型结构纤维是纤维细旦化趋势下的产物，最早源于科德宝（Freudenberg）采用专利技术制造的 Evolon PET 或 Evolon PA，可用于抗菌床上用品、标牌、广告印刷介质、清洁布、吸音材料、技术包装、防晒和窗户用品、涂料和合成皮革等。

熔融纺丝法是橘瓣型结构纤维最主要的成型方法，为了追求这一特殊结构，通常需要独特的分配板辅助其成型（图 7-11）。但由于一定的热黏合作用，橘瓣型结构纤维在刚被纺出时纤维开裂的并不明显，因此采用后道工序对其进行开纤处理，一般包括水刺、针刺等。开纤可以使橘瓣型纤维开裂成更细的纤维，根据纺丝成型的条件和纤维的开裂情况，橘瓣型结构纤维有 "4+4" 瓣、"8+8" 瓣、"16+16" 瓣和 "32+32" 瓣等多种类型。橘瓣纤维的结构设计是基于两种组分之间黏度的差异、较弱的界面结合力和相同受力条件下不同的变形能力而实现的。图 7-12 所示为 PET、PA6 纤维的应力—应变曲线。

目前，在橘瓣型纤维的生产中，PET/PA6 双组分纺粘水刺非织造材料是占比最大的。钱小刚等研究了 PET/PA6 中空—橘瓣型双组分纺粘非织造过滤材料的结构特征与过滤性能的关系，并建立了二次方模型来分析厚度、开纤率对过滤性能的影响。实验结果表明：材料的过滤效率、过滤阻力均随着开纤率的增大而增大，并且在开纤率为 76%~80% 的区间内有明显快速增大趋势。

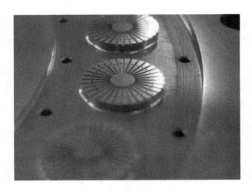

图 7-11　橘瓣纤维分配板

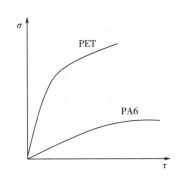

图 7-12　PET、PA6 纤维的应力—应变曲线

　　王敏等采用单因素试验方法研究了纤网面密度对纺粘水刺非织造材料孔径、过滤性能、拉伸性能以及撕裂性能的影响，并对其结构形貌进行观察分析。结果表明：双组分纤维呈中空橘瓣状，纺粘水刺材料表面纤维大部分裂离为超细纤维，中间层纤维基本为完整的中空结构；纺粘水刺材料的平均孔径为 $7\sim10\mu m$，且随着纤网面密度的增大而逐渐减小，过滤效率对应提高；纤网面密度对纺粘水刺材料的纵横向拉伸强力、断裂伸长率和撕裂强力影响显著，随着纤网面密度的提高，上述力学性能指标均逐渐增大。

　　Zhang 等测试了橘瓣型纺粘水刺非织造材料的结构特性，包括纤维的细度和网状物的孔径分布，以研究空气过滤器的可行性；用 $0.3\sim2.7\mu m$ 的邻苯二甲酸二辛酯微粒，在 $1.8\sim4.8m/min$ 的面速下，研究了该纤维网的过滤效率和过滤阻力。结果表明，中空节段派双组分纤维通过高压水射流将纤维裂解成微纤维并机械黏结，高压水射流总能量为 5610.2kJ/kg。从 3D 图像（图 7-13）中可以看到纤网表面聚集成纤维束的微纤维。纤维滤料的过滤效率和过滤阻力符合典型的纤维过滤介质行为，且随着面密度的增加，过滤效率和过滤阻力增大。

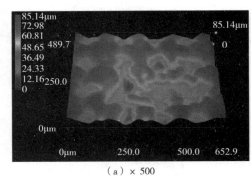

（a）× 500

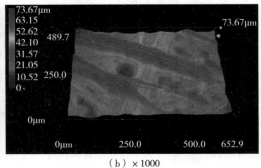

（b）× 1000

图 7-13　橘瓣型非织造材料的 3D 图像

7.1.1.4　海岛结构

　　海岛纤维即两种不相容的聚合物按一定的比例纺丝后制得的纤维，其中一种分散相聚合物以微细状态（岛组分）被另一种连续相的聚合物（海组分）包埋，经过化学溶剂开纤后，

去除岛组分或海组分即可形成超细纤维，当前海岛纤维的开纤方式主要有苯萃取法、碱减量法和水溶法。其结构设计原理与橘瓣型结构纤维相似，都是利用纤维中两种不同组分的黏度差异和较弱的结合力从而使得其中的一种组分利于剥离。

与橘瓣型结构纤维一样，海岛纤维通常也是由熔融纺丝法制备而成的，但由于纤维结构的不同，需要独特的分配板以控制其成型。图7-14为海岛纤维分配板示意图。

董振峰等采用熔融复合纺丝法制备了低密度聚乙烯（LDPE）/聚己内酰胺（PA6）海岛复合超细纤维，并研究纺丝温度、海岛比例和纺丝速度对纤维的可纺性、结构和性能的影响。结果表明：LDPE/PA6海岛复合纤维具有良好的可纺性和海岛结构，其超细纤维线密度为0.077～0.110dtex；在PA6质量分数为55%条件下，提高纺丝速度，PA6超细纤维的直径进一步降低，力学性能增加。张伟等则研究了PA6/LDPE共混纤维横截面上分散相的分布形态。研究表明：分散相PA6沿共混纤维径向呈梯度分布，从纤维的中心到表层其含量逐步减少，数目逐步增加，直径逐步减小。发现随着纺丝速度的提高，分散相的梯度分布更加明显，说明了纺丝速度是影响共混纤维中分散相梯度分布的重要因素。

图7-14 海岛纤维分配板示意图

田新娇等基于海岛纤维研发制备了超细纤维滤料，以用于控制PM2.5，对其过滤性能进行了综合研究，并与常规针刺毡滤料和覆膜滤料对比。结果表明：海岛纤维滤料对微细颗粒有较好的捕集效果，对2.5μm颗粒的计数效率（图7-15）在94.9%左右，接近覆膜滤料的98.9%，大大高于针刺毡的61.3%，是控制细颗粒尤其PM2.5的新型滤料；海岛纤维滤料属于近表层过滤方式，残余阻力比覆膜滤料小，稳定阶段的清灰周期比覆膜滤料长，有利于延长滤料寿命、降低能耗和成本。

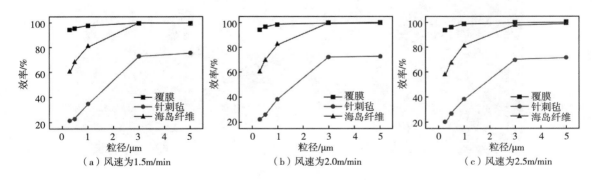

图7-15 不同风速下的计数效率

7.1.1.5 螺旋结构

螺旋结构纳米纤维是研究人员受到淀粉、蛋白质和DNA结构的启发而研制出的，由于其独特的性能，近年来越发受到研究人员的关注。螺旋纳米纤维还具有独特的电学和光学性能，可以用于微电子器件和光学元件等领域，具有较高的研究价值。除此之外，其螺旋的三维结构还赋予了非织造材料高孔隙率、高弹性和高柔韧性等，在伤口缝合和过滤等领域具有广泛的应用。静电纺丝是一种制备螺旋纳米纤维的有效且简便的方法，螺旋纳米纤维可以由双组分纤维制备，也可以由单组分纤维制备。

Wu 等人采用偏心皮芯电纺装置制备了聚氨酯/聚间苯二甲胺螺旋纳米纤维，并对同轴电纺和单针电纺的电场分布进行了模拟对比，发现偏心构型产生了不对称的电场，这表明电场分布的不对称性可能是影响螺旋纤维形成的一个因素。除此之外，研究还发现外加电压、体系的电导率和复合比等一系列因素对螺旋纳米纤维的形貌有很大影响，这些参数通过影响纺丝过程中作用在喷嘴上的电场力和弹性力来影响螺旋纳米纤维的形成。Chen 等也研究了偏心同轴静电纺丝和并排静电纺丝对纤维螺旋结构的影响，发现在最佳工艺条件下，偏心同轴静电纺丝所制备的螺旋纳米纤维比并排静电纺丝更好，且带有 LiCl 的刚性 Nomex 和柔性 TPU 的结合，能够更高效地形成螺旋纳米结构。Royal Kessick 采用电纺法制备了由导电聚合物聚苯胺磺酸和非导电聚合物聚环氧乙烷组成的微尺度螺旋线圈（图 7-16），研究表明，单相的聚环氧乙烷单独纺丝并不能制备出螺旋结构，需要复合相体系中具有导电聚合物。研究者认为这是由于纤维在与接收器接触时发生了电荷转移，纤维所带的正电荷被接收器中的负电荷中和，原来纤维中的凝聚收缩力和静电斥力形成的体系失衡，从而产生了卷曲收缩，形成螺旋结构。杜江华等采用同轴静电纺丝制备了具有螺旋结构的聚氧乙烯/聚 β-羟基丁酸酯（PEO/PHB）皮芯超细纤维，当纺丝电压为 12kV、14kV 时，纤维的成型较为顺利。通过调节纺丝溶液的推给速度和滚筒接收速度均可制备出具有不同纤维直径和螺距的螺旋结构 PEO/PHB 皮芯超细纤维，纤维螺距随着推给速度的增大而减小，随着滚筒接收速度的增大而增大。当纺丝温度提高至 35℃时，可得到具有多孔螺旋结构的 PEO/PHB 皮芯超细纤维，其在组织工程、再生医学、软机器人和工程生命系统等领域具有潜在的应用价值。

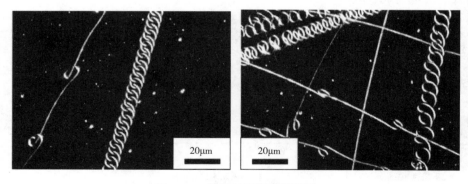

图 7-16　螺旋结构纤维示意图

螺旋纳米纤维还可以从单组分纤维中制备。Yu 等采用静电纺丝法制备了取向的螺旋聚己内酯（PCL）纳米纤维，具有良好的排列和高度有序的结构。在静电纺丝过程中，纺丝液射流与集电极发生冲击碰撞，在射流与集电极表面接触时处于压缩状态，从而导致屈曲不稳定性，这种屈曲不稳定性导致纤维形成弯曲折叠、锯齿形折叠或螺旋折叠结构。螺旋结构的形态和环径依赖于 PCL 溶液的浓度，图 7-17 为不同溶液浓度下制备的 PCL 纤维的光学图像，如图 7-17 所示，当溶液浓度为 10% 时，可以得到三维螺旋结构。Shin 等将聚（2-丙烯酰胺-2-甲基-1-丙磺酸）溶解到水和乙醇的混合溶剂中，利用其在水和乙醇中的弯曲不稳定性进

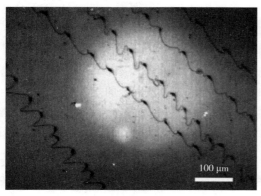

（a）PCL纺丝液浓度为3.5%

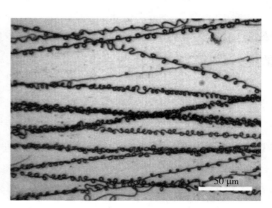

（b）PCL纺丝液浓度为4.7%

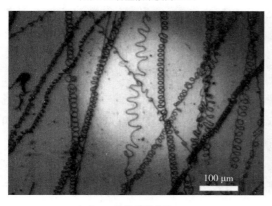

（c）PCL纺丝液浓度为5.8%

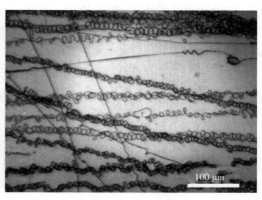

（d）PCL纺丝液浓度为6.8%

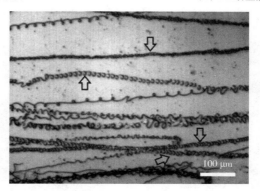

（e）PCL纺丝液浓度为10%

图 7-17　在不同溶液浓度下制备的 PCL 纤维的光学图像

行静电纺丝，并通过引入平行子电极将普通电场转化为分裂电场，成功制备了聚（2-丙烯酰胺-2-甲基-1-丙磺酸）螺旋纳米纤维。研究表明，修正电场产生的静电张力对螺旋结构的转变有重要影响。此外，Canejo 等观察到了胆甾醇溶液静电纺丝过程中的自发螺旋扭曲，并认为聚合物的天然手征性和较高的溶液浓度是其发生螺旋扭曲的主要原因。

7.1.1.6 串珠结构

串珠结构纤维，在传统研究中被视为结构弊端，但近年的一些研究表明，在传统的静电纺丝纳米纤维上添加一定数量的串珠，可以在一定程度上改变连续纳米纤维的空间结构，提高结构蓬松性，增大纤维间的孔隙尺寸，进而减小过滤阻力。通过控制纺丝液的浓度和黏度，便可通过静电纺丝方法制备串珠结构纳米纤维。通常，浓度较低的溶液或聚合物分子量较低的溶液有利于形成串珠结构纳米纤维，同时串珠的形状可通过调整溶剂的组成来调控。

Yoon 等采用静电纺丝法制备了具有不同串珠结构的聚（3-羟基丁酸酯-3-羟基戊酸酯）（PHBV）纤维，然后用 CF$_4$ 等离子体处理以进一步提高 PHBV 纤维表面的疏水性。在 PHBV 纺丝液浓度为 26%（质量分数）时，可以制备出粗糙的纤维表面和串珠结构。在经过等离子处理后，接触角从 141° 升至 158°，展现了较好的疏水性能。Zhan 等制备了具有机械完整性的串珠状聚苯乙烯纤维，通过多喷嘴电纺使得串珠状 PS 纤维和微米级 PS 纤维相结合。研究表明：仅由串珠纤维组成的 PS 表面的接触角可达 154.65°，随着超细纤维含量的增加，接触角减小，变化范围为 145.94°~153.66°，仍具有良好的疏水性能，但力学性能明显增加，抗拉强度从原来的 0.5MPa 升高至 1.22MPa。

Huang 等采用静电纺丝制备了具有串珠结构的聚丙烯腈纳米纤维，用于过滤超细颗粒物（PM）。研究结果表明：聚合物浓度和湿度的综合作用会使静电纺丝过程中喷丝板上的射流在排斥力和紧缩力之间达到不平衡的状态，从而产生串珠形态纤维，通过调节聚合物浓度和环境湿度，所制备的纳米纤维过滤效率可以轻松达到 99% 以上。Wang 等采用静电纺丝制备了多孔串珠结构的聚乳酸纳米纤维以用于过滤材料，通过调节溶剂组成和聚乳酸浓度来控制串珠尺寸、数量以及表面结构，如图 7-18 所示。研究结果表明：适中的串珠尺寸和数量有利于较低的压降，较小的纤维直径和纳米孔有利于提高过滤效率，所制备的纳米纤维膜过滤效率可达 99.997%，压降最低为 165.3Pa。Li 等结合金属有机骨架（分子筛咪唑骨架 8 [ZIF-8]）

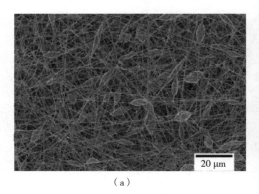

（a）　　　　　　　　　　　　　　（b）

图 7-18　PLA 多孔串珠纳米纤维 SEM 图像

和熔融吹塑—电纺丝方法，构建了具有可充电、抗菌和高效过滤性能的 PPCL@ PDA/TAEG/PCL/ZIF-8 层次型微/纳米纤维复合膜。由于串珠结构的存在，该复合膜对于直径大于 500nm 的超细颗粒具有 99.9%以上的过滤效率，其制备工艺如图 7-19 所示。

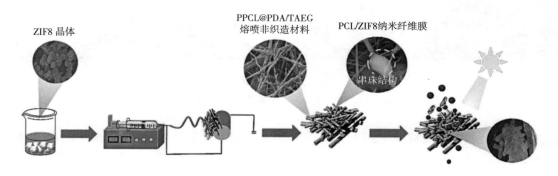

图 7-19　PPCL@ PDA/TAEG/PCL/ZIF-8 复合膜的制备工艺

7.1.1.7　多孔结构（纤维）

多孔结构是近年来的一种新型结构，具有这种结构的材料通常含有通道、孔洞和缝隙等。一般情况下，孔径尺寸小于 2nm 被定义为微孔，孔径尺寸在 2~50nm 之间被定义为介孔，孔径尺寸大于 50nm 被定义为大孔。多孔材料的多孔结构包括聚集体多孔结构（即纤维之间形成的孔）和纤维本体的多孔结构。纤维本体内多孔结构是指静电纺丝单根纤维上形成的多孔结构，孔径多处于微孔与介孔的尺度范围内。由于其低密度、高比表面积、高孔隙率、高比强度和高吸附等特性，多孔纳米纤维在传感器、分离、消声、过滤、催化和吸附等方面得到广泛应用。制备多孔纳米纤维的主要方法有溶胶—凝胶法、沉淀法、模板法、水热合成法和静电纺丝法等。使用同轴双管静电纺丝系统制备多孔纳米纤维是目前最常用的方法。

Dayal 等探究了静电纺丝多孔纳米纤维的形成机理，认为通过控制溶剂的相对挥发速度，并选择挥发性较低的溶剂可以生产出具有多孔结构的纤维。基于这一原理，Dayal 等对多孔纤维的形成机理进行了进一步的探讨，分别以二氯甲烷和四氢呋喃（THF）为溶剂，采用静电纺丝制备了聚对苯二甲酸乙二醇酯（PMMA）多孔纳米纤维和聚苯乙烯（PS）多孔纳米纤维（图 7-20）。研究表明，如果聚合物/溶剂体系在电纺丝温度下呈现较高临界溶液温度，特别是如果所用的溶剂是挥发性的和对吸湿敏感的，则有利于形成多孔纤维。Bognitzki 等以聚乳酸（PLA）和聚乙烯吡咯烷酮（PVP）为溶质，以二氯甲烷为溶剂，并在射流固化时进行了相分离，制备了亚微米结构的纤维。这种复合纤维可以以水为溶剂去除 PVP 得到多孔纳米PLA 纤维，也可以通过热处理去除 PLA 得到多孔纳米 PVP 纤维。

Xie 等以聚丙烯腈（PAN）为模板，采用静电纺丝和热诱导相分离法制备了电纺聚酰亚胺（PI）纤维。该纤维具有褶皱多孔的表面结构，在用于过滤领域时，可以通过阻止小颗粒的布朗运动来减少杂质的反射和逃逸，并增强了过滤器对杂质的截留和惯性效应，从而提高

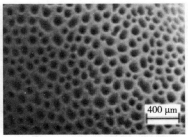

（a）PMMA多孔纤维　　　　　　　　　　　　　　　　（b）PS多孔纤维

图7-20　PMMA和PS多孔纤维SEM图像

过滤器的过滤效率（褶皱多孔PI过滤器对PM0.3的脱除效率为99.99%）。Wang等采用聚甲基丙烯酸甲酯（PMMA）为溶质，N, N-二甲基甲酰胺（DMF）和三氯甲烷为溶剂，成功电纺出了PMMA多孔纳米纤维。研究表明，在过滤性能、表面电压衰减和单纤维效率方面，多孔纤维的性能优于光滑纤维。Peng等以PAN和丙烯腈—甲基丙烯酸甲酯共聚物为溶质，DMF为溶剂的溶液体系，采用静电纺丝制备出具有微相分离结构的亚微米级纤维，在后续的氧化过程中，共聚体的结构被裂解，形成了具有纳米孔结构的碳纤维。

7.1.2　聚集体形态结构

7.1.2.1　多孔结构（聚集体）

正如上文中所提到的一样，多孔结构不仅存在于纤维本体，也可以存在于整个非织造材料（即纤维之间形成的孔）。纤维之间的多孔结构是指由静电纺丝纤维无规排列形成的无序多孔结构，孔径处于介孔与大孔的尺度范围内。通过调节纤维之间的孔径，可以大大提升其应用性能。

Xiong等将聚乙烯醇（PVA）和聚四氟乙烯（PTFE）按不同质量浓度共混，通过静电纺丝制备了复合纳米纤维，随后经过煅烧成功制备了PTFE多孔膜。研究表明，在煅烧过程中，PTFE颗粒被熔融在一起，形成了微米和纳米尺度的相互连接的多孔纤维网络，大大提高了力学性能，并证实了静电纺丝高温聚四氟乙烯纳米纤维滤料的可行性。Dotti等采用静电纺丝分别将聚环氧乙烷（PEO）、聚乙烯醇（PVA）和聚酰胺6（PA6）纳米纤维沉积在涤纶非织造材料上，成功制备了不同种类的多孔纳米纤维过滤器，纳米级的纤维直径大大增加了过滤器的流动阻力，可用于高效过滤气液滤料。Gu等将静电纺丝技术和表面改性技术相结合，制备了具有防水透气性能和可调节多孔结构的聚氨酯纤维膜。研究表明，经过优化的多孔结构和疏水性改性，制得的纤维膜具有优异的耐静水压力、透气性以及高拉伸强度，可以用于防护服的制备。Topuz等制备了具有微孔结构聚酰亚胺（PI）纤维，并将其排列成有大孔、中孔和微孔结构的纤维毡，最后形成具有优异吸油性能的氟化聚酰亚胺（PIM—PI）纳米纤维膜，该材料具有超高的比表面积565m²/g，可用于过滤吸油领域。图7-21为氟化聚酰亚胺（PIM—PI）纳米纤维膜的形成机理。

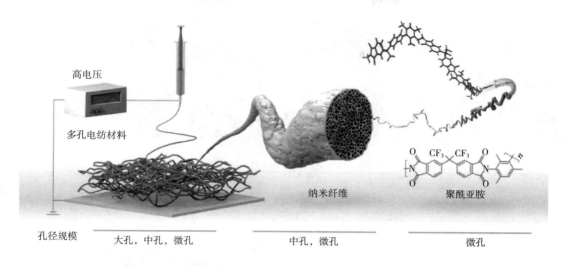

高电压

多孔电纺材料

纳米纤维

聚酰亚胺

孔径规模 　　大孔，中孔，微孔 　　　　中孔，微孔 　　　　　微孔

图7-21　氟化聚酰亚胺（PIM—PI）纳米纤维膜的形成机理

7.1.2.2　图案结构

非织造材料的图案化是近年来静电纺丝领域的一个研究热点，图案的引进在单一纤维（纳米和微米结构）和聚集体（宏观结构）的特性之间起到了桥梁的作用。通过多喷嘴近场电纺、直写电纺和改变静电纺丝的接收装置等方式，可以获得具有相应形状（即图案结构）的纳米纤维非织造材料，并能够赋予其一些特定的功能，如力学性能等，这些材料在不同领域具有巨大的潜在价值。

①改变静电纺丝接收装置的框架。Li等通过改变静电纺丝电极的设计，并在导电接收装置中引入绝缘间隙，使电纺纳米纤维具有取向性（单轴排列），从而使电纺纳米纤维可以组装成不同的构型。Xu等采用一组不锈钢珠子为导电收集器，制备了具有砖石形状的图案化PVB纳米纤维膜，该材料具有较为优异的疏水表面，能够有效减缓药物的释放速率，为纳米结构形态控制药物释放提供了可能性。Cheng等以带有微图案的导电金属网为接收装置制备了PA66纳米图案膜。研究表明，PA66纳米图案膜中的纤维直径约为200nm，纤维之间没有黏结。同时，PA66纳米膜的力学性能优于PA66无定向膜。此外，将PA66透明纳米花纹窗纱应用于空气过滤，可以发现该窗纱对PM0.3~5有良好的过滤效果，对PM0.3颗粒的过滤效率达到99.99%。Cao等采用平纹、人字形和菱形条纹图案的金属网制备了PA66透明图案化纳米纤维过滤器（图7-22），与无规取向的纳米纤维膜相比，该过滤器具有较好的机械性能。而且其微图案结构使得该过滤器具有较好的疏水性能。

②多喷嘴近场电纺。Zheng等采用近场电纺（NFES）技术研究了单个纳米纤维在平面和图案化硅衬底上的沉积行为。研究表明，喷丝板和收集器之间的直线喷射可以用来直接写入有序的纳米纤维。随着收集器移动速度的增加，来自收集器的强大阻力减弱了残余电荷的影响，可以得到直线的纳米纤维。此外，通过控制收集器的运动轨迹，可以以特殊的图案直接写入纳米纤维。Wang等研究了不同的工艺参数对双喷嘴近场电纺沉积特性的影响。验证了纳米沉积距离随电极和集电极距离或电压的增大而增大。研究认为通过旋转双

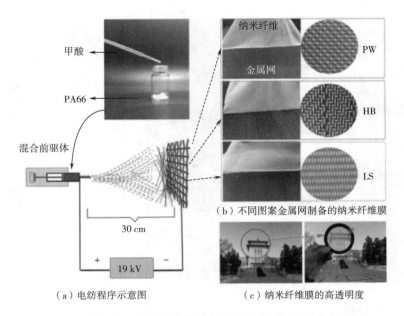

（a）电纺程序示意图   （c）纳米纤维膜的高透明度

图 7-22　静电纺丝制备透明 PA66 纳米图案膜

喷嘴，可以实现更可控的沉积距离和更密集的取向纳米纤维，这对制备图案化纳米纤维具有重大意义。

③直写静电纺丝。直写静电纺丝必须在传统的电纺设备上增加两个功能：将电纺射流聚焦在一个点上，并沿着预定的路径扫描收集器。这样，可以通过扫描瞬时的点状纳米纤维沉积来形成纳米纤维图案，瞬时点状沉积的直径可视为线/轮廓图案的宽度，而扫描路径对应于图案形状。因此，电旋图案的几何保真度强烈依赖于聚焦质量和扫描路径。Lee 等提出了一种直写电纺工艺和设备，具有更优异的聚焦和扫描功能，用于制造各种具有高几何保真度的图案化厚垫和纳米纤维图案。图 7-23 为改进的直写静电纺丝示意图和图案化结构纳米材料。

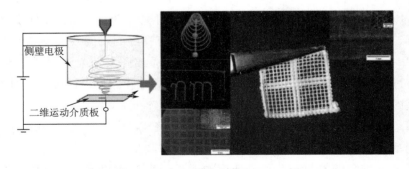

图 7-23　改进的直写静电纺丝示意图和图案化结构纳米材料

除此之外，Yan 等利用静电纺丝技术制备了带电聚合物纳米纤维，通过适当控制静电纺丝条件，使其在落地时保持在液态状态。在表面张力和静电斥力的竞争作用下，这些带电的湿纳米纤维自组装成蜂窝状纳米纤维结构（图7-24）。所得蜂窝结构的孔径范围从几微米到200μm以上，深度可达150μm以上，孔壁由单向排列的聚合物纳米纤维组成。

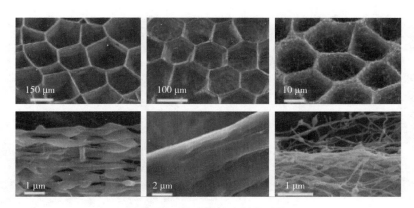

图7-24　蜂窝状纳米纤维结构

7.1.2.3　蛛网结构

蛛网是自然界中常见的一种二维结构，蜘蛛可以利用蛛网进行快速捕食。由于其独特的长丝（蛛丝）形态和各种优异的性能，受到了各个领域学者的广泛研究。其中，非织造材料与工程作为研究纤维集合体的一种学科，在制备仿生蛛网结构材料方面具有先天性的优势。随着静电纺丝的不断发展，蛛网结构非织造材料近年来开始被逐渐研发和制备，并探究了其在过滤、传感器和防护服等领域的应用。

2006年，Ding等通过调整静电纺丝工艺，以聚丙烯酸（PAA）和PA6首次制备了具有二维网状结构的纳米非织造材料。这种二维结构有序的生长于三维结构中，且所制备的纳米纤维比传统静电纺丝工艺小了一个数量级。研究认为，PAA和PA6纳米棒的形成被认为是由于带电液滴在毛细管尖端和收集器之间高速运动的电强迫快速相分离。外加电压、环境相对湿度、溶剂种类、溶液浓度和毛细管尖端与收集器之间的距离对电纺丝垫中纳米棒的形成、形貌和面密度有很大的影响。

Oh等采用电纺制备了具有蛛网结构和优异力学性能的间位芳纶电纺毡。研究认为热性能和力学性能的增强归因于蛛网状结构的形成，大大拓宽了其应用范围，如水/空气过滤、防护服和电绝缘服等。Wang等过调节溶液性质和静电纺丝过程中的参数制备了具有蛛网结构的二维明胶纳米材料，并认为形成蛛网结构的原因可能是分裂膜上发生的快速相分离和明胶分子间氢键的形成。图7-25为二维蛛网结构明胶纳米材料的形成机理。Pant等首先制备了含有飞灰（FAPs）和银（Ag）金属前驱体的聚氨酯（PU）胶体溶液，在DMF的存在下，硝酸银被还原为银纳米粒子，随后采用一步静电纺丝法制备了稳定的银掺杂飞灰/聚氨酯（Ag-FA/PU）纳米复合多功能膜。该材料可以用于增强了去除致癌砷（As）和有毒有机染料的吸收能力，以及用于膜过滤应用的减少生物污染的抗菌性能。

Zhang等将静电纺丝技术与接收基板设计相结合，制备了可扩展的波纹状聚酰胺-6纳米纤维/网（PA-6 NF/N）空气过滤器的制备方法。这种方法使支撑层纤维有序地嵌入具有斯

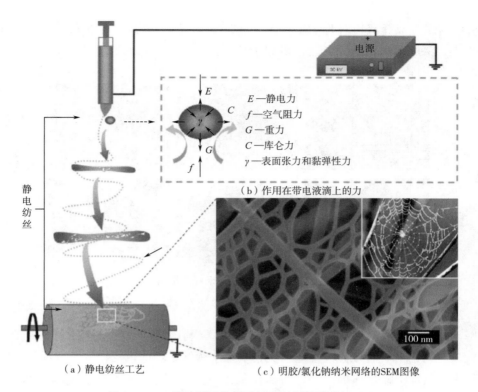

（a）静电纺丝工艺　　　　（c）明胶/氯化钠纳米网络的SEM图像

图7-25　二维蛛网结构明胶纳米材料的形成机理

坦纳树结构、纳米直径约为20nm的二维PA-6纳米蛛网层中，随后通过调节其褶皱跨度和褶皱间距，获得了孔径极小、结构高度多孔、前表面极大延伸的波纹状薄膜。研究表明，独特的结构优势使波纹状PA6 NF/N过滤器能够过滤超细颗粒，其去除效率高达99.996%，空气阻力低至95Pa，坚固的品质因数（>0.11P/A）和超轻的重量（0.9g/m²）。除此之外，Zhang等还采用静电纺丝/网状结构技术，制备了新型聚（间苯二甲酰间苯二胺）纳米纤维/网（PMIA NF/N）空气过滤器。研究表明，由于广泛分布的纳米蛛网结构具有真正的纳米直径、小孔径、高孔隙率和网络黏合等特征，PMIA NF/N过滤器表现出超轻（0.365g/m²）、超薄（0.5μm）和高抗张强度（72.8MPa）的综合性能，用于有效的空气过滤，通过筛分机制实现了超低渗透空气过滤器水平的99.999%和对300~500nm颗粒的低压降92Pa。图7-26为PMIA纳米纤维聚集体的结构设计，图（a）（b）分别为25%和55%的不同相对湿度下PMIA膜的SEM图像；图（c）为沉积在非织造材料衬底上的PMIA NF/N膜的制备过程，图（d）为作用在Taylor锥上的主要作用力的示意图；图（e）为PMIA纳米纤维集合体在不同相对湿度下（从25%、40%到55%不等）形成的堆积结构图示。Wang等将传统的电纺纳米纤维和二维蛛网状纳米网络组成的聚酰胺-66（PA-66）NF/N结构顶层沉积在非织造聚丙烯（PP）支架上，构建了一种新型过滤介质。在这种过滤介质种，二维纳米蛛网具有直径极小、孔隙率高、覆盖率可控等特点，为其带来了高过滤效率（高达99.9%）、低压降和便于清洗和轻量化等优良的过滤特性。

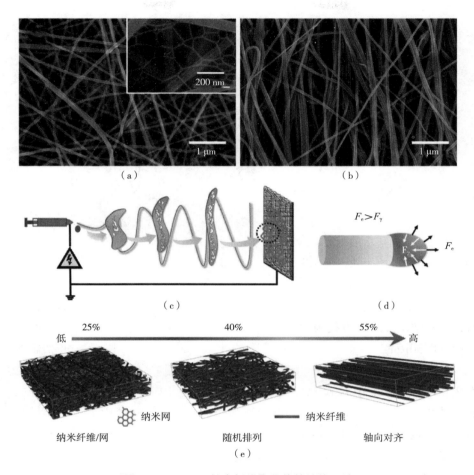

图 7-26　PMIA 纳米纤维聚集体的结构设计

7.1.2.4　树状结构

自然界中的树具有丰富的多级结构，由树干和分支组成，吸引了众多学者开展多级结构仿树枝状纳米材料的探索和研究。在一维纤维或棒状材料表面组装另一更小尺度纳米线或俸，仿生制备出树枝状纳米材料，树枝内部主干纤维为材料提供了优良的机械性能，树枝结构极高的比表面积提供更多的活性位点而显示出优异的性能，在过滤、催化和能源等领域具有潜在的应用前景。

Li 等通过在聚偏氟乙烯（PVDF）溶液中加入一定量的盐，通过一步电纺法可控地制备出一种制备了一种具有树枝状结构的 PVDF 纳米纤维膜。研究表明，在电压为 25kV、针尖至集电极距离为 15cm、纺丝速度为 1mL/h 的条件下，制得的 PVDF/有机支化盐四丁基氯化铵（TABC）（0.1mol/L）纳米纤维膜具有最佳的树状形貌。研究认为树枝状纳米纤维的形成是由于喷流的分裂。碳链较长的有机支化盐对树状结构的影响要好于无机盐，有机支化盐易溶于 PVDF 溶液，显著提高了溶液的电导率，当弯曲段的超额电荷密度高于某一阈值时，电场力克服了表面张力，形成了射流的分裂，从而形成了树枝状纳米纤维。图 7-27 为树枝状纳米纤维的形成机理。

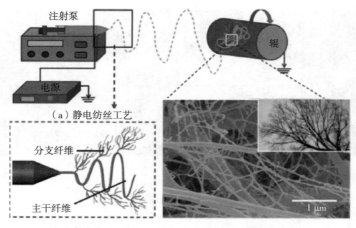

（a）静电纺丝工艺

分支纤维

主干纤维

（b）射流分裂机理　　　　　（c）树枝状PVDF纤维SEM图像

图7-27　树枝状纳米纤维形成机理

　　基于这一原理，Li 等探究了树枝状 PVDF 纳米纤维膜的结构以及膜的亲水性和微滤性能。研究表明，树状纳米纤维由直径为 100~500nm 的树干纤维和直径为 5~100nm 的分支纤维组成。其孔径（0.36μm）小于普通纳米纤维膜的孔径（3.52μm），膜的亲水性显著提高。在 25psi 压力下，厚度为 30±2μm 的 PVDF 膜对 0.3μm 聚苯乙烯（PS）粒子的截留率为 99.9%，水通量为 $2.88×104L \cdot m^{-2} \cdot h^{-1}$。Li 等还探究了静电纺丝 PVDF 树枝状纳米纤维的过滤性能，与普通 PVDF 纳米纤维网相比，树枝状纳米纤维网具有优异的过滤性能，与超低渗透空气过滤器相当。在树枝状结构纤维的后续研究中，Li 等还将 PVDF 与 TBAC 和含氟丙烯酸酯共聚物（FA）共混，通过静电纺丝制备了具有高疏水性的层状树状纳米纤维膜。经超声波处理后，PVDF/TBAC/FA 纳米纤维膜的疏水性进一步增强。该膜具有较强的疏水性，在直接接触膜蒸馏过程中表现出优异的性能，以质量分数为 3.5% 的氯化钠为原料，在 60℃和 20℃的条件下，9h 的盐截留率仍保持在 99.5% 以上。Cheng 和 Li 等聚偏氟乙烯-接枝-聚丙烯酸（PVDF-g-PAA）为原料，采用静电纺丝法制备了具有 pH 响应性的树状智能纳米纤维膜，在中性水中，该膜表现出超亲水/水下憎油，而在酸性水中，膜变得疏水/超亲油，在油水分离领域具有较好的应用前景。

　　除此之外，Kang 等则通过在静电纺丝液中加入 TBAC 和硝酸银（AgNO₃），采用一步电纺法制备了 Ag/PA6 树状纳米纤维膜。在溶液制备过程中，AgNO₃ 被还原成了纳米银离子，使得材料表现出了较好的抗菌性能。Zhang 等则利用树枝状纳米纤维的成型机理制备了具有树枝状结构的醋酸纤维素纳米纤维膜。该膜的空气过滤效率可达 99.58%。Ju 等通过一步电纺法引入四丁基氯化铵（TBAC）制备了树状弹性热塑性聚氨酯（TPU）纳米纤维膜，该膜过滤过滤效率可达 99.95%，展现了良好的屏蔽性能。Xiao 等采用液相还原法制备了银纳米粒子（AgNPs），并按照不同比例加入 PVDF 溶液中进行静电纺丝，制备了具有树枝状结构的纳米纤维，研究认为银离子的加入降低了纺丝溶液黏度并增加了电导率，从而形成了树枝状结构。研究表明，AgNPs 的加入没有改变 PVDF 纤维的疏水性能，AgNPs/PVDF 纳米纤维膜同时还表现出了高过滤性能和优异的抗菌性能。

7.1.2.5　非对称润湿结构

非对称润湿性表面在自然界中普遍存在，且在许多生物的繁衍生息中起到了非常关键的作用。如具有周期性纺锤结和关节结构的蜘蛛丝可以单向输送雾水；类似的，仙人掌刺具有在潮湿环境中输送水分的能力，这归因于它们综合的多层次表面结构和梯度湿润性。如图7-28所示，甲壳虫的背部就存在着非对称性润湿性结构，其背部的突触在不同方向上就同时存在着超疏水/超亲水、疏水/亲水的特性，这种结构使得其能

图7-28　甲壳虫利用背壳集水

够很好地收集水分以供身体所需。受到自然界中这些生物的启发，非对称性润湿纺织材料相继被研发出来，其通常也被称为Janus纺织材料。通过实验的设计，常常可以使织物的一侧具有拒水、拒油、排斥细菌等特性功能，而另一侧则可以保持织物原有的水气吸收和可透气的特点。此外，凭借非对称性以及沿梯度变化润湿性能，可以实现液体从疏水侧向亲水侧的定向迁移，这在生物医药、单向导湿织物和油水（雾）分离等领域具有很大的研究价值。将原本亲水的材料选择性的对一侧进行疏水化处理或将原本疏水的材料选择性的对一侧进行亲水性处理是制备Janus膜材料常用的两种手段。非对称润湿性结构材料的常见的制备方式有电喷涂法和等离子刻蚀法等。

喷涂法。Wei等首先将玻璃纤维非织造过滤材料在丙三醇三缩水甘油醚（GPTE）乙醇溶液中做浸渍处理，使其具有超亲油的特性；然后在非织造材料滤片的一侧电喷涂全氟烷基丙烯酸共聚物（PFAP），使得该侧具有超疏油的特性。这种材料利用厚度上的非对称性润湿结构，在不增加压降的前提下，使纤维滤清器具有均匀的超疏油或定向输油功能，从而能够提高油雾分离效率。研究表明，这种定向输油材料对小油雾（$0.01 \sim 0.8\mu m$）的过滤效率高达99.45%，对大油雾（$0.5 \sim 20\mu m$）的过滤效率接近100%，压降为9.29kPa。图7-29和图7-30分别为处理后的玻璃纤维过滤器表面上的液滴的照片和该过滤器的油雾过滤机制。Zhu等则以荷叶效应为原理，以PVDF为原料，采用静电纺丝和电喷涂工艺制备了具有非对称润湿结构的膜。通过地调节含有亲水和疏水的二氧化硅纳米颗粒的电喷雾溶液的浓度，该膜表现出水下的超疏油和空气中的超疏水的特性。除此之外，该膜还具有超薄的纤维层、高孔隙率、相互连通的孔结构、高水通量和强大的耐油性，在油水分离过滤领域具有较好的应用前景。Yin等则将二氧化硅纳米粒子和氧化锌纳米粒子通过喷涂法均匀地喷洒在亲水性二氧化硅/二氧化钛纳米纤维膜的一侧，使其具有非对称润湿结构。研究还发现，该膜可在不同环境中快速切换润湿性，并能够实现油水乳状液和油包水乳状液的可控分离。

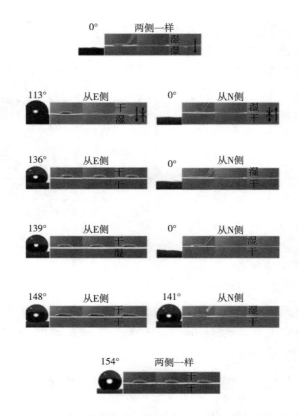

图 7-29　处理后的玻璃纤维过滤器表面上的液滴的照片

E 侧—电喷涂面　N 侧—未电喷涂面

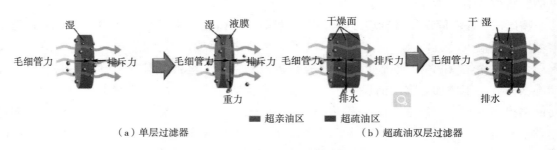

（a）单层过滤器　　　　　　　　　　（b）超疏油双层过滤器

图 7-30　过滤器的油雾过滤机制

　　等离子刻蚀法。Lin 等则采用亲水和疏水的二氧化硅对 PVDF 纳米纤维膜进行等离子刻蚀处理，通过精确调节硅化层的表面纳米球状结构分别获得了良好的超疏水/超亲油和水下超疏油/超亲水性能，达到了极相反的表面润湿性。Kwon 等采用六甲基二硅氧烷对 Lyocell 织物进行等离子体刻蚀，在 Lyocell 织物表面添加纳米级绒毛，从而在 Lyocell 织物上形成了具有微米级粗糙度的双层粗糙度，从而获得了一面保持其固有的高吸湿性和一面超疏水的 Lyocell 织物。

　　除此之外，Ju 等用直接电纺复合法制备了由纯 TPU 纳米疏水纤维膜和 TPU/TBAC 树状纳米亲水纤维膜组成的双层膜。该双层膜被用作防水透气材料和单向导湿材料，并具有良好的屏蔽性能。Wang 等则通过丹宁酸（TA）和二乙烯三胺（DETA）对 PET/PTFE 复合多孔膜进行改性，在其表面形成一层亲水涂层得到亲水膜。然后剥离最上层的 PTFE 层，就可以制备在油/水界面具有单向水渗透性能的 Janus 膜，并且通过添加磁性 Fe_3O_4 纳米粒子和修饰 pH 响应性分子制备了具有磁性（MJM）或 pH 响应性（pH-RJM）的多功能 Janus 膜，图 7-31 为剥离法制备多功能 Janus 膜的示意图。

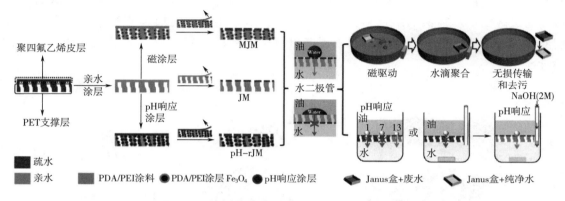

图 7-31　剥离法制备多功能 Janus 膜的示意图

7.1.2.6　三明治（夹层）结构

如图 7-32 所示，层叠式复合结构主要是将 2 层及以上的纤维网按照一定的规律进行叠层后复合而得，常见的层叠式复合结构包括双层梯度结构、渐变梯度结构、三明治（夹层）结构和多层结构形态。三明治结构则是双层梯度结构的多层叠加形式的体现，应用于非织造过滤材料、保暖材料、防刺等领域。在用于过滤领域时，三明治结构经常以过滤梯度设计和滤芯保护为其基本设计原理，譬如口罩、防护服等非织造过滤防护材料。常见的三明治结构非织造过滤材料的制备方法有静电纺丝法、涂层黏合法和热黏合复合法等。

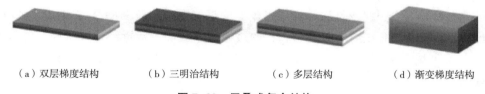

（a）双层梯度结构　　　（b）三明治结构　　　（c）多层结构　　　（d）渐变梯度结构

图 7-32　层叠式复合结构

①静电纺丝法。熔喷非织造材料由于其较细的纤维形态经常被用于呼吸过滤材料之中，但是由于经过电驻极的熔喷过滤材料由于静电的作用，并不能够捕获所有的颗粒，而且在潮湿的环境中电荷不稳定，在一定的时间段内电荷会丢失。Lucie 等基于这一问题，以熔喷非织造材料为接收基底，采用无针电纺制备了 PVDF 纳米纤维，并设计了折叠式三明治结

构（纺粘/熔喷/纳米纤维/纺粘）呼吸过滤器。研究表明，该三明治结构过滤材料过滤性能显著，并且通过折叠式结构设计后，过滤压降显著减小，研究认为这归因于折叠后褶皱造成的较大的过滤面积。此外，Yang 等通过静电纺丝制备了三明治结构聚酰胺-6/聚丙烯腈/聚酰胺-6（PA-6/PAN/PA-6）复合空气过滤膜。研究表明，PA-6/PAN/PA-6 复合膜综合了超薄（20nm）纳米网络和 PAN 串珠纤维支撑腔的特点，具有优异的力学性能和极高的过滤效率（99.9998%）。图 7-33 为 PA-6/PAN/PA-6 复合膜的形成机理及过滤机制。Xiong 等则采用一步法无针电纺制备了具有亚微米/纳米三明治结构的 PAN 过滤材料。通过改变纺丝溶液的组合和交替纺丝时间，可以得到具有所需直径和可定制堆积厚度的层状纤维膜。此外，复合材料表现了出较高的品质因数、优异的机械性能和良好的透过性。

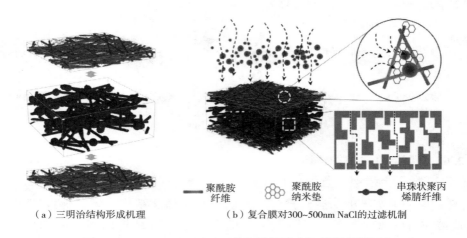

（a）三明治结构形成机理　　（b）复合膜对300~500nm NaCl的过滤机制

聚酰胺纤维　　聚酰胺纳米垫　　串珠状聚丙烯腈纤维

图 7-33　PA-6/PAN/PA-6 复合膜的形成机理及过滤机制

②涂层黏合法。Xu 等以聚醚醚酮（PEEK）针刺非织造高温过滤材料为基层，将聚四氟乙烯（PTFE）/聚酰亚胺（PI）黏合剂通过滚刷法均匀地涂在 PEEK 非织造材料表面，随后在黏合剂的顶部涂层了膨体聚四氟乙烯（ePTFE）膜，制备了具有三明治结构的 PEEK/ePTFE 过滤器。研究表明，该过滤器表现出极低的过滤阻力和较高的品质因数，与 PEEK 过滤器相比，PEEK/ePTFE 过滤器对细小颗粒的过滤效率更高，接近纳米纤维膜过滤效率，在恶劣的除尘条件下具有很好的应用前景。图 7-34 为三明治结构 PEEK/ePTFE 非织造滤膜的制备原理图。

③热黏合复合法。Liu 等以聚乙烯醇（PVA）为原料，采用静电纺丝法制备了 PVA 纳米纤维，并经过热处理改善了其在水中的稳定性。随后以 PVA 纳米纤维为内层，以工业滤布和玻璃纤维过滤材料为外层，采用热压工艺制备了三明治结构过滤材料。研究表明，三明治结构材料过滤效率高，并且表面密度越大，过滤效率越高，压降越大。Roche 等以电纺 PVDF 纤维膜为基层，共聚酰胺非织造网为黏合层，PET 纺粘非织造材料为表层，采用热压黏合工艺制备了 PVDF 纳米纤维多层膜。该膜具有优异的过滤过滤性能和良好的抗分层能力，在工

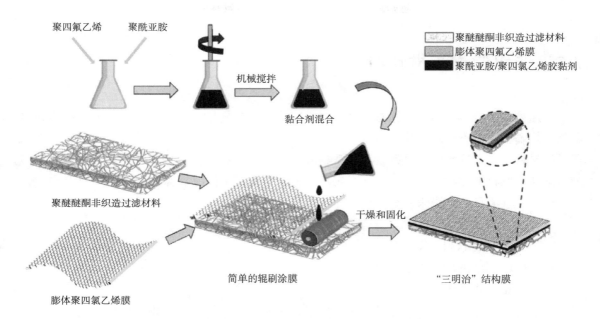

聚四氟乙烯　聚酰亚胺

机械搅拌

黏合剂混合

聚醚醚酮非织造过滤材料
膨体聚四氟乙烯膜
聚酰亚胺/聚四氯乙烯胶黏剂

聚醚醚酮非织造过滤材料

膨体聚四氯乙烯膜

简单的辊刷涂膜

干燥和固化

"三明治"结构膜

图 7-34　三明治结构 PEEK/ePTFE 非织造滤膜的制备原理图

业过滤领域具有较好的应用前景。

　　除此之外，Li 等兼用了以上三种方法，首先采用电喷雾工艺在水刺芳纶非织造材料上均匀的喷洒上高温黏合剂，并以其为接收基底采用静电纺丝工艺制备了 P84 纳米纤维膜，随后采用耐高温纳米非织造材料为保护层铺覆于纳米纤维膜表面，通过热压黏合制备了具有三明治结构的复合过滤材料。研究表明，该过滤材料具有超强的黏结强度，并且在过滤效率和品质因数以及快速结饼方面都优于不含纳米纤维的对照滤料。图 7-35 为三明治结构的聚酰亚胺 P84 复合过滤器示意图。

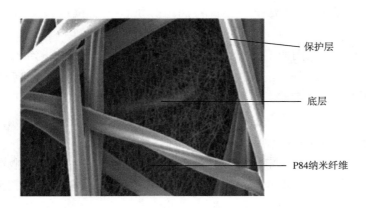

保护层

底层

P84纳米纤维

图 7-35　三明治结构的聚酰亚胺 P84 复合过滤器示意图

7.2 非织造过滤材料组合技术

正如第4章所述，非织造过滤材料的制备技术具有多样性，从成网技术到固网技术再到后整理技术，这些不同制备技术的组合为非织造过滤材料的发展提供了更多的可能性。非织造过滤材料的组合技术包括原料组合技术和成型工艺组合技术。其中，原料组合技术又可以分为聚合物原料组合和纤维原料组合；成型工艺组合技术又称为复合技术，可以分为SMS复合、熔喷—气流复合、湿法—水刺复合等。

7.2.1 原料组合技术

7.2.1.1 聚合物原料共混组合

（1）共混原理及方法

共混的原理是将两种或多种组分经过物理方法使其充分混合，其中一种聚合物会在其他组分中分散，作为分散相，其他组分作为连续相。分散相及连续相是由聚合物的相对含量及黏度决定的。一般来说，黏度较低的聚合往往形成连续相。聚合物共混方法有：机械共混法、共溶剂法、乳液共混法和共聚共混法。

机械共混法：根据共混时原料的状态不同，把共混分为干粉共混和熔融共混。

共溶剂法：此方法又可以称为溶剂共混法，是利用溶解原理，选用一种溶剂，能同时溶解想要达到共混效果的两种或两种以上组分，目的是以溶剂作为中间载体，把共混组分在载体中进行充分混合，之后再利用一定的去除工艺，把中间载体去除，最后得到最终产物就是共混物。

乳液共混法：与共溶剂法不同的是，乳液共混法是先将各个组分调配成乳液状态，将共混乳液均匀混合，然后利用沉淀原理，将共混组分沉淀，后提取，便可以得到共混聚合物。

共聚—共混法：此方法采用的是化学方法并不是物理手段，利用共混组分互相反应的原理，控制反应条件，使一种组分接枝或嵌入另一种组分中，形成共聚—共混高聚物。

（2）聚合物共混改性的主要目的

聚合物共混是利用两种或多种共混材料的特性，无论是性能方面还是价格经济方面，都充分发挥各自的优势，获得兼具两种或多种材料的优异性能。

由于单独的高聚物都会存在一定的缺陷和优点，因此通过与另一种高聚物共混后，可以弥补单一共聚物具有的缺点，使得共混物同时兼备两聚物的优点。例如，聚乙烯由于耐热性较差，但是其力学性能较好，采用聚丙烯与聚乙烯共混的方法，弥补了聚乙烯的缺陷，获得一种新的材料。

改良剂也可以对高聚物进行改性，其使用方法与两种高聚物进行共混的原理是一致的，只是改良剂作为微量组分加入共混机中，与原料进行共混，共混后聚合物性能得到改善。

针对不同的改性效果，选择不同的改良剂。如有需要，可以加入两种或多种改良剂。例如，针对像聚苯乙烯等脆性材料，加入橡胶后，脆性明显降低，韧性增加，改性效果较好。

赋予高聚物一种新的性能是共混改性的重要作用之一。目前，通过引入一些新的元素或物质，给予原材料一种附加的功能，使其运用到更多的领域。例如，在消防服领域，在纤维中加入卤素元素后获得的新型材料耐高温效果较好。

在产业应用方面，材料的经济效益对产业化的可行性起到了重要的影响。为了实现经济利益最大化，在同时不影响材料的使用质量的情况下，可以寻求一种价格较低的材料与价格昂贵的材料进行共混，减少成本。

（3）共混/共轭复合纺丝

共混法制备非织造材料的工艺多种多样，如湿法共混纺丝、熔融共混纺丝和静电纺丝等。共混纺丝所制备的纤维兼具几种所共混材料的不同特性，从而赋予非织造材料不同的功能性，以应用于不同的领域之中。

以熔融共混纺丝法为例，其纺丝原理为：将两种或者两种以上的聚合物按照一定的比例混合后，共同经过螺杆挤压机后熔融喷出形成纤维，这种纤维兼具有两种聚合物的特性，但是由于熔体的流动性和聚合物之间不同的黏度特性，通常来说这种纤维两种聚合物之间的分配并不均匀，如海岛纤维中的不定岛纤维。而熔融共轭纺丝法能够很好地克服这种缺点，共轭纺丝原理为：两种聚合物各自经过单独的螺杆挤压机挤出，随后再经由独特的分配系统后，聚合物按照设定好的方式均匀分配，最后共同挤出成型，常见的共轭纺丝纤维有皮芯纤维、并列纤维、海岛定岛纤维和橘瓣型纤维。

共混纺丝与共轭纺丝的不同在于，共混纺丝在纺丝之前进行的是聚合物原料的混合，而共轭纺丝在纺丝过程中聚合物原料首先单独挤压，随后经由特殊分配系统之后进行均匀混合。图7-36为共混/共轭复合纺丝的工艺原理图。

7.2.1.2　纤维原料组合

（1）纤维原料组合原理

纤维原料组合是非织造材料改善其自身性能的一种常用的方法。利用不同纤维之间的特性，将其复合到一起，既能够使纤维本身可纺性增加，也能够赋予非织造材料许多不同的功能性。

就非织造过滤材料而言，传统成型工艺所制备的微米级非织造过滤材料由于其微米级的纤维直径和较大的孔径，在许多精密过滤领域中难以满足人们的要求。但在这种过滤材料中引入纳米级纤维可以很大程度上增加其过滤效率，并且保持其压降仅上升很小的幅度。这是由于两种纤维之间的组合引起的，纳米纤维的

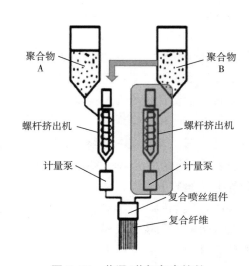

图7-36　共混/共轭复合纺丝

引入减小了原过滤材料的孔径，从而使其过滤效率增加，并加速了滤饼的形成，而且由于纳米级的纤维形态，能够极小程度上保持其压降的稳定性。

总而言之，纤维与纤维之间或纤维与颗粒之间的组合，能够使非织造材料得以改善，从而使得非织造材料具有了更多应用的可能性。

（2）纤维组合的方法

①添加功能性。针对长度短、脆性大、卷曲少而韧性不足的纤维难以均匀成网或者成网后强度较低的问题，加入一定比例的易梳理纤维或易固结纤维，实现其均匀成网和"桥接"固网是提高可纺性的常用手段。比如针对木棉纤维的长度短（5~14mm）、薄壁中空（中空度>90%）、易破裂而梳理性差的问题，李素英等将其与38~51mm的聚丙烯纤维或棉纤维等按照一定比例共混后梳理，以获得较为均匀的木棉基纤维网；同时也有学者针对精梳落棉、香蒲绒等纤维采用类似的共混改性。为解决针刺固网带来的木棉纤维损伤大的问题，尝试添加一定比例的皮芯型双组分纤维，利用双组分纤维在热作用下具有的"点黏合"特性实现木棉纤维间的柔性固结，可以获得一种用于吸油领域和服装领域的柔性多孔非织造材料。受到该方法的启发，张瑜等尝试将低熔点的热塑性纤维与棉、黏胶纤维等亲肤性纤维素纤维进行热熔固结，以实现纤维素纤维在医卫领域（吸收性用品面层、创口敷料等）的高值应用。需要注意的是，有人介绍了一种针对难以纺粘成型的高分子聚合物长丝纤维（芳纶、聚苯硫醚和聚酰亚胺等）和无机长丝纤维（碳纤维、玻璃纤维和玄武岩纤维等）的多组分长丝铺放成网方法，通过添加一定比例的热塑性长丝纤维来实现长丝基高强长丝纤维网的快速成型，进而结合针刺或热轧固网技术获得一种长丝基高强非织造复合材料，为柔性防刺材料、高温滤料和土工非织造材料的高质制备提供了新思路和新方法。

②改善可纺性。依据应用领域，功能性纤维可以分为保暖纤维、医用纤维、高强纤维、可降解纤维、耐高温纤维和异形纤维等。通过混入一定量的功能性纤维来提高非织造材料的应用领域和使用价值一直是非织造材料组合创新的主要组合部分。廖侠将三维卷曲中空涤纶分别与Viloft纤维、珍珠改性纤维、芦荟改性纤维、麻浆纤维、木棉纤维进行共混后梳理成网，利用三维卷曲中空涤纶所带来的蓬松性和大量静止空气来实现保暖；进一步以三维卷曲中空纤维和远红外纤维为骨架，可以获得一种多重保暖效果的非织造材料。在20世纪我国就实现了单纤维收缩率达40%以上的涤纶的梳理—针刺/水刺的工业化生产，用于制备高致密非织造材料；近期张峰等进一步以高收缩涤纶与涤纶/锦纶海岛纤维为原料制备成针刺非织造材料后进行热处理和碱开纤处理，将孔径缩小到0.09倍。值得注意的是，功能性纤维的共混主要以梳理成网、气流成网和湿法成网为主，而在非织造材料的纺粘和熔喷成型过程中，其功能性主要是通过功能性母粒和后整理试剂的形式添加。目前有大量的资料介绍了在纺粘、熔喷和静电纺丝的生产过程中添加色母粒、亲水母粒、弹性母粒、驻极母粒和柔软母粒的方法。WALCZAK等尝试将可生物降解的聚L-丙交酯（PLLA）与无规聚羟基丁酸酯（PHB）共混后，通过熔喷成型技术获得了具有热诱导形状记忆效果的非织造材料。综上可知，基于添加功能性纤维的非织造组合技术已经从单一功能向多重功能组合、从单一形态向多形态组合发展。

216

（3）纤维/颗粒组合技术

纤维/颗粒组合技术是一种通过在非织造材料内包埋上一定特性的颗粒来实现功能性提升的技术。早期，有研究尝试将粉末状的颗粒物散布在纤维网上表面，此后在纤维网表面施加负压［图7-37（a）］和交变电场［图7-37（b）］的方法促使颗粒物均匀分散在纤维网的内部。此后有学者研究了一种熔喷/颗粒过程负载方法，通过在牵伸气流场中引入含有颗粒物的气流，进而将颗粒物负载于纤维表面的方法［图7-37（c）］，但是颗粒容易脱落。因此，笔者针对熔喷的热空气牵伸特性开发了原位负载技术，获得了一种高负载率的纤维/颗粒组合材料［图7-37（d）］。目前纤维/颗粒组合类非织造材料主要在汽车内衬、过滤材料、阻燃、隔音吸声、伤口敷料等领域进行高质应用。

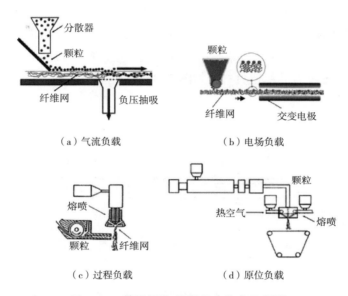

图 7-37　基于纤维/颗粒组合技术示意图

7.2.2　成型工艺组合技术

7.2.2.1　SMS 复合

（1）SMS 复合非织造材料的应用特点

纺粘/熔喷/纺粘（SMS）是20世纪90年代初由一家美国公司开发出来的非织造材料，同时也是当前医学领域内研究和应用最为广泛的防护材料类型。其中，纺粘非织造材料（S）是聚合物（以聚丙烯为代表）经过高温熔融后从纺丝孔挤出，在空气的牵伸作用下变长变细，冷却后成网制备而成的，具有强度高、耐磨损、手感好等特点。熔喷非织造材料（M）是由聚合物母粒经熔融后从喷丝孔挤出，形成熔体细流，在高温、高速气流的作用下牵伸后沉积在接收装置上，并依靠自身残余热量加固制备而成的。其具有纤维直径细、孔径小、比表面积大且孔隙率高的特点，对防止细菌、病毒、血液渗透有至关重要的作用，又称为阻隔层。

SMS 非织造材料综合了二者的独特优势，具有优异的防水性、较好的透气性与高效的阻隔性能等特点，能有效地隔离血液和细菌，被广泛应用于防护口罩、一次性医用防护服、隔离服和手术衣中。在实际加工中，可通过控制熔喷（M）的层数来调控材料的透气性、透湿性以及对微细颗粒物的过滤和阻隔效率。例如，当 M 的层数增加，该材料对颗粒物、血液、酒精以及体液等液体的过滤和阻隔效率提高，但同时透气性和透湿性会有所下降。因此，可根据不同级别的医用防护需要，对纺粘/熔喷/纺粘非织造材料中的层数进行选择，如 SMS、SMMS 和 SMMMS 等。

（2）SMS 复合非织造材料的生产工艺

①在线复合工艺。在线复合工艺是指 SMS 复合可以通过在同一条生产线上的纺粘和熔喷设备来实现，即所谓的一步法 SMS。在同一条生产线上，同时具有 2 个纺粘喷丝头及个熔喷模头，先由第一个纺粘喷丝头喷出长丝形成第一层纤网，再经过熔喷模头在上面形成第二层纤网，然后经第二个纺粘喷丝头形成第三层纤网。这三层纤网经过热轧机粘合，最后经过卷绕机切边卷绕形成 SMS 复合非织造材料，如图 7-38 所示。

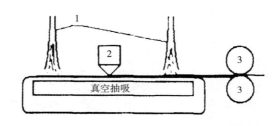

图 7-38　在线复合工艺示意图
1—纺粘生产线　2—熔喷生产线　3—热轧辊

在线复合 SMS 生产线结合了两种不同的成网技术，生产工艺具有很多的优点。例如可以根据产品的性能要求随意地调整纺粘层和熔喷层的比例。但是在线复合生产线存在着投资成本大，建设周期长，生产技术难度大，开机损耗大等特点。因此不使用于小订单生产。

②离线复合工艺。离线复合工艺是指先由纺粘和熔喷两种工艺分别制得纺粘和熔喷非织造材料，再经过复合设备将两种非织造材料复合在一起形成 SMS 复合非织造材料，即所谓的二步法 SMS。离线复合 SMS 要经过 3 道工序，先由纺粘生产线生产出纺粘非织造材料，由熔喷生产线生产出熔喷非织造材料，再将 2 层纺粘非织造材料中间夹持 1 层熔喷非织造材料，通过专门的热轧复合机热轧或者超声波黏合成 SMS 复合非织造材料，具体如图 7-39所示。

离线复合生产 SMS 产品的优点是投资小、见效快、灵活性高，适于小订单生产，可通过复合熔喷非织造材料含量高的产品来提高复合材料的耐水压性能等。离线复合生产 SMS 产品的缺点在于其产品性能不够理想，例如单独生产的熔喷非织造材料由于没有纺粘层的支撑作用，其工艺难以灵活调整，很难改善产品的透气性、抗静水压等性能；同时由于熔喷非织造

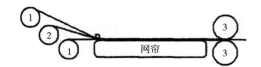

图 7-39　离线复合工艺示意图

1—纺粘非织造材料　2—熔喷非织造材料　3—热轧辊

材料的强力较低，受力拉伸后熔喷的 3D 结构容易破坏，因而离线复合 SMS 产品中熔喷层的克重很难降下来，产品的阻隔性和抗静水压能力也因熔喷非织造材料受拉伸略有损失。这样复合的 SMS 产品，其均匀性便很难得到控制。另外，离线复合生产的 SMS 产品，经过 3 次黏合，产品的透气性大大降低。

（3）一步半法复合工艺

鉴于一步法 SMS 设备投资大、二步法 SMS 产品克重高的缺点，现在国内的一些企业已经开发出了一步半法 SMS，即一层纺粘非织造材料退卷随网帘送到熔喷区，和熔喷非织造材料结合后，再叠加一层纺粘非织造材料，最后通过热轧辊复合的工艺。这种设备投资较一步法 SMS 小，工艺比一步法 SMS 灵活，而且由于熔喷非织造材料是在线生产，不需要通过收卷、退卷工序，即使是低克重的熔喷非织造材料其结构也不会破坏，这样就有效解决了二步法 SMS 产品克重高的缺点。其生产工艺如图 7-40 所示。

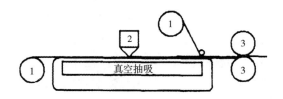

图 7-40　一步半法复合工艺

1—纺粘非织造材料　2—熔喷生产线　3—热轧辊

一步半法复合是具有创新性的，它解决了离线复合不能生产低克重产品的壁垒。如果使用低克重的小轧点纺粘非织造材料在线复合，产品外观与在线复合产品相当接近。这种方法工艺调节灵活，可以通过更换不同颜色、克重的纺粘非织造材料灵活改变产品品种。但是由于复合用的纺粘非织造材料经过热轧，因此对产品透气性有一定的影响；同时纺粘非织造材料作为底层，纤维密度比没经过热轧的纺粘纤网大，这样就增加了熔喷区真空抽吸系统的负担。这种工艺的生产速度仍然取决于熔喷线生产速度，这也只能通过增加熔喷模头加以提高生产效率。

7.2.2.2　熔喷—气流成网复合

熔喷/气流成网复合技术是在熔喷成型的过程中将气流成网成型气流引入熔喷牵伸通道内，进而将未完全固结的超细纤维与其他功能性纤维（木浆黏胶纤维、SAP 颗粒和 PET 纤维等）进行混合，形成基于自黏合固网的新型多组分非织造材料（图 7-41）。该材料内不

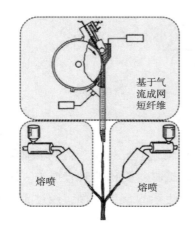

**图 7-41　熔喷/气流成网
复合技术示意图**

但含有 2～5μm 的超细纤维，还含有其他功能性纤维，具有良好的应用前景。金佰利公司为了解决纯木浆黏胶纤维非织造材料湿态强度低的问题，采用木浆黏胶纤维与热塑性熔喷纤维材料复合的方式来增强抗拉强度，用于液体吸收、工业过滤、隔音隔热、柔性擦拭等领域。

美国 3M 公司开发了一种商品名为新雪丽（Thinsulate）的过滤兼吸声材料，它是一种短纤维/熔喷复合材料，通过在熔喷非织造成型过程中吹入涤纶短纤维，使其与尚未冷却固化的熔喷超细纤维仪器凝聚于成网装置上而成型。涤纶短纤维主要改变了熔喷非织造材料的弹性回复性以及孔隙结构，起着骨架支撑的作用，特别是采用粗旦高卷曲中空涤纶短纤维时，在相同的单位面积质量下，产品的压缩回弹性大大提高，且结构变的蓬松，是一种优良的过滤、吸声和隔热材料。

7.2.2.3　湿法—水刺复合

湿法成网技术具有生产速度快的特点，对于木浆黏胶短纤维具有非常好的适应性，基于高压水射流的水刺非织造技术通过缠结使纤维集合体物理性加固，从而替代黏合剂固结。运用湿法造纸、纤维梳理、水刺等工艺技术组合可以制备具有一定湿强度的非织造材料。湿法水刺技术开发的新型非织造材料，在使用时有一定强度，可在抽水马桶下水道中快速分散，遗留物可作为土壤改良助剂，且具有成本优势，在湿巾擦布、尿不湿、女性卫生用品、一次性医疗防护用品和食品包装等领域有广泛用途。

特吕茨施勒与福伊特共同开发了高速湿法+干法水刺生产线。该生产线利用可再生资源生产环保可降解湿巾，使擦拭卫生用品和美容用品无塑料化成为可能。新生产线生产的 Tricell 湿巾已经在市场上销售，这种环保产品将节省成吨的塑料。传统的梳理水刺生产线和湿法水刺生产线流程如图 7-42 和图 7-43 所示。高速湿法+干法水刺生产线流程如图 7-44 所示，即在传统湿法水刺生产线上添加了一道梳理工序，极大提升了生产速度与效率，真正实现了高速高产。所得产品为复合产品，其有很多不同的组合，产品集多种优势于一体，极具市场竞争力。其原料中采用了木浆，不仅增强了吸水性，还兼具生产成本优势。短纤维制成的梳理层还赋予了纤网强度和柔韧性。Tricell 湿巾采用的是由 FSC 认证的纤维素纤维，具有可生物降解优势。

湿法水刺可分散材料由木浆和短切再生纤维素纤维构成，以木浆为主体。木浆纤维可来自 Buckeye 公司的绒毛浆和 Weyerhaeuser 公司的阔叶浆，长度在 1～3mm，木浆具有良好的亲水性，浸透水时可达 33%～35% 的含水率，同时具有良好的柔软性。短切再生纤维素纤维长度高于木浆，要求在 6～20mm，可由天丝、Lyocell 纤维，异形黏胶纤维（Viloft 纤维、Danufil 纤维、Bramante 纤维、Dante 纤维）等构成。异形黏胶纤维是由人工从木浆中提取原料，通过溶剂法纺丝制得的纤维，纵向表面有明显的沟槽且横截面无皮芯层。其中，Viloft 纤维截面近似矩形；Danufil 纤维截面为圆形；Bramante 纤维截面为多孔状中空结构；Dante 纤维截面为大中空结构。异形黏胶纤维吸水性好，在水系统中能完全分散，无凝聚现象。

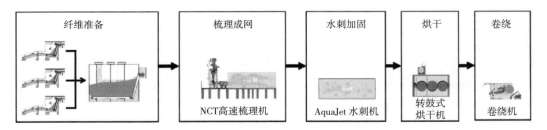

图 7-42　传统梳理水刺生产线流程

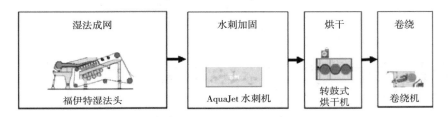

图 7-43　传统湿法水刺生产线流程

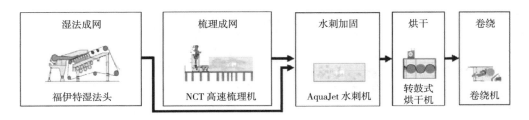

图 7-44　特吕茨施勒与福伊特的高速湿法+干法水刺生产线流程

　　以湿巾为例，湿巾类非织造产品不仅在医疗、卫生和化妆品等领域的应用日益增长，同时还拓宽至工业领域。湿巾生产工艺具有多样性，从而丰富了织物面料的种类和功能，提高了不同类型产品在市场中的竞争力。利用湿法成网工艺，再分别通过水力纠缠或水刺加固处理，可生产不同种类的湿巾产品。对含有纸浆和纤维素纤维等可完全生物降解材料的非织造材料来说，湿法成网工艺是一种非常具有优势的成网方法，尤其是满足了可持续性发展的要求。纸浆和纤维素纤维（如黏胶短切纤维）的混合物，通常被用于制造高端产品。然而，这些材料的拉伸强度较低，或需要通过添加大量的黏胶短切纤维来弥补材料在性能上的不足。兰精集团通过在这些非织造材料的生产过程中使用 Lyocell 短切纤维，在较低黏胶短切纤维添加量下即可提高产品的干、湿拉伸强度，而不需要添加任何合成纤维或化学湿强添加剂。由于在产品制造过程中只使用这类植物纤维，从而保证了产品具有生物降解性和高性能，从而扩宽了水刺非织造材料产品的应用领域。

7.2.2.4 其他组合技术

非织造过滤材料常见的组合技术除此之外许多，如纺粘—针刺，这种工艺生产的材料常用作非织造除尘滤袋，如海岛针刺非织造过滤材料；梳理—针刺，梳理针刺同样可以生产过滤材料，如聚苯硫醚针刺高温过滤材料；纺粘—水刺；熔喷—驻极等；梳理—水刺（图7-45）；纺粘—气流（图7-46）；湿法—气流成网（图7-47）等。这些技术多是成网技术和固网技术或后整理技术的组合，这种多元化的组合方式不仅为非织造过滤材料提供了更多的可能性，也为整个非织造领域甚至纺织行业提供了更加广阔的发展空间。

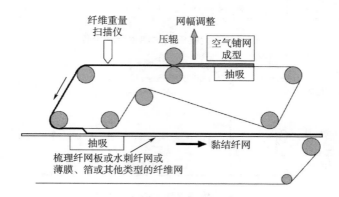

图 7-45　气流—梳理成网复合

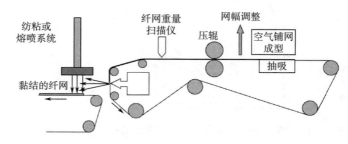

图 7-46　气流成网—纺粘/熔喷成网复合

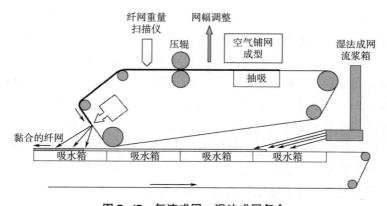

图 7-47　气流成网—湿法成网复合

7.2.3　组合技术典型实例

7.2.3.1　双组分纺粘非织造过滤材料成型技术

双组分纺粘非织造材料相比于其他非织造材料最大的优势就是其原料的多变性、制备工艺的多样性和产品的特性多样性，从而使得其应用的领域也颇为广泛。当前较为常见的双组分纺粘非织造材料的特性及应用见表 7-1。

表 7-1　双组分纺粘非织造材料

截面结构	原料	成型方式	产品特点	应用	示意图
皮芯型	PP/PE	热熔	蓬松、有弹性、拒水性好	婴儿尿布、过滤基材	
并列型	PTT/PET	热处理	强力大、柔软性和悬垂性好	高级絮片	
橘瓣型	PET/PA6	水刺	超细纤维、屏蔽性能好、手感柔软、强力高	医用胶布、高档革基布、高档擦拭布	
海岛型	PA6/PE 或 PET/COPET	甲苯萃取或碱减量处理	超细纤维，克重低，对环境有污染	面膜、过滤材料	

纺粘非织造滤料一般应用在防护口罩的最外层和最内层：外层的滤料为保护层，用作骨架，并有效拦截大粒径的颗粒物（颗粒直径大于 $10\mu m$），防止大颗粒物过早堵塞熔喷层形成滤饼；内层的滤料为舒适层，用作衬里。平衡过滤效率与过滤阻力这 2 项技术指标是制备优良纺粘非织造滤料的关键。

图 7-48 示出双模头纺粘非织造翻网成型技术工艺流程。成网装置 B 中的纤维网呈逆时针方向运动，上下面翻转与成网装置 A 中顺时针运动的纤维网叠合。这项双模头纺粘非织造翻网成型技术的发明，不仅降低了成网装置 B 的抽吸风机功率配置，成网过程中抽吸风机总能耗降低了 1/3，而且 2 层纤网的随机叠合会使得非织造滤料更加均匀。

纺粘非织造技术的研究热点主要在纺粘非织造纤网固结（开纤）技术和原料的改性技术两个方面。

（1）纺粘热熔非织造过滤材料成型技术

用热风加固纺粘非织造纤维网，可大幅度减小滤料过滤阻力，有效平衡滤料的过滤效率与阻力。纺粘纤网在热加固时，主要采用热轧或热风技术。图 7-49 分别为聚丙烯热轧纺粘非织造滤料的表面和轧点截面扫描电镜照片。由照片可明显观察到，聚丙烯纤维经一对轧辊高温高压的共同作用后，长丝发生形变、熔融、互相黏合固结，黏合区域形成类似"薄膜状"的轧点形态，这些热轧造成的密闭膜状结构使得滤料的过滤阻力增加。

皮芯结构的双组分纺粘纤网利用皮层聚乙烯熔点低的特性，在热气流与气压的作用下皮

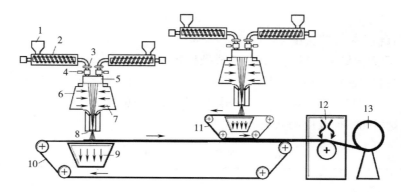

图7-48 双模头纺粘非织造翻网成型技术工艺流程

1—料斗 2—螺杆挤出机 3—过滤器 4—计量泵 5—纺丝箱 6—牵伸装置 7—冷却风 8—分丝
9—抽吸装置 10—成网装置 A 11—成网装置 B 12—加固装置 13—成卷装置

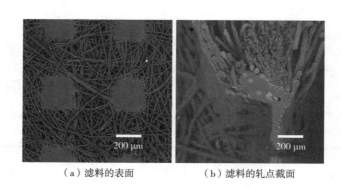

（a）滤料的表面 　（b）滤料的轧点截面

图7-49 聚丙烯热轧纺粘非织造滤料表面和轧点截面扫描电镜照片

层组分受热熔融流动，冷却后起到黏合作用，芯层聚丙烯组分形态稳定，纤维网中纤维与纤维在交叉点产生直接"点点熔融"黏合，形成稳定的三维立体蓬松结构，有利于降低滤料的过滤阻力。有研究发现，相同面密度的双组分纺粘非织造滤料，热轧加固后的过滤阻力为81.3Pa（过滤性能测试采用氯化钠气溶胶，质量中值直径为0.26μm，几何标准差小于1.83，气体流量为32L/min），过滤效率为92.3%，而热风加固后的过滤阻力仅为22.6Pa，过滤效率为88.6%，显然，采用热风加固虽然会略微降低滤料的过滤效率，但可以大幅度减小滤料的过滤阻力。热风加固方法制备的过滤材料手感柔软，与面部皮肤接触时，能明显提高舒适度。

（2）纺粘水刺非织造过滤材料成型技术

纺粘水刺非织造材料是纺粘非织造工艺与水刺非织造工艺有机结合的产品，其工艺也属于当今非织造材料复合工艺的一种，也是当今非织造材料发展的一种趋势。纺粘水刺工艺就是聚合物经过纺粘工艺成网后再经过水刺工艺，利用高压水射流对纤网进行加固的过程，其特点是两种不同工艺的结合使得生产出来的非织造材料具有良好的性能与外观。工艺流程为：

切片—干燥—熔融挤压—纺丝—冷却—牵伸—分丝成网—预湿—水刺—烘干—卷绕

纺粘水刺非织造材料同时兼顾纺粘非织造材料和水刺非织造材料的优点，长丝纺丝成网和水刺缠结使得其具有高强度、手感柔软等优异的性能，因此在很多领域都有应用，如服装用布、高档擦拭布、卫生产品、高级合成革基布和精密过滤材料等。

基于水刺加固的双组分纺粘超细纤维非织造材料生产工艺（图 7-50）如下：首先用切片纺丝法将双组分的长丝挤出并通过牵伸铺成均匀的纤网，然后利用水刺加固工艺将纺丝成网的纤维长丝固化成型，在纤维网的加固过程中利用高压水射流使双组分纤维开裂，从而达到从切片直接变成中空橘瓣型超细纤维非织造材料的一次成型工艺。原料一般采用 PET、PA6 高聚合物的切片，在聚合物纺丝过程中形成横截面为橘瓣型（一般为 8 瓣、16 瓣或 32 瓣）中空双组分纤维，并使连续铺置成网，然后利用高压产生的极细的水射流射向纤网并使双组分纤维裂解（8 根、16 根或 32 根），其中裂解成 16 根时单根纤维线密度可达到 0.1dtex，并使纤维相互缠结，纤网得到加固，从而形成性能独特的超细纤维非织造材料。

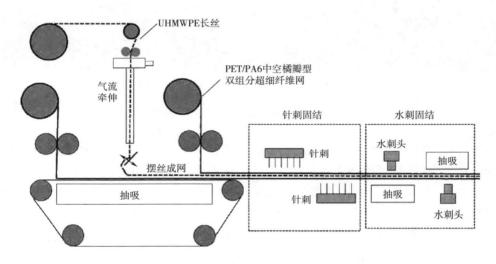

图 7-50　双组分纺粘水刺非织造材料工艺流程图

为探究梯度结构对超细纤维非织造材料性能的影响，赵宝宝等通过双组分纺粘技术和不同水针压力作用下的水刺开纤技术，用一步法制备了具有开纤率梯度结构双组分纺粘水刺非织造材料，并探究了其过滤性能。

从图 7-51 可看出，双组分纺粘长丝纤维网的正/反面经不同水针压力作用后，所制备的非织造材料的截面均具有明显的梯度结构。这主要是由于非织造材料正面 ［图 7-51（b）］的水针压力大，靠近正面的双组分纤维得到较充分的水流作用力而产生裂离，使双组分纤维的开纤率较高，进而纤维较细（平均直径为 4μm），并且纤维在高压水射流的作用下相互纠缠、抱和而形成致密结构 ［图 7-51（d）］；随着水刺深度的增加，双组分纤维所承受的水刺压力逐渐减小，开纤率有所降低 ［图 7-51（e）］；非织造材料反面 ［图 7-51（c）］的水针压力小，作用于双组分纤维的水流作用力较小而未能产生充分的裂离，使双组分纤维的开纤率较低、进而纤维相对较粗（平均直径为 20μm），纤维层结构较为疏松 ［图 7-51（f）］。

由图 7-52 可明显看出，各试样的过滤效率均随粒径的增加而提高。对于 80g/m² 的低面

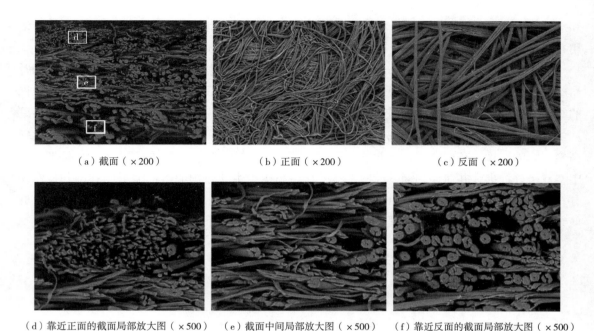

|（a）截面（×200）|（b）正面（×200）|（c）反面（×200）|
|（d）靠近正面的截面局部放大图（×500）|（e）截面中间局部放大图（×500）|（f）靠近反面的截面局部放大图（×500）|

图 7-51　梯度结构纺粘水刺非织造材料发射扫描电子显微镜照片

密度试样，随着水针压力的增大，分级过滤效率显著提高，其中对于 0.85μm 粒径的颗粒物过滤效率从 31.3% 提高到 66.8%（相对提高了 113.4%），但继续增加水针压力过滤效率反而降低。原因是，在一定水针压力范围内，随着水刺压力的增加，开纤率显著提高，薄型试样的开纤层多于未开纤层；超过一定水刺压力时，有可能破坏局部的梯度结构，导致过滤效率降低。对于 120g/m²、160g/m² 这种相对较高面密度试样，过滤效率随着水针压力增加而有所提高，其变化规律一致，原因是高面密度试样需要受到较大的水刺作用力才能更好地实现由外到内的开纤，随着水针压力的不断增加，表层纤维开纤变细，内部的开纤程度也在逐渐提高，形成的梯度结构更明显，因此过滤效率不断提高。

由图 7-53 可明显看出：随着面密度的增大，各试样的过滤阻力显著增加；在相同面密度下，纺粘水刺非织造材料的过滤阻力随着水刺压力的增大而增加；当面密度为 80g/m²、水针压力为 22MPa 时，过滤阻力仅为 25.1Pa。其原因是较高的水针压力导致非织造材料的开纤率增加、纤维平均直径和孔径减小，纤维之间缠结更加紧密，导致透气性能降低，这与上述透气率的规律恰好相反。

（3）海岛型非织造过滤材料成型技术

海岛型复合超细纤维即海岛纤维，又称超共轭纤维或基质原纤型纤维。在 20 世纪 70 年代初期，日本东丽公司首先研究和开发了海岛纤维，自此掀起了一番超细纤维研制热潮。海岛纤维因其性能优良、应用广泛，高附加值的新型高性能复合纤维制品能够满足人们对于纺织材料方面的更高要求，也能满足纺织市场的不同需求。目前，海岛纤维处于高速发展时期，具有广阔的发展前景。

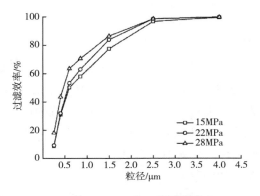

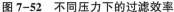

图 7-52　不同压力下的过滤效率

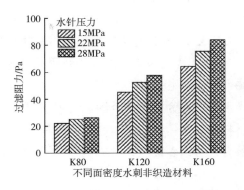

图 7-53　不同面密度下的过滤阻力

海岛型非织造材料的成型技术分为定岛型纺丝和不定岛纺丝。定岛纺丝原理：通常是将两种不同组分或不同浓度的纺丝流体分别由单独的螺杆挤压机进行熔融，通过一个具有特殊分配系统的喷丝头而制得。在进入喷丝孔之前，两种成分彼此分离，在进入喷丝孔瞬间，两种液体接触，出喷丝孔时成为连续相中包含分散相的复合纤维。在过程中海岛一起以单丝的形式存在，但海和岛保持良好的分离状态。经复合纺丝后海岛共同以常规纤度存在，岛在纤维长度方向上是连续的，岛数固定且纤度一致。之后将"海"成分溶解掉，岛以纤维的形态暴露出来，这时才可达到真正超细纤维。不定岛纺丝原理：在一定条件下把两种不相容的高分子物质共混，其中一种以微小液滴形式分布（作为分散相）在另一种高分子物质（作为连续相）中。当受到拉伸作用时，分散相液滴受力形变为微纤维，定型后形成一种以微细短纤维的形式分散于另一种高分子组分中的纤维结构，即海岛纤维。

定岛型海岛纤维相对于不定岛型海岛纤维来讲，虽然纤维纤度稍逊于不定岛型海岛纤维，但其岛屿分布固定且纤度均匀，性能更加稳定，并且色牢度也会更强，绒毛手感舒适且具有书写效应，仿真皮风格较好，通常采用复合纺丝法纺制而成。不定岛型海岛纤维的岛屿数量、大小、分布及纤度都存在随机性，且其岛屿不固定，均匀性也较差，粗细程度偏差很大，由于不定岛超细纤维海岛结构及其岛数目的不稳定性与不匀性，易造成超细纤维的纤度不匀，色牢度较差，在染整过程中比较容易影响产品的染色效果，一般采用共混纺丝的方法来制备。

目前市场上海岛纤维常用"岛"组分材料有聚酰胺（PA）、聚对苯二甲酸乙二醇酯（PET）等，根据"海""岛"两组分熔体的表观黏度和纺丝温度的匹配性，以及"海"组分的易被溶解剥离程度，常选用的"海"组分材料有碱溶性聚酯（COPET）、聚乙烯（PE）、聚乙烯醇（PVA）、聚酰胺（PA）、聚对苯二甲酸乙二醇酯（PET）、聚丙烯（PP）、聚苯乙烯（PS）等。

Guo 等为提高袋式除尘器的过滤效果，采用针刺工艺加固超细海岛纤维非织造材料，生产超细结构除尘材料。实验结果表明，当粉尘直径为 0.3~1μm 时，海岛超细纤维针刺超滤增强非织造材料的过滤效果较好，当粉尘直径为 0.3μm 时，过滤效率可达 100%。因此，海岛纤维十分适用于非织造过滤材料的制备。

7.2.3.2 双组分熔喷非织造过滤材料成型技术

进入 21 世纪以来，产业用纺织品行业以超过 35%的增长速度迅速发展，全球年产值高达3000 亿美元，由于科技含量高、市场空间大、产业渗透面广等明显优势，其技术研发及行业规模水平已成为衡量一个国家纺织领域综合实力的重要标志之一。与传统纺织品相比，非织造材料突破了传统的纺织原理，并具有原料来源广、工艺流程短、生产成本低、产量高、市场潜力大等诸多优点，已成为产业用纺织品应用领域的一支中坚力量。

由于熔喷与纺粘非织造材料复合的材料有较高的耐静水压能力，有良好的透气性和过滤效果，特别是与膜复合的材料，具有良好的阻隔性能，对非油性颗粒的过滤效率可达 99%以上。经过静电驻极处理的熔喷非织造材料，用于空气过滤时，具有初始阻力低、容尘量大，过滤效率高等特点，广泛应用于电子制造、食品、化工、家庭、机场等场所的空气净化处理。熔喷法非织造材料还可用作液体过滤材料，能过滤 0.22~10μm 粒径的颗粒。如细菌、血液及大分子物质。主要应用于医药、生物、合成血浆产品过滤，食品工业的饮料、水厂净水过滤，自来水净化过滤，电解水制氢的过滤装置环境废水过滤等。

由于熔喷非织造材料优异的特性，双组分熔喷工艺的近年来也开始逐渐受到人们的关注。希尔思公司生产的 1.7m 双组分熔喷生产线能生产皮芯型、并列型、尖端三叶型以及橘瓣型双组分纤维，纤维平均直径约 2nm，喷丝孔直径在 0.1~0.15mm，由于喷丝孔直径很小，要求聚合物原料具有较好的流动性，其熔融指数大于 1000g/min，而且无杂质。双组分熔喷非织造材料能够克服一般熔喷材料强力偏低，不耐磨的缺点。该技术已用来生产纳米纤维，纤维平均直径为 250nm，而分布范围为 25~400nm。这种产品平均孔径很小，具有很好的过滤、阻隔性能。图 7-54 为双组分熔喷工艺示意图。

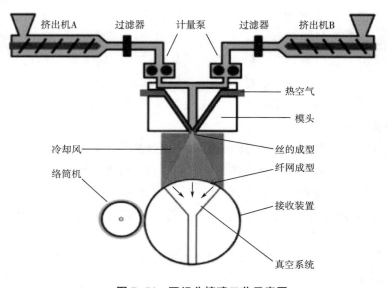

图 7-54 双组分熔喷工艺示意图

　　除此之外，还有众多学者对双组分熔喷非织造材料进行了研究。Sun 等探究了水刺、热水处理、苯甲酸处理和碱处理对双组分熔喷非织造材料的影响，研究表明，水刺时纤维断裂多于开裂，这是由于熔喷非织造材料的低强力引起的。而化学处理则十分适用于双组分熔喷非织造材料的制备。Rungiah 等将结合可再生 PP 和 PLA，制备了 PP/PLA 双组分熔喷非织造材料。比较了风量对熔喷 PP/PLA 双组分体系结构性能的影响，并与 PP 和聚乳酸单组分熔喷体系进行了比较。结果表明，PP/PLA 双组分熔喷纤维的直径比单组分熔喷纤维的直径要小。此外，与 PP 单组分熔喷相比，它具有更高的抗热收缩性能。由于卷曲效应较小，PP 与聚乳酸的缔合作用不影响复合材料的堆积密度和渗透率。在低风量和高风量下熔融吹炼的 PP/PLA 双组分也观察到了两种不同的纤维形态。证明了 PP 与 PLA 缔合的可行性，显示了 PP/PLA 双组分超细纤维的生成和在高温下有限的热收缩。Liu 等以熔喷级 PP 和 PET 切片为原料，通过熔喷工艺研制出一种新型的 PP/PET 双组分过滤材料。结果表明，PP/PET 双组分过滤材料的平均纤维直径为 $2 \sim 3.5\mu m$，平均孔径为 $12.3 \sim 15.6\mu m$，孔隙率为 $90\% \sim 94\%$。结果还表明，PP/PET 双组分过滤材料的过滤效率远高于单组分 PP 熔喷非织造材料。当 PP/PET 配比为 50/50 时达到最高值 97.34%，可用作高性能过滤材料。

参考文献

[1]HUFENUS R, TISCHHAUSER A. ENCAPSULATED PA FIBRE FOR ARTIFICIAL TURF[J]. High Performance Plastics, 2011(4):1-2.

[2]LEAL A A, NAEIMIRAD M, GOTTARDO L, et al. Microfluidic behavior in melt-spun hollow and liquid core fibers [J]. International Journal of Polymeric Materials and Polymeric Biomaterials, 2016, 65(9):451-456.

[3]NAEIMIRAD M, ZADHOUSH A, KOTEK R, et al. Recent advances in core/shell bicomponent fibers and nanofibers: A review[J]. J Appl Polym Sci, 2018, 135(21):46265.

[4]崔晓玲, 王依民, 胡申伟, 等. PPS/PA6 偏心皮芯型复合纤维的研究[J]. 合成纤维, 2008, 37(2):14-17.

[5]周晨, 徐熊耀, 靳向煜. ES 纤维热风非织造布驻极性能初探[J]. 纺织学报, 2012, 33(9):66-70.

[6]钱幺, 王雨, 钱晓明. ES 纤维针刺非织造布的摩擦驻极性能[J]. 天津工业大学学报, 2016, 35(3):28-32.

[7]LIU J X, ZHANG H F, GONG H, et al. Polyethylene/Polypropylene Bicomponent Spunbond Air Filtration Materials Containing Magnesium Stearate for Efficient Fine Particle Capture[J]. Acs Applied Materials & Interfaces, 2019, 11(43):40592-40601.

[8]王乃森, 郭静, 管福成, 等. 并列型 PTT/PET 复合纤维的卷缩特性及力学性能的研究[J]. 聚酯工业, 2012, 25(5):11-15.

[9]蔡明. 并列双组分纳米纤维膜的制备及其性能研究[D]. 青岛:青岛大学, 2019.

[10]施楣梧, 肖红. PET/PTT 双组分弹性长丝的结晶取向结构和卷曲性能[J]. 高分子通报, 2009(1):37-44.

[11]林文静, 罗锦, 王府梅. PTT/PET 并列复合短纤维的卷曲和拉伸性能研究[J]. 合成纤维, 2010, 39(1):27-31.

[12]肖海英, 肖红, 王府梅, 等. PET/PTT 双组分纤维的卷曲形貌和卷曲弹性参数分析[J]. 合成纤维, 2009, 38(3):25-29, 44.

[13]CAI M, HE H W, ZHANG X, et al. Efficient synthesis of PVDF/PI side-by-side bicomponent nanofiber membrane with enhanced mechanical strength and good thermal stability[J]. Nanomaterials, 2018, 9(1):39.

［14］王俊南．基于"梯形"结构的双组分纺粘摩擦—牵伸装置的研究［D］．天津：天津工业大学，2016.

［15］钱小刚，吴中元，张恒．双组分纺粘非织造过滤材料的结构设计［J］．天津纺织科技，2015（1）：16-18.

［16］王敏，韩建，于斌，等．双组分橘瓣型纺粘水刺材料的过滤和力学性能［J］．纺织学报，2016，37（9）：16-20.

［17］ZHANG H，QIAN X M，ZHEN Q，et al. Research on structure characteristics and filtration performances of PET-PA6 hollow segmented-pie bicomponent spunbond nonwovens fibrillated by hydro entangle method［J］．J Ind Text，2015，45（1）：48-65.

［18］董振峰，王锐，李革，等．LDPE/PA6 海岛复合超细纤维的可纺性及性能研究［J］．合成纤维工业，2014，37（4）：15-18.

［19］田新娇，柳静献，毛宁，等．基于海岛纤维的新型滤料实验研究［J］．东北大学学报（自然科学版），2017，38（8）：1163-1166.

［20］WU H，ZHENG Y，ZENG Y. Fabrication of Helical Nanofibers via Co-Electrospinning［J］．Ind Eng Chem Res，2015，54（3）：987-993.

［21］CHEN S，HOU H，HU P，et al. Effect of Different Bicomponent Electrospinning Techniques on the Formation of Polymeric Nanosprings［J］．Macromolecular Materials and Engineering，2009，294（11）：781-786.

［22］KESSICK R，TEPPER G. Microscale polymeric helical structures produced by electrospinning［J］．Appl Phys Lett，2004，84（23）：4807-4809.

［23］杜江华，杨婷婷，郭生伟，等．具有螺旋结构的 PEO/PHB 核壳超细纤维的制备及表征［J］．材料导报，2020，34（24）：24165-24169.

［24］YU J，QIU Y，ZHA X，et al. Production of aligned helical polymer nanofibers by electrospinning［J］．Eur Polym J，2008，44（9）：2838-2844.

［25］SHIN M K，KIM S I，KIM S J. Controlled assembly of polymer nanofibers：From helical springs to fully extended［J］．Appl Phys Lett，2006，88（22）.

［26］CANEJO J P，BORGES J P，GODINHO M H，et al. Helical Twisting of Electrospun Liquid Crystalline Cellulose Micro-and Nanofibers［J］．Adv Mater，2008，20（24）：4821-4825.

［27］余佳鸿，王晗，李响．静电纺微量串珠纤维复合滤料的制备及过滤性能探究［J］．广州化学，2019，44（2）：48-53.

［28］YOON Y I，MOON H S，LYOO W S，et al. Superhydrophobicity of PHBV fibrous surface with bead-on-string structure［J］．J Colloid Interface Sci，2008，320（1）：91-95.

［29］ZHAN N，LI Y，ZHANG C，et al. A novel multinozzle electrospinning process for preparing superhydrophobic PS films with controllable bead-on-string/microfiber morphology［J］．J Colloid Interface Sci，2010，345（2）：491-495.

［30］HUANG J J，TIAN Y，WANG R，et al. Fabrication of bead-on-string polyacrylonitrile nanofibrous air filters with superior filtration efficiency and ultralow pressure drop［J］．Sep Purif Technol，2020，237：116377.

［31］WANG Z，ZHAO C，PAN Z. Porous bead-on-string poly（lactic acid）fibrous membranes for air filtration［J］．J Colloid Interface Sci，2015，441：121-129.

［32］LI T-T，ZHANG H，GAO B，et al. Daylight-driven rechargeable，antibacterial，filtrating micro/nanofibrous composite membranes with bead-on-string structure for medical protection［J］．Chem Eng J，2021，422：130007.

［33］刘呈坤，贺海军，孙润军，等．静电纺制备多孔纳米纤维材料的研究进展［J］．纺织学报，2017，38（3）：168-173.

[34]区炜锋,严玉蓉.静电纺多级孔材料制备研究进展[J].化工进展,2009,28(10):1766-1770,1776.

[35]何俊,韦元智,谢川,等.静电纺丝制备中空多孔纳米纤维研究进展[J].塑料工业,2021,49(12):7-11.

[36]DAYAL P,KYU T. Porous fiber formation in polymer-solvent system undergoing solvent evaporation[J]. J Appl Phys,2006,100(4):43512.

[37]DAYAL P,LIU J,KUMAR S,et al. Experimental and theoretical investigations of porous structure formation in electrospun fibers[J]. Macromolecules,2007,40(21):7689-7694.

[38]BOGNITZKI M,FRESE T,STEINHART M,et al. Preparation of fibers with nanoscaled morphologies:Electrospinning of polymer blends[J]. Polymer Engineering and Science,2001,41(6):982-989.

[39]XIE F,WANG Y,ZHUO L,et al. Electrospun Wrinkled Porous Polyimide Nanofiber-Based Filter via Thermally Induced Phase Separation for Efficient High-Temperature PMs Capture[J]. ACS Appl Mater Interfaces,2020,12(50):56499-56508.

[40]WANG C T,TU T M,SYU J Y,et al. Experimental investigation of the filtration characteristics of charged porous fibers[J]. Aerosol and Air Quality Research,2018,18(6):1470-1482.

[41]PENG M,LI D,SHEN L,et al. Nanoporous structured submicrometer carbon fibers prepared via solution electrospinning of polymer blends[J]. Langmuir,2006,22(22):9368-9374.

[42]XIONG J,HUO P,KO F K. Fabrication of ultrafine fibrous polytetrafluoroethylene porous membranes by electrospinning[J]. J Mater Res,2009,24(9):2755-2761.

[43]DOTTI F,VARESANO A,MONTARSOLO A,et al. Electrospun Porous Mats for High Efficiency Filtration[J]. J Ind Text,2016,37(2):151-162.

[44]GU J,GU H,CAO J,et al. Robust hydrophobic polyurethane fibrous membranes with tunable porous structure for waterproof and breathable application[J]. Appl Surf Sci,2018,439:589-597.

[45]TOPUZ F,ABDULHAMID M A,NUNES S P,et al. Hierarchically porous electrospun nanofibrous mats produced from intrinsically microporous fluorinated polyimide for the removal of oils and non-polar solvents[J].Environmental Science:Nano,2020,7(5):1365-1372.

[46]LI D,OUYANG G,MCCANN J T,et al. Collecting electrospun nanofibers with patterned electrodes[J]. Nano Lett,2005,5(5):913-916.

[47]XU H,LI H,CHANG J. Controlled drug release from a polymer matrix by patterned electrospun nanofibers with controllable hydrophobicity[J]. J Mater Chem B,2013,1(33):4182-4188.

[48]CHENG Z,CAO J,KANG L,et al. Novel transparent nano-pattern window screen for effective air filtration by electrospinning[J]. Mater Lett,2018,221:157-160.

[49]CAO J,CHENG Z,KANG L,et al. Patterned nanofiber air filters with high optical transparency,robust mechanical strength,and effective PM2. 5 capture capability[J]. RSC Advances,2020,10(34):20155-20161.

[50]ZHENG G,LI W,WANG X,et al. Precision deposition of a nanofibre by near-field electrospinning[J]. J Phys D:Appl Phys,2010,43(41):415501.

[51]WANG Z,CHEN X,ZENG J,et al. Controllable deposition distance of aligned pattern via dual-nozzle near-field electrospinning[J]. AIP Advances,2017,7(3):35310.

[52]LEE J,LEE S Y,JANG J,et al. Fabrication of patterned nanofibrous mats using direct-write electrospinning[J]. Langmuir,2012,28(18):7267-7275.

[53]YAN G,YU J,QIU Y,et al. Self-assembly of electrospun polymer nanofibers:a general phenomenon generating

honeycomb-patterned nanofibrous structures[J]. Langmuir,2011,27(8):4285-4289.

[54]DING B,LI C,MIYAUCHI Y,et al. Formation of novel 2D polymer nanowebs via electrospinning[J].Nanotechnology,2006,17(15):3685-3691.

[55]OH H J,PANT H R,KANG Y S,et al. Synthesis and characterization of spider-web-like electrospun mats of meta-aramid[J]. Polym Int,2012,61(11):1675-1682.

[56]WANG X,DING B,YU J,et al. Large-scale fabrication of two-dimensional spider-web-like gelatin nano-nets via electro-netting[J]. Colloids Surf B Biointerfaces,2011,86(2):345-352.

[57]PANT H R,KIM H J,JOSHI M K,et al. One-step fabrication of multifunctional composite polyurethane spider-web-like nanofibrous membrane for water purification[J]. J Hazard Mater,2014(264):25-33.

[58]ZHANG S,LIU H,ZUO F,et al. A Controlled Design of Ripple-Like Polyamide-6 Nanofiber/Nets Membrane for High-Efficiency Air Filter[J]. Small,2017,13(10):1603151.

[59]ZHANG S,LIU H,YIN X,et al. Tailoring Mechanically Robust Poly(m-phenylene isophthalamide) Nanofiber/nets for Ultrathin High-Efficiency Air Filter[J]. Sci Rep,2017,7:40550.

[60]WANG N,WANG X,DING B,et al. Tunable fabrication of three-dimensional polyamide-66 nano-fiber/nets for high efficiency fine particulate filtration[J]. J Mater Chem,2012,22(4):1445-1452.

[61]LI Z,XU Y,FAN L,et al. Fabrication of polyvinylidene fluoride tree-like nanofiber via one-step electrospinning[J]. Materials & Design,2016,92:95-101.

[62]LI Z,KANG W,ZHAO H,et al. A Novel Polyvinylidene Fluoride Tree-Like Nanofiber Membrane for Microfiltration[J]. Nanomaterials(Basel),2016,6(8):152.

[63]LI Z,KANG W,ZHAO H,et al. Fabrication of a polyvinylidene fluoride tree-like nanofiber web for ultra high performance air filtration[J]. RSC Advances,2016,6(94):91243-91249.

[64]LI Z,LIU Y,YAN J,et al. Electrospun polyvinylidene fluoride/fluorinated acrylate copolymer tree-like nanofiber membrane with high flux and salt rejection ratio for direct contact membrane distillation[J]. Desalination,2019,466:68-76.

[65]CHENG B,LI Z,LI Q,et al. Development of smart poly(vinylidene fluoride)-graft-poly(acrylic acid) tree-like nanofiber membrane for pH-responsive oil/water separation[J]. J Membr Sci,2017,534:1-8.

[66]KANG W,JU J,ZHAO H,et al. Characterization and antibacterial properties of Ag NPs doped nylon 6 tree-like nanofiber membrane prepared by one-step electrospinning[J]. Fibers and Polymers,2017,17(12):2006-2013.

[67]ZHANG K,LI Z,KANG W,et al. Preparation and characterization of tree-like cellulose nanofiber membranes via the electrospinning method[J]. Carbohydr Polym,2018,183:62-69.

[68]JU J,SHI Z,FAN L,et al. Preparation of elastomeric tree-like nanofiber membranes using thermoplastic polyurethane by one-step electrospinning[J]. Mater Lett,2017,205:190-193.

[69]XIAO Y,WANG Y,ZHU W,et al. Development of tree-like nanofibrous air filter with durable antibacterial property[J]. Sep Purif Technol,2021,259:118135.

[70]颜晓杰. 基于氟/硅改性的特殊浸润性织物的制备及其界面性质研究[D]. 杭州:浙江理工大学,2018.

[71]WEI X,ZHOU H,CHEN F,et al. High-Efficiency Low-Resistance Oil-Mist Coalescence Filtration Using Fibrous Filters with Thickness-Direction Asymmetric Wettability[J]. Adv Funct Mater,2018,29(1):1806302.

[72]ZHU Z,LIU Z,ZHONG L,et al. Breathable and asymmetrically superwettable Janus membrane with robust oil-fouling resistance for durable membrane distillation[J]. J Membr Sci,2018,563:602-609.

[73] YIN H,ZHAO J,LI Y,et al. Electrospun SiNPs/ZnNPs-SiO$_2$/TiO$_2$ nanofiber membrane with asymmetric wetting:Ultra-efficient separation of oil-in-water and water-in-oil emulsions in multiple extreme environments[J]. Sep Purif Technol,2021,255:117687.

[74] LIN Y,SALEM M S,ZHANG L,et al. Development of Janus membrane with controllable asymmetric wettability for highly-efficient oil/water emulsions separation[J]. J Membr Sci,2020,606:118141.

[75] KWON S O,KO T J,YU E,et al. Nanostructured self-cleaning lyocell fabrics with asymmetric wettability and moisture absorbency (part I)[J]. RSC Adv,2014,4(85):45442-45448.

[76] JU J,SHI Z,DENG N,et al. Designing waterproof breathable material with moisture unidirectional transport characteristics based on a TPU/TBAC tree-like and TPU nanofiber double-layer membrane fabricated by electrospinning[J]. RSC Advances,2017,7(51):32155-32163.

[77] WANG Z,YANG X,CHENG Z,et al. Simply realizing "water diode" Janus membranes for multifunctional smart applications[J]. Materials Horizons,2017,4(4):701-708.

[78] 钱晓明,张恒. 基于组合技术的先进非织造材料创新方法及其应用[J]. 纺织导报,2020(1):65-72.

[79] VYSLOUZILOVA L,SEIDL M,HRUZA J,et al. Nanofibrous Filters for Respirators[J]. Advanced Materials Research,2015,1119:126-131.

[80] YANG Y,ZHANG S,ZHAO X,et al. Sandwich structured polyamide-6/polyacrylonitrile nanonets/bead-on-string composite membrane for effective air filtration[J]. Sep Purif Technol,2015,152:14-22.

[81] XIONG J,ZHOU M,ZHANG H,et al. Sandwich-structured fibrous membranes with low filtration resistance for effective PM2.5 capture via one-step needleless electrospinning[J]. Materials Research Express,2018,6(3):35027.

[82] XU Q,WANG G,XIANG C,et al. Preparation of a novel poly (ether ether ketone) nonwoven filter and its application in harsh conditions for dust removal[J]. Sep Purif Technol,2020,253:117555.

[83] LIU R X,LIU T Q,CAO B B,et al. Preparation and Purification Properties of Poly(Vinyl Alcohol) Nano-Fibers Based Sandwich Structure Material[J]. Advanced Materials Research,2013,683:11-16.

[84] ROCHE R,YALCINKAYA F. Incorporation of PVDF Nanofibre Multilayers into Functional Structure for Filtration Applications[J]. Nanomaterials (Basel),2018,8(10):771.

[85] LI L,SHANG L,LI Y,et al. Three-layer composite filter media containing electrospun polyimide nanofibers for the removal of fine particles[J]. Fibers and Polymers,2017,18(4):749-757.

[86] SMITH W,BARLOW J,PAUL D. Chemistry of miscible polycarbonate-copolyester blends[J]. J Appl Polym Sci,1981,26(12):4233-4245.

[87] 张若楠. PA56/PET 复合纤维制备及性能研究[D]. 上海:东华大学,2017.

[88] 甄琪,张恒,李素英,等. 木棉纤维混比对非织造黏合衬布性能的影响[J]. 棉纺织技术,2013,41(7):8-11.

[89] 张瑜,朱军. 可生物降解医用非织造布的研发[J]. 纺织学报,2005,26(5):114-116.

[90] WALCZAK J,SOBOTA M,CHRZANOWSKI M,et al. Application of the melt-blown technique in the production of shape-memory nonwoven fabrics from a blend of poly (L-lactide) and atactic poly[(R,S)-3-hydroxy butyrate][J]. Textile Research Journal,2018,88(18):2141-2152.

[91] 贺宏伟. SMS 复合无纺布的生产与发展状况[J]. 福建轻纺,2010(5):52-55.

[92] 特吕茨施勒非织造:高速湿法+干法水刺生产线诞生[J]. 产业用纺织品,2020,38(12):49.

[93] 张寅江, 王荣武, 靳向煜. 湿法水刺可分散材料的结构与性能及其发展趋势[J]. 纺织学报, 2018, 39(6): 167-174.

[94] SCHLAGER S, MAIER T, JARY S, 等. Lyocell 短切纤维在湿法成网水刺非织造布中的应用[J]. 国际纺织导报, 2021, 49(2): 24-26, 28.

[95] 张星, 刘金鑫, 张海峰, 等. 防护口罩用非织造滤料的制备技术与研究现状[J]. 纺织学报, 2020, 41(3): 168-174.

[96] 张恒, 甄琪, 钱晓明, 等. 仿生树型超高分子量聚乙烯柔性防刺复合材料制备及其透湿性能[J]. 纺织学报, 2018, 39(4): 63-68.

[97] 赵宝宝, 钱幺, 钱晓明, 等. 梯度结构双组分纺粘水刺非织造材料的制备及其性能[J]. 纺织学报, 2018, 39(5): 56-61.

[98] 黄洁希, 张玲. 海岛纤维的生产方法及研究进展[J]. 化纤与纺织技术, 2019, 48(1): 34-38.

[99] 刘雁雁, 董瑛, 朱平. 海岛超细纤维特点及其应用[J]. 纺织科技进展, 2008(1): 37-39.

[100] GUO N K, HUANG X, JING L X. Application Research of High-Strength Needled Filter Bag with Sea-Island Superfine Fiber[J]. Advanced Materials Research, 2014, 1004-1005: 553-556.

[101] 何宏升. 熔喷 PS/PP 非织造材料制备与性能研究[D]. 天津: 天津工业大学, 2018.

[102] RUNGIAH S, RUAMSUK R, VROMAN P, et al. Structural characterization of polypropylene/poly(lactic acid) bicomponent meltblown[J]. J Appl Polym Sci, 2017, 134(14): 44540.

[103] SUN C, ZHANG D, LIU Y, et al. Bicomponent Meltblown Nonwovens and Fibre Splitting[J]. J Ind Text, 2016, 34(1): 17-26.

[104] LIU Y, CHENG B, WANG N, et al. Development and performance study of polypropylene/polyester bicomponent melt-blowns for filtration[J]. J Appl Polym Sci, 2012, 124(1): 296-301.

第8章　非织造过滤材料前沿技术

随着科技的不断进步和发展，非织造过滤材料的研究也越来越深入。不同于传统的成型技术和后整理技术，本章主要从微/纳米成型技术和先进整理技术出发，对非织造过滤材料的前沿技术进行介绍。

8.1　非织造过滤材料的纳米成型技术

非织造过滤材料的成型技术多种多样，但是随着科学技术的不断发展，传统成型工艺所制备的非织造过滤材料已经很难满足其在过滤领域中的使用要求。因此，纤维的细旦化成为了非织造过滤材料甚至是整个纺织行业的发展趋势。传统非织造材料成型技术如梳理成网、气流成网、湿法成网和纺粘法成网等由于所制备纤维的直径较大而使得其应用受到了一定的局限性。

为了追求更细的纤维形态，即纳米级纤维，科研人员开发了一系列的前沿成型技术，如静电纺丝、液喷纺丝、离心纺丝和闪蒸纺丝等，为非织造过滤材料的应用提供了更多的可能性。

纳米纤维主要是指在三维尺度上有两维的尺寸处于纳米范围的线（管）状材料，具有长径比大、比表面积大和孔隙率高等优点，使得纳米纤维材料在过滤材料、生物医学、传感器防护应用以及其他特殊领域都有着良好的应用前景。拉伸法、模板合成法、相分离法、自组装法和静电纺丝法等均可制备纳米纤维，其中静电纺丝法以操作简单、适用范围广、生产效率相对较高等优点而被广泛采用。

8.1.1　静电纺丝成型技术

1934 年，Formhals 发明了用静电力制备聚合物纤维的实验装置并申请了专利，采用静电纺丝技术制备了以醋酸纤维素丙酮溶液为原料的聚合物纤维；其专利公布了聚合物溶液如何在电极间形成射流，这是首次详细描述利用高压静电来制备纤维装置的专利，被公认为是静电纺丝技术制备纤维的开端。

进入 20 世纪 90 年代以后，纳米纤维形成机理和应用的研究才逐渐兴起。由于纳米技术的发展，纳米材料和技术在越来越多的领域发挥着越来越重要的作用。从 2000 年后，静电纺丝以其制造装置简单、纺丝成本低廉、可纺物质种类繁多、工艺可控等优点，再度引起人们的重视，成为各国研究的热点。静电纺丝现已成为有效制备纳米纤维材料的主要途径之一，其用途已涉及过滤、医疗、环境、电子、能源等诸多领域。

8.1.1.1　静电纺丝工艺原理

静电纺丝技术原理如下：首先，将带有金属针头的注射器吸入聚合物溶液或熔体并到安装在注射器泵上，并在装置上加上几千伏至几万伏的高压静电，调整针头尖端和收集器之间的距离，再将聚合物溶液或熔体推向注射器的针尖并在针尖处形成液滴。此时，高压作用使得液滴表面产生电荷，引起电荷的相互排斥，从而降低其表面张力，随着电场强度的进一步增加，半球形液滴变得细长，并喷射形成泰勒锥。当泰勒锥和收集器间的电荷作用力完全克服液滴的表面张力时，液滴喷出并形成一个震荡、不稳定的射流，随后被迅速拉伸变形，其溶剂会在空气中快速蒸发，聚合物则以纳米纤维或颗粒的形式沉积在收集器上。静电纺丝原理及工艺流程如图 8-1 所示。

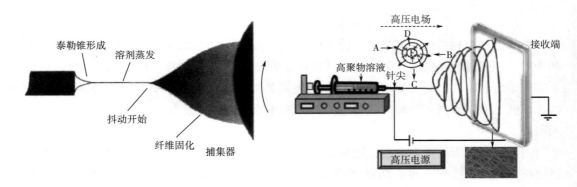

图 8-1　静电纺丝原理及工艺流程示意图

静电纺丝过程大致可分为以下 3 个阶段：

①喷射流的产生和延伸；

②鞭动不稳定性的形成和喷射流的进一步拉伸；

③喷射流固化形成纳米纤维。

8.1.1.2　静电纺丝工艺影响因素

静电纺丝工艺仅受许多参数的控制，大致分为溶液参数、工艺参数和环境参数。其中溶液参数包括黏度、电导率、分子量和表面张力等；工艺参数包括外加电场、尖端到集热器的距离和进料或流速等。这些参数中的每一个都显著影响通过静电纺丝获得的纤维形态，通过适当地操纵这些参数，可以获得所需的形态和直径的纳米纤维。除了这些变量，环境参数包括湿度和温度在决定静电纺丝纳米纤维的形态和直径方面也起着重要作用。

（1）溶液参数

①溶液浓度。在静电纺丝过程中，要形成纤维，需要一个最低溶液浓度。已经发现，在较低的溶液浓度下，可以获得纤维及其颗粒的混合物，并且随着溶液浓度的增加，纤维颗粒的形状从球形变为纺锤状，最终由于较高的黏度阻力而形成直径增大的均匀纤维。静电纺丝过程中其溶液浓度应该保持在适中状态，因为在低浓度时，纤维表面会形成颗粒，而在高浓度时，由于无法保持针尖的溶液流动，会形成更大的纤维，从而阻止了连续纤维的形成。研

究表明，溶液浓度越高，静电纺丝所获得的纤维直径越大。同时，溶液表面张力和黏度在决定静电纺丝中可获得连续纤维的浓度范围中也起着重要作用。

②聚合物分子量。聚合物的分子量对黏度、表面张力、电导率和介电强度等流变特性和电学特性有很大影响。这是影响静电纺丝纤维形态的另一个重要溶液参数，通常高分子量聚合物溶液被用于静电纺丝，因为它们为纤维的生成提供了所需的黏度。已经观察到，分子量太低的溶液倾向于形成颗粒而不是纤维，而高分子量的溶液使纤维的平均直径更大。聚合物的分子量反映了聚合物链在溶液中的缠结数量，从而反映了溶液的黏度。

在静电纺丝过程中，链纠缠起着重要的作用。以高分子量聚乳酸（HM-PLA）为例，即使在聚合物浓度较低的情况下，也可以保持足够数量的聚合链缠结，从而确保溶液黏度水平能在静电纺丝过程中产生均匀的射流，并抑制表面张力的影响，这对静电纺丝纳米纤维上颗粒的形成有着很大的影响。以聚甲基丙烯酸甲酯为例，分子量从 12.47kDa 到 365.7kDa 时，静电纺丝过程中颗粒和滴落液滴的数量减少。如果足够的分子间相互作用可以替代通过链缠结获得的链间连接性，那么高分子量对于静电纺丝过程并不总是必不可少的。

③溶液黏度。聚合物纤维纺丝过程中，溶液黏度是决定纤维尺寸和形态的重要因素。研究发现，在黏度很低的情况下，不会形成连续的纤维；而在黏度很高的情况下，则很难从聚合物溶液中喷射出射流，因此对静电纺丝有一个最佳黏度的要求。聚合物黏度、聚合物浓度和聚合物分子量三者之间存在一定的相关性。在黏度很高的情况下，聚合物溶液通常表现出较长的应力松弛时间，这可以防止静电纺丝过程中喷射的射流破裂。溶液黏度或浓度的增加会导致纤维直径更大、更均匀。在静电纺丝中，溶液的黏度在决定可获得连续纤维的浓度范围方面起着重要作用。对于低黏度的溶液，表面张力是主要因素，只有珠状或珠状纤维形成，当超过临界浓度时，得到连续的纤维结构，其形态受到溶液浓度的影响。

④表面张力。表面张力更可能是溶液溶剂组成的函数，在静电纺丝过程中起关键作用，通过降低纳米纤维溶液的表面张力，可以在没有颗粒的情况下获得纤维。不同的溶剂可能会产生不同的表面张力。通常，溶液的高表面张力会抑制静电纺丝过程，因为射流不稳定，会产生喷雾液滴。液滴、颗粒和纤维的形成取决于溶液的表面张力，较低表面张力的纺丝溶液有助于在较低的电压下进行静电纺丝。然而，溶剂的表面张力不一定越低越适合静电纺丝。基本上，如果所有其他变量保持不变，表面张力决定了静电纺丝窗口的上下界。

⑤电导率和表面电荷密度。聚合物大多是导电的，除了少数介质材料外，聚合物溶液中的带电离子对射流的形成有很大的影响。溶液的导电性主要取决于聚合物类型、使用的溶剂以及可电离盐的可用性。研究表明，随着溶液电导率的增加，静电纺丝纳米纤维的直径明显减小，而溶液的电导率较低时，射流的伸长率不足以产生均匀的纤维，并可观察到微粒的形成。但是高导电性溶液在强电场中是极不稳定的，其可能会导致纤维生成的不稳定以及较宽的直径分布。

有研究人员通过添加离子盐，可以制备出直径相对较小的纤维。这种通过使用盐增加溶液电导率的方法也被用于其他聚合物，例如 PEO、Ⅰ型胶原-PEO、PVA、聚丙烯酸（PAA）、聚酰胺-6（PA6）等，并随着盐的使用，纤维的均匀性增加，颗粒的生成量减少。

（2）工艺参数

①外加电压。在静电纺丝过程中，外加电压是一个关键的因素。只有在达到阈值电压后，纤维才会形成，这会使得溶液中产生必要的电荷和电场，从而启动静电纺丝过程。实验已经证明，针尖液滴的形状随纺丝条件（电压、黏度和进料速度）而变化。但是关于静电纺丝过程中的外加电压行为，仍存在一些争议。有研究人员提出，当施加更高的电压时，会有更多的聚合物喷射，这有助于形成更大直径的纤维。而也有研究人员认为，增加外加电压（即通过增加电场强度）会增加流体射流上的静电斥力，这最终有利于纤维直径减小。在大多数情况下，由于射流中较强的电场和较高的电压，会导致溶液产生更大的拉伸，这些影响会导致纤维直径变小，并导致溶剂从纤维中迅速蒸发，从而使在较高电压下形成颗粒的可能性也更大。因此，电压影响纤维直径，但显著程度随聚合物溶液浓度和尖端与收集器之间的距离而不同。

②进料速率。聚合物从注射器中流出的流量是一个重要的工艺参数，因为它影响着射流速率和物料传输速率。较低的进料速率更可取，因为溶剂将获得足够的蒸发时间，纺丝溶液应该始终有一个最小流速。例如，在电纺聚苯乙烯（PS）纤维中，纤维直径和孔径随着聚合物流量的增加而增大，通过改变流量，纤维的形态结构也略有改变。高流速也可能会导致形成串珠纤维。

③收集器的类型。收集器的类型也是影响静电纺丝的因素之一，收集器是指充当收集纳米纤维的导电衬底。通常，铝箔被用作收集器，但由于所收集的纤维难以满足一些应用的要求，其他收集器也很常见，例如导电纸、导电布、金属丝网、销钉、平行或网状杆、旋转杆、旋转轮和液体非溶剂，如甲醇凝固浴等。

④接收距离。注射泵尖端和收集器之间的接收距离是控制纤维直径和形态的另一种参数。研究发现，需要一个较为适中的距离才能使纤维在到达收集器之前有足够的时间干燥，否则，如果距离太近或太远，就会观察到颗粒。但是接收距离对纤维形态的影响不像其他参数那么显著。

据报道，扁平纤维可以在较近的距离产生，但随着距离的增加，在纺制具有纤维连接蛋白功能的丝状聚合物时观察到了圆形纤维。尖端和收集器之间的距离越近，纤维越直径越小。因此，接受距离也会对静电纺丝过程产生各种影响。

（3）环境参数

影响静电纺丝的因素除了溶液参数和工艺参数外，还有环境参数，包括湿度、温度等。有研究人员发现，在 25~60℃ 的温度范围内，聚酰胺-6纤维随着温度的升高，纤维直径减小，他们将其归因于温度升高时聚合物溶液黏度的降低，黏度与温度成反比。

在非常低的湿度下，挥发性溶剂可能会迅速干燥，因为溶剂的蒸发速度更快，这将会使针尖堵塞导致静电纺丝无法继续进行；高湿度则有助于电纺纤维的放电。

8.1.1.3 不同静电纺丝成型方式

尽管静电纺丝在实验室中操作简单，但如何提高其生产能力和可重复性仍然是一个很大的挑战。因此，许多研究人员致力于通过改进装置来提高电纺工艺效率，包括多射流电纺、无针电纺和近场电纺技术的进步。

（1）多射流电纺

多射流静电纺丝方法是在传统的单针静电纺丝的基础上，通过将常用的喷丝孔矩阵设立为按特定几何形状排列的喷丝板的组合来工作。

图 8-2 显示了典型的几种多射流电纺示意图。

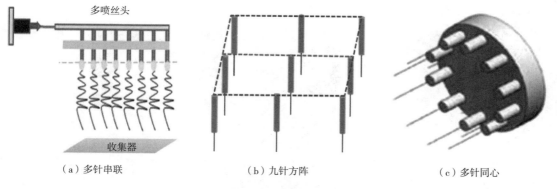

（a）多针串联　　　　　　　　　　（b）九针方阵　　　　　　　　　　（c）多针同心

图 8-2　多射流静电纺丝

（2）无针电纺

以喷射器为基础的静电纺丝技术作为一种商业工艺存在一些缺点，如生产效率低和针管容易堵塞。因此，无针电纺工艺越来越受欢迎。

无针电纺工艺可在自由液体表面产生大量聚合物射流，从而大大提高生产效率。当外加电场强度超过某一临界值时，导电液体中的波在介观尺度上自由组织，最终形成射流。

例如，可以利用一个旋转的水平圆柱体，并使其浸泡在聚合物溶液的容器之中，聚合物溶液在圆柱体表面形成一层薄膜，并暴露于高压电场之中，其主要优点是射流数量和位置得到了最佳的配置，且提高了静电纺丝工艺的生产效率和可靠性。

最流行的无针系统是由 Elmarco 制造的纳米蜘蛛系统，该系统可生产平均直径低至 $50\mu m$、沉积宽度为 1.6m 的纤维，沉积速度可达 60m/min，沉积量仅为 $0.03g/m^2$。该系统的一种装置是用一根细的固定导线替代旋转圆柱体，如图 8-3 所示。聚合物溶液通过往复式喷头沉积在导线上。采用这种方式时，聚合物溶液只在纺丝前出现在电极上，减

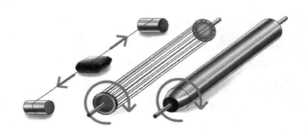

图 8-3　Elmarco 纳米蜘蛛电极设计

少了溶剂蒸发对纺丝浓度的影响（溶剂蒸发，则纺丝浓度增加）。

（3）近场电纺

由于传统静电纺丝技术的混乱特性，排列或图案化的微/纳米纤维结构的应用受到限制。

近场电纺是近年来提出并发展起来的一种较低工作电压的电纺技术。在近场电纺中，由于纺丝距离较短，弯曲不稳定性可以得到很大程度的限制，从而使纤维在直线段沉积时具有良好的可控性。此外，收集器被放置在由计算机程序精确控制的 2D 运动平台上，以精确地制备具有预先设计的轨迹的纤维。通过改变收集器的运动速度，由于快速运动产生的强大阻力减弱了收集器上的残余电荷对收集器的影响，从而先后获得了卷曲的、波浪的和直线的纳米纤维。近场电纺的原理如图 8-4 所示。

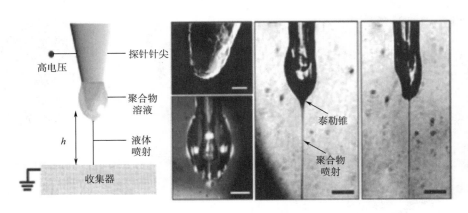

图 8-4　近场电纺的原理示意图

8.1.2　溶液喷射纺丝成型技术

溶液喷射纺丝（SBS）是一种以高速气体为驱动力，而不是以高电场为驱动力的纤维生产技术。溶液喷射纺丝技术与熔喷和静电纺丝技术相比具有明显优势。与熔喷成网技术相比：原料适用性广，由于很多聚合物无法熔融或其热分解温度低于熔融温度（如聚丙烯腈等），从而无法利用熔喷技术纺制纤维；纤维直径更细，聚合物溶液相比于熔融态的黏度更小，所以溶液喷射纺丝技术最终形成的纤维直径更细；无须高温加热设备，因而工艺能耗低、装置简单。与静电纺丝技术相比：溶液喷射纺丝技术生产效率高，其单针头纺丝速度可达静电纺丝速度的 10 倍；无须高压电场及相关配套保护装置，生产操作灵活、简单，更适合于工业化生产。最重要的是，与上述两种制备技术相比，溶液喷射纺丝技术可直接将纤维沉积到任何材料的表面，如常规的多孔成网帘、实验桌台面等，甚至在生物组织表面，因此，利用该方法还可实现廉价和可移动的手持简易纺丝设备，从而大大促进纺丝设备的小型化、简易化进程。随着溶液喷射纺丝技术的日臻发展，其纺丝机制及技术改进研究也逐渐完善。

8.1.2.1　溶液喷射纺丝工艺原理

溶液喷射纺丝技术最早是由 Medeiros 等结合熔喷技术和干法纺丝技术特点而提出的纳米纤维制备技术。在 Medeiros 早期研究中，分别以氯仿、甲苯和四氢呋喃为溶剂，制备了聚甲基丙烯酸甲酯（PMMA）、聚乳酸（PLA）和聚苯乙烯（PS）溶液喷射纺纳米纤维，发现溶液喷射纺纤维直径与静电纺纳米纤维相近，并研究了挤出速率、气体压力、聚合物浓度等参数对纤维结构的影响规律。该技术的基本原理是利用高速气流对溶液细流进行超细拉伸，并随着溶剂蒸发而固化为纳米纤维，原理图如图8-5所示。溶液喷射纺丝设备核心部件包括进液装置、纺丝模头、高速牵伸气流、纤维成形箱体和接收部分。纺丝过程中通过注射泵利用一定的压力将纺丝溶液以稳定的流动速度输送到纺丝模头，再经由纺丝模头的喷丝孔挤出。同时，高压气流在喷丝孔周围形成稳定的环吹风，带动溶液细流快速拉伸、运动形成均匀稳定的溶液细流，在此过程中，溶液中的溶剂快速挥发，并在箱体复杂气场作用下，相互纠缠、卷曲，最终在成网帘上形成结构稳定、随机排列的三维卷曲纳米纤维毡（图8-6）。

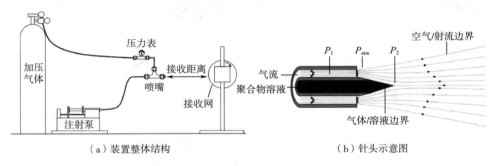

（a）装置整体结构　　　　　　　　　（b）针头示意图

图8-5　溶液喷射纺丝工艺原理图

（a）溶液喷射纺丝纳米纤维　　　　　　（b）静电纺丝纳米纤维

图8-6　溶液喷射纺与静电纺丝PVDF纳米纤维对比图

8.1.2.2　溶液喷射工艺影响因素

纤维的生产取决于系统参数（喷嘴形状和周围环境条件）、溶液参数（浓度和黏度）以及工艺参数（气体压力、注入流速和接收距离）等，这些参数对于纤维的形貌和直径有很大影响。

（1）喷嘴

喷嘴的直径要足够小，以便生产纳米级别的纤维。从内部喷嘴挤出溶液的横截面积决定了自由射流受牵伸之前的初始直径。喷嘴可以设计为商用喷枪的喷嘴，利用该装置可以在现场喷涂纤维；更常见的配置是将带孔的针插入空气喷嘴中，针的大小可做相应改变。针头的内径通常为0.2~0.7mm（图8-7）。

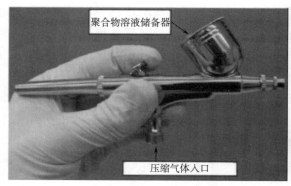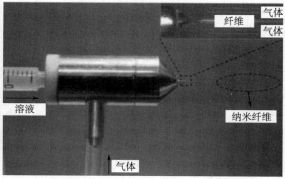

（a）直径为0.2mm的商业喷枪　　　　　　　　　（b）放置针的喷嘴

图8-7　不同的喷嘴

（2）溶液黏度和浓度

溶液的浓度（c）和黏度密切相关，对纤维的形态和直径有显著影响。聚合物溶液中纤维形成主要归因于聚合物链的缠结作用，而这种纠缠需要溶液中聚合物达到特定浓度，这种浓度称为重叠浓度。聚合物的重叠浓度c^*可以用式（8-1）来计算。

$$c^* = \frac{6^{\frac{3}{2}} M_w}{8 N_A (R^2)^{\frac{3}{2}}}$$
(8-1)

式中：M_w为聚合物的分子量；N_A为阿伏伽德罗常数；R^2为末端距的均方近似值。

有研究者认为，溶液喷射纺丝过程中$c > c^*$时可以获得纳米纤维形貌较好的纳米纤维膜；$c \approx c^*$时，获得含有少量未来得及挥发溶剂液滴的纳米纤维膜；$c < c^*$时，溶液喷射纺丝过程中不呈现纳米纤维的形态，将呈现喷雾液滴的形态。

（3）推进速率和接收距离

推进速率和接收距离对纺丝纤维形貌的影响相对而言没有溶液浓度的明显，随着推进速率增大，前驱体溶液通过喷嘴口的质量变大，高速气流牵引不能及时进行剪切牵引拉伸细化，制备的纤维直径会有所增加，但增加的幅度不大；另外，随着接收距离的增大，纤维形态会逐渐变好，直径变小，但是，纺丝距离和推进速度对纺丝过程中细流分化纤维成型过程影响较小。

（4）感应电场

感应电场对溶液喷射纺丝纤维成形量有一定的影响。随着静电场电压的增大，纤维的形貌和数量逐渐增多，感应电场可以促进细流分化，固化成丝；但当电压增大到一定程度时，电场力和气流驱动力共同作用，使纤维直径有所增加。

8.1.2.3　不同溶液喷射成型方式

虽然溶液喷射纺丝所需的设备要求更加简便，但是依旧存在无法直接形成纱线、纤维直径不均匀，纺丝不连续等问题。

针对以上问题，有研究人员在溶液喷射纺丝装置中引入静电场，使吹塑的聚合物溶液带电荷，可以有效地增强高速气流对聚合物溶液射流的牵引和拉伸作用，所得到的纳米纤维更加均匀。这种纳米纤维制备技术被称为电喷纺丝技术（electro blown spinning，EBS），与静电纺丝相比，所需的电压更小，具有更高的安全性和可操作性。对比用电喷纺丝和溶液吹塑法同时制备亚微米级氧化铝纤维毡，电喷纺丝制备出的纤维直径更均匀，约为 2.75μm，低于溶液喷射纺丝纤维直径 4.12μm，制得的氧化铝纤维毡孔径更小且电位高。有研究人员采用圆柱电极辅助溶液喷射纺丝制备聚合物纳米纤维，研究显示该方法比传统溶液喷射法的纳米纤维形态更薄、更均匀。

同样是非静电纺丝，通过离心纺丝和溶液喷射纺丝制备二氧化硅纳米纤维毡，发现溶液喷射纺丝纳米纤维毡的孔隙更小，更适用于过滤材料的应用。同时溶液喷射纺在提高纳米纤维的制造效率；通过溶液喷射纺丝制备了钛酸镧锂纳米纤维，与传统静电纺丝相比，纺丝速度提升了 15 倍。

8.1.3　离心纺丝成型技术

离心纺丝设备最早出现在 1924 年，Hooper 提出的专利"Centrifugal Spinning"中设计了一种可纺制人造丝的离心纺丝装置。随着离心纺丝技术的不断发展，当前使用的离心纺丝设备主要有常规离心纺丝设备、溶液离心静电纺丝设备、熔体离心静电纺丝设备、气流辅助熔体离心纺丝设备等。这些设备存在纺丝过程不连续，如纺丝过程中需停机添加纺丝液，增大离心纺丝转速会导致溶剂挥发时间减少，纤维结晶度和取向度达不到要求等问题，束缚了其产业化的进程。近年来，许多学者针对现有设备存在的不足进行了改进和提高。

8.1.3.1　离心纺丝工艺原理

在纤维成型过程中，纺丝流体被放置在旋转的纺丝机头中，旋转的纺丝机头在侧壁周围穿孔有多个喷嘴。当转速达到临界值时，离心力克服了旋转液的表面张力，旋转头的喷嘴尖端形成液体射流。离心力和空气摩擦力一起拉长射流，形成纳米纤维。除了离心力和空气摩擦力外，其他力，如流变力、表面张力和重力也可能影响纳米纤维的形成过程。拉伸的射流沉积在收集器的表面，形成纳米纤维非织造材料。图 8-8 为离心纺丝原理示意图。图 8-9 显示了用于生产聚合物纳米纤维的基本台式离心纺丝装置和液体射流从喷嘴尖端喷射后的路径。

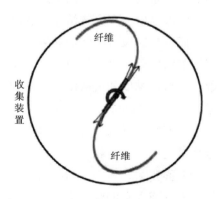

图 8-8　离心纺丝原理示意图

离心纺丝工艺的一个重要特点是生产率高。在只有两个侧壁喷嘴的情况下，一个简单的离心纺丝装置的平均生产速度约为 50g/h，比典型的实验室规模的静电纺丝工艺至少高出两个数量级。离心纺丝的高生产率表明，它可以成为一种低成本、大规模生产纳米纤维的方法。

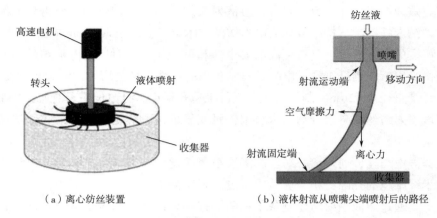

图 8-9　基本台式离心纺丝装置和液体射流从喷嘴尖端喷射后的路径

8.1.3.2　离心纺丝工艺影响因素

（1）溶液参数

聚合物溶液性质可以影响纳米纤维的结构。当聚合物溶液用于生产纳米纤维时，最重要的溶液特性包括黏度、表面张力、分子结构、分子量、溶液浓度、溶剂结构和添加剂。然而，并非所有这些性质在决定纳米纤维结构方面都同样重要：黏度和表面张力主导纤维的形成，而其他因素通过改变这两种溶液性质来影响过程。类似地，当纺丝用的是聚合物熔体时，熔体性质（包括黏度、表面张力、分子结构、分子量和添加剂）会协同影响纤维的形成过程，其中前两者是关键的主导因素。

①溶液黏度。聚合物熔体的黏度通常通过适当的调整分子结构、分子量和加工温度来控制。然而，控制聚合物溶液黏度最合理、最方便的方法是调节聚合物在溶液中的浓度。除了直接调节浓度外，用贝里数（Be）来关联纳米纤维的黏度和直径也是合理的。Be 是一个无量纲数，是特性黏度和溶液浓度的乘积，在电纺中被广泛用于控制纤维形态。同样，在离心纺丝过程中，Be 也可以用来描述聚合物链缠结对所得纳米纤维直径的影响。一般来说，要用离心纺丝生产纳米纤维，应该超过一个临界值，即 Be*，在这个临界值下，浓度和黏度足够高，聚合物链充分缠绕。相反，如果 Be 低于 Be*，链重叠不充分将导致纤维形成困难。

②表面张力。表面张力在纳米纤维的形成过程中也起着重要的作用。表面张力是传统纺丝技术中形成颗粒的驱动力，通过限制表面积，容易将液体射流转变为球形。在离心纺丝过程中，表面张力、离心力和流变力三种力相互作用，共同决定了产物的形貌。具体地说，离心力往往会吸引液体射流并扩大表面积，而流变力则能抵抗形状的快速变化，从而有助于光滑纤维的形成。在实际应用中，调整分子结构、分子量和溶剂类型是控制表面张力的可行途径。也可以采用其他更简单的方法，例如添加添加剂和混合具有不同表面张力的溶剂。

（2）工艺参数

影响离心纺纳米纤维结构的操作条件包括转速、喷丝头直径、喷嘴直径、接收距离等。

①转速。纺丝头转速是最重要的运行条件之一，直接影响离心力和空气摩擦力。在离心

纺丝过程中，离心力与空气摩擦力一起将液体射流拉长为纳米纤维。当旋转流体置于旋转喷嘴尖端时，施加在液体上的离心力 F_{centi} 可用式（8-2）描述：

$$F_{centi} = \frac{m\omega D}{2} \qquad (8-2)$$

式中：m 为流体的质量；ω 为旋转头的转速；D 为旋转头的直径。

要将液体射流从喷嘴尖端喷射出来，转速必须超过一个临界值，在这个临界值时，会产生足够的离心力来克服旋转流体的表面张力。因此，要生产纳米纤维，关键是要确定纺丝流体的临界转速。不同的纺丝液具有不同的表面张力和黏度，因此产生足够离心力所需的转速也不同。此外，纺纱头的设计，特别是直径，影响离心纺纱所需的转速。用于离心纺丝聚合物纳米纤维的转速一般为 3000～12000r/min。

液体射流从喷嘴尖端喷出后，施加在射流上的摩擦力仍然可以用式（8-2）计算，但此时 ω 应为射流的转速，D 为射流路径的直径。

空气摩擦力 F_{fri} 可以通过式（8-3）计算：

$$F_{fri} = \frac{\pi C\rho A \omega^2 D^2}{2} \qquad (8-3)$$

式中：C 为数值阻力系数；ρ 为空气密度；A 为射流的横截面面积；ω 为射流的旋转速度；D 为射流路径的直径。

当液体射流从喷嘴尖端向集热器方向运动时，其转速逐渐降低。然而，旋转头的转速越高，在经过一定距离后喷嘴的转速总是越高。因此，施加在液体射流上的离心力和空气摩擦力随着纺丝头转速的增加而增大，从而导致液体射流的伸长和管径的减小。但必须注意的是，当转速过高时，由于液体射流到达集热器的飞行时间较短，且缩短的飞行时间不足以使射流伸展和拉长，因此有可能获得较厚的纤维。此外，较高的转速也会导致较大的射流质量吞吐量，这也有助于增大纤维直径。因此，确定能使纤维直径最小的最佳转速至关重要。

②喷丝头直径。喷丝头的直径是决定纳米纤维结构的另一个重要参数。根据式（8-2），在转速不变的情况下，离心力随纺头直径的增大而增大。因此，更容易从直径较大的旋转头喷射液体射流。此外，较大的纺丝头直径也有利于通过施加较大的液体射流的伸长率和伸长率来形成较细的纤维。然而，在实际应用中，纺丝头的最大直径往往受到高速电机性能的限制。当纺丝头直径过大时，高速电机很难保持平衡旋转。

③喷嘴直径。调节喷嘴直径是控制纳米纤维结构的另一种手段。在该方法中，通过调节液体射流的质量来改变纳米纤维的结构。使用直径较小的喷嘴基本上限制了质量吞吐量，从而得到了更细的纳米纤维。有研究人员使用不同喷嘴直径离心纺制的 PAN 纳米纤维，发现当喷嘴直径从 1.0mm 改变到 0.4mm 时，平均纤维直径从 895nm 减小到 665nm，这表明当需要较细的纤维时，选择较小的喷嘴直径很重要。但如果喷嘴直径太小，就很难喷射液体射流，纺丝就比较困难。

④接收距离。接收距离直接影响液体射流的飞行时间。当使用溶液作为旋转液时，喷嘴和收集器之间的需要具有适当的距离，以便液体射流在到达收集器之前有足够的时间蒸发大

部分溶剂。此外，在接收距离增加的情况下，液体射流必须经过较长的路线，这有利于减小纤维直径。然而，与其他操作条件相比，接收距离对纤维直径的影响并不显著。

8.1.3.3 不同离心纺丝成型方式

（1）无喷嘴离心纺丝

对比有喷嘴离心纺丝，无喷嘴离心纺丝摒弃了喷嘴，从而进一步提高了离心纺丝的纤维产量。在纤维成型过程中，Rayleigh—Taylor 不稳定性诱导液膜分裂形成"手指"（液膜前端因不稳定产生波动并分裂形成射流，可形象地描述为"手指现象"），"手指"前端飞离盘面，并牵拉出大量纤维。有些研究团体由此设计了带导流器的无喷嘴离心纺丝装置，其导流器可控制铺展于盘面的液膜厚度及流量，从而诱导液膜均匀分裂成"手指"。其中，喷丝器又分为槽形喷丝器和盘形喷丝器，实验发现，槽形喷丝器的可纺性优于盘形喷丝器，因槽形侧壁可缓存纺丝液，易形成更薄的液膜及更细的"手指"。显然无喷嘴离心纺丝极大地提高了纤维产量且更适用于纺高黏度溶液，但液膜随溶剂挥发固化以及连续、稳定地供料等问题还未解决。

无喷嘴离心纺丝是基于传统离心力纺丝发展起来的纺丝方法，两种纺丝技术各具特色。有喷嘴离心纺丝纤维均匀度较好，纤网蓬松；无喷嘴离心纺丝生产效率极高，但纤维均匀度有待提高。

（2）离心静电纺丝

离心静电纺丝是一种新型纤维制备技术，它借助于高速旋转装置产生的离心力和高压电源产生的电场力将聚合物溶液或熔体拉伸形成纤维。在此过程中，离心力和静电力共同作用克服了聚合物溶液或熔体的表面张力，聚合物被甩出形成纤维。在纺丝过程中，离心力和电场力的叠加减小了纤维的直径。同时，由于电场力的作用，离心纺丝装置可以在较低转速下制备超细纤维。离心静电纺丝克服了静电纺丝所需的高电压、低效率以及离心纺丝制取纤维较粗的缺点，制取的纤维性能优异，提高了纤维的结晶度和取向度，是一种高效率制备高性能纤维的方法。

8.1.4 闪蒸纺丝成型技术

杜邦公司于 20 世纪 60 年代引入闪蒸纺丝技术，利用聚烯烃聚合物（Tyvek）生产复合丝状薄膜原纤维束。

闪蒸纺丝又称瞬时纺丝，在高压且高于溶剂正常沸点的温度下，聚合物溶液通过小模具进入低压区；一离开模具，溶剂就会急剧蒸发，留下一个非常细的原纤丝组成的三维互联网络。细丝的截面不规则，表面积大，纳米纤维是在此过程中生产的，但实际上，也会产生直径很大的纤维。

8.1.4.1 闪蒸纺丝工艺原理

现有的闪蒸纺丝制备纳/微米纤维的生产工艺是将成纤聚合物在高温（指温度远远高于溶剂在常压下的沸点）高压下溶于适当的溶剂中形成纺丝溶液；然后将纺丝溶液在压力下注入纺丝组件并从喷丝孔喷出，由于纺丝溶液在喷出后压力突然降低，溶剂吸收大量热量急剧蒸发并产生高速气流，同时聚合物冷却固化，并被气流拉伸从而形成纳/微米纤维网。纺丝过程形成的纳/微米纤维根与根之间通过连接点与其他纤维相连形成错综复杂的纤维网。该纤维网经分丝铺网后固网，得到闪蒸纳/微米纤维非织造布。闪蒸纺丝成型工艺如图 8-10 所示。

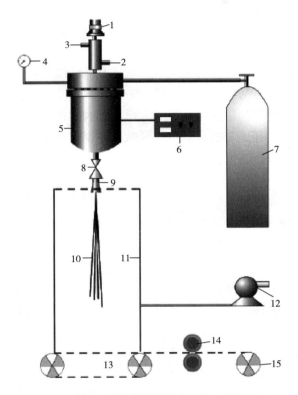

图 8-10 闪蒸纺丝成型工艺示意图

1—磁力搅拌　2—冷却水进口　3—冷却水出口　4—压力表　5—高压釜　6—加热控制器　7—二氧化碳罐
8—高压阀门　9—喷丝头　10—纤维丝束　11—纺丝箱　12—排风机　13—接收装置　14—压辊　15—卷绕辊

　　溶剂的闪蒸过程一般是在一个纺丝箱体中进行，蒸发后溶剂蒸汽被排出并回收。但由于闪蒸纺丝所使用的溶剂一般沸点较低，饱和蒸气压较高，不易被完全吸附，且吸附量易受到湿度影响，因此，开发具有特种官能团并对纺丝溶剂具有较高吸附量的吸附材料，来进行溶剂的回收再利用也是科研人员努力的方向。

8.1.4.2 闪蒸纺丝原料

闪蒸纺丝的原料主要包括成纤聚合物、主溶剂、副溶剂以及添加剂。

（1）成纤聚合物

　　为了利于聚合物的溶解，闪蒸纺丝过程中使用的聚合物一般是一些线性高分子聚合物，如聚乙烯、聚丙烯等，目前最常用的为高密度聚乙烯。闪蒸纺非织造布用聚合物虽然开发了几种，但仍局限于烯烃类的聚合物，或为它们的共聚物，因此，有必要进一步开发替代烯烃类的聚合物进行闪蒸纺非织造布及其制品的生产，拓展其原料的广度和产品的应用领域。

（2）主溶剂

闪蒸纺丝所用主溶剂沸点一般较低（低于100℃），其种类主要包括芳香烃（如苯、甲苯等）、卤代烃（如二氯甲烷、氯仿、四氯化碳、氯乙烷、三氯氟甲烷等）、脂肪烃（如丁烷、正己烷、戊烯、庚烷等）以及脂环烃（如环己烷、不饱和烃等）几类，根据成纤聚合物的不同进行选择或组合。

（3）副溶剂

闪蒸纺丝过程中副溶剂的主要作用是助溶、提高或降低纺丝溶液浊点压力以及降低高聚物表面张力等，其主要种类包括烷烃、卤代烃、环烷烃、醇类以及一些气体。

由于目前闪蒸非织造布纺丝所采用的溶剂大都为含卤素的溶剂，会对自然环境和人类健康产生危害，因此，有必要开发新型溶剂，使聚烯烃类聚合物在较低的温度、压力下就可溶解，且该溶剂还要求具有较高的挥发速度。

（4）添加剂

闪蒸纺丝过程中通常需要加入少量的添加剂，主要作用是使闪蒸纺丝过程能够顺利进行或者是赋予产品某种特性，以满足产品在某些领域的应用。常用的添加剂主要包括成核剂、抗氧化剂、稳定剂、染料和功能性材料等。

8.1.4.3 闪蒸非织造材料的性能

闪蒸非织造布独特的工艺条件，使其具有其他非织造布无法比拟的优异性能：强度较高，具有良好的抗刺穿和抗撕裂性能；阻隔性好，可有效过滤PM2.5等微小颗粒物；防水透气性好，能将水气迅速排出；由连续的纤维组成，表面光滑，裁剪加工时无线头、不掉屑，尺寸稳定性好；具有良好的漫反射功能，因而具有较强的抗紫外线能力。

8.1.4.4 闪蒸非织造材料在过滤领域的应用

闪蒸非织造布具有独特的产品特性，具有优异的耐穿刺、抗撕裂和防水透气性，可被广泛应用于各种功能性防护服。其制备的防护服轻质柔软，阻隔性好，布面上有透气细孔，相比其他防护服舒适性较高。另外，闪蒸非织造布在包装、印刷、建筑和农业领域也有广泛的应用。

8.2 非织造过滤材料的先进整理技术

非织造过滤材料的后整理技术多种多样，但是随着科学技术的发展，一些传统的整理技术由于其局限性已经很难满足其在应用中的要求，于是一些较为先进的整理技术开始被研发应用，如等离子体处理技术和光催化处理技术等。

8.2.1 等离子体处理技术

等离子体，是指物质处于除固态、液态、气态之外的第四聚集态，即已经电离的"气体"，实际上该物质是处于一种高度激发的状态。等离子体中含有电子、离子、原子、分子和自由基等。分子或原子内部均由原子核和电子构成，电子数量和原子核内部的质子数量相等，电子位于原子核外的电场之中，围绕原子核以不同的轨道旋转，整个体系处于较稳定的状态，在宏观看来物质便处于气态、液态、固态中的一种或几种。在特定条件下，如光、磁、电、热等能提供足够外部能量的条件下，分子或原子外层电子的势能明显降低，电子受到的束缚降低而脱离原有的轨道，逃逸到自由空间，即到达所谓的电离状态，此时，原粒子变为带正电荷的离子和带负电荷的电子。若组成物质的全部原子或分子均被电离成正离子和负离子，则该物质即处于等离子体态。自然界中和宇宙中等离子体是广泛存在的。

在自然界中，火焰、极光、闪电的出现都伴随着等离子体的产生。在宇宙中，构成全部质量 99.9%的恒星即由高温等离子体组成。在地球的大气层顶部，有一充满等离子体的电离层。在等离子体之间的相互作用下，地面发射的无线电波在电离层能发生反射和折射，从而确保无线电波能远距离传送。

8.2.1.1　产生等离子体的方法

在工业中，有多种装置可以产生等离子体，如产生高温等离子体的"托克马克"装置，能够通过超大功率将等离子体加热到 4000 万摄氏度，能够实现可控核聚变。同时还有多种可以产生低温等离子体的装置，能够广泛应用于各种材料的表面处理。产生低温等离子体的方法有电晕放电、辉光放电、介质阻挡放电、微波放电等。

（1）电晕放电

电晕放电是指在高气压下（一个标准大气压以上），将高压电施加在电极上，其中一个电极曲率半径较小（比如尖端），形成分布不均匀的电场（放电电流一般在微安级别），在电极表面附近有强烈的激发和电离，生成等离子体，并伴有明显的亮光。电晕放电广泛存在于自然界中，但由于电场分布十分不均匀，在工业中难以得到应用。

（2）辉光放电

辉光放电又分为低气压辉光放电和大气压辉光放电。低气压下容易实现辉光放电，这是一种稀薄气体中的自持放电现象。低气压辉光放电主要用于氖稳压管、氦氖激光器等器件的制造。大气压辉光放电是近年来的研究热点，指的是大气压下气体在电极之间均匀稳定地放电。实际上，大气压辉光放电的产生和维持都比较困难，容易由辉光放电过渡到电弧放电，产生高温灼烧。为了获得大面积的大气压辉光放电，已经研究出了多种方法，如等离子阴极放电、毛细管放电、微空心阴极放电、多针电阻电极放电。与低气压辉光放电不同，大气压辉光放电是一种均匀的放电过程，可以产生大面积、均匀的等离子体。在几种气体中，比较适合形成大气压辉光放电的是氦气或氦气和氧气的混合气体。

（3）介质阻挡放电

介质阻挡放电（DBD）是目前最有前途的等离子处理方法之一，它不仅可以在大气压或低气压下直接操作，即便在高气压下，也可以避免电弧放电。DBD 设备构造简单，却能够产生稳定的等离子源。DBD 处理过程无须使用真空设备，因此设备成本和运行成本都大为降低，使等离子处理发展成连续化工艺成为可能。DBD 是将绝缘介质插入放电空间的一种非平衡态气体交流放电，放电形态较为均匀，充满整个三维空间，而并非集中于局部的某个放电通道。其优势是利用介质对击穿通道进行阻挡，防止了电火花和电弧放电的产生。

（4）微波放电

微波放电是将微波能量转换为气体分子的内能，使之电离、激发以产生等离子体的一种气体放电方式，是一种电离程度较DBD、辉光放电更高的放电模式，并同时具有更高的化学活性。微波放电同时也是一种无电极放电，避免了电极材料对等离子体的污染。典型的微波放电应用频率为2450MHz，可用于金刚石气相沉积、甲烷制氢，气体净化、表面蚀刻等方面。微波放电可以在常压或更高的气压下实现。

在以上的几种放电形式中，所产生的等离子体均可用于材料的表面处理，但适合复合材料胶接表面等离子体处理的放电方式必须具有以下几个特点：

①可以在常压下实现稳定的放电，减少制造成本；

②可以实现连续化生产；

③可以在较大空间内产生均匀的等离子体，满足大尺寸零件的生产需求；

④处理效率需满足实际生产需求。

8.2.1.2　等离子体表面处理技术

等离子体表面处理技术是指通过等离子体中的高能粒子对表面进行轰击，使表面物质降解，增加表面粗糙度，若等离子体中有其他活性粒子，如氧离子，则可与表面物质发生反应而使表面活化的一种方法。等离子体表面处理技术可适用于纤维、塑料和橡胶以及复合材料的表面处理。

根据气体类型的不同，等离子体中的粒子组成也不同，但这些粒子均由电子、正负离子、自由基和未被电离的分子、原子组成。在等离子处理物质表面时，高能电子会首先轰击物质表面，使表面的化学键断裂，并形成小分子而挥发。在化学键断裂的同时，等离子体中的活性成分，如氧离子、自由基，可与表面因电子轰击而断裂的化学键重新结合，残留在表面而活化表面。因此通常经等离子体处理后的表面，粗糙度会显著增加，同时表面会留有活性基团，这些活性基团可在胶接时与胶黏剂发生化学键合，能显著提高胶接强度。若产生等离子体的气体中仅含有惰性成分，则只能生成一个粗糙的表面。

用于复合材料增强用的碳纤维表面光滑且惰性较高，未经表面处理增强树脂时，纤维表面剪切力薄弱，增强效果不佳，极易在纤维树脂界面处发生破坏。等离子表面处理是碳纤维表面处理技术中的重要一种，相比其他氧化处理、表面涂层方法，等离子处理方法对纤维自身性能损伤最小，且处理过程几乎无其他废物产生，是一种环境友好型的处理工艺。

应用于通用塑料及橡胶的等离子处理技术较目前机械打磨、抛光等方法相比，虽能获得较好的表面质量，但处理成本较高，难以大量推广应用，但适合对粘接质量要求较为苛刻的场合。

8.2.1.3　低温等离子体表面改性技术

低温等离子体表面改性是一项高新技术，此项技术以其仅发生在表面层、作用时间短、效率高、无污染、工艺简单、无须溶液等优点在微电子技术、环境工程、材料表面处理、光电子技术等领域得到广泛应用。

低温等离子体对材料的表面进行处理主要应用在以下三个方面：

等离子体蚀刻。是指等离子体和高聚物的相互作用使有选择与表面分子发生蚀刻，或表面的结构疏松部分和无序部分优先被刻蚀。可用于表面微结构发生变化，后接枝上新的官能团。

等离子体辅助化学气相沉积。是指首先通过等离子体表面活化引入活性基团，然后在此基础上构成新表层或形成薄膜的方法。

等离子体处理。是指对材料表面或极薄表层的活化，在表面引入化学官能团。可以对许多材料诸如金属、半导体、高分子材料等进行表面改性。这方面的研究开始得比较早，方法也较简便，取得的成果也较多。

低温等离子体表面改性的方法可以分为以下几类：

（1）等离子体直接处理

直接的等离子体表面处理是将材料暴露于非聚合性气体（如氩、氮、氧等）中，利用等离子体中的能量粒子和活性物种与材料的表面发生反应，使其表面产生特定的官能团，引起高分子材料结构的变化而对高分子材料进行表面改性。

（2）等离子体聚合

等离子体聚合是将高分子材料暴露于聚合性气体中，表面沉积一层较薄的聚合物膜。等离子体聚合与常规的聚合方法相比较具有以下特点：等离子体聚合并不是严格地要求单体具有不饱和单元或两种以上官能团，从而将单体的种类拓宽至乙二胺等多种有机物；等离子体聚合物膜为无针孔的薄膜，具有高度交联的网状结构，对基体的黏着性很好。这种聚合膜的化学稳定性、热稳定性及力学性能良好；等离子体聚合物膜的交联度以及物理、化学特性可以通过控制聚合参数而加以控制；聚合过程中不使用溶剂，因此作为"干法"工艺技术运作起来方便、灵活。

（3）等离子体接枝聚合

等离子体接枝聚合是先对高分子材料进行等离子体预处理，利用表面产生的活性自由基引发具有功能性的单体在材料表面进行接枝共聚。也就是说把等离子体作为一种能源对材料做短时间的照射，然后可以放置在适当温度下与单体进行热接枝，也可以进行紫外光接枝。但热接枝往往需要高温，且反应时间较长。将等离子体与紫外光接枝相结合对医用高分子材料进行改性，可大大缩短反应时间，反应条件也较温和，成为近年等离子体表面技术发展的一个新方向。

8.2.1.4　等离子体处理技术在过滤领域的应用

（1）汽车用高面密度非织造材料

等离子体涂层可以用在汽车工业中的高面密度的涤纶非织造材料，作为过滤介质，这种介质规格为一般为 $500g/m^2$，要求不能吸收水分，将经过拒水等离子体涂层处理与未经处理的材料进行吸水性能进行比较，发现经过等离子处理后的非织造材料具有很低的吸水量。

（2）空气过滤

在空气过滤领域中，口罩和 HVAC 系统都可以进行等离子处理，来赋予其更佳的性能。

这类过滤介质是经驻极的多层 PP 熔喷非织造材料，在驻极之前，由氟气进行拒水/拒油等离子处理，其拒油等级可以达到 3~4 级，从而使其过滤性能大大提高。

（3）血液过滤

血液过滤用 PP 或 PET 非织造材料可以进行等离子体表面处理。用氧气等离子体将表面激活产生羰基，接枝到非织造材料表面分子上，使表面能量增加产生水基液体湿润性，来提高过滤性能，同时也可使过滤材料多层复合，从而达到永久亲水性。

（4）镍氢电池隔板

可充放电镍氢电池隔板的原料是 PP 熔喷法非织造材料。PP 非织造材料的亲水性较差，过去经常使用伽马射线来辐照 PP 非织造材料从而增加其亲水性能，但伽马射线价格昂贵，并处理有一定危险性。通过等离子体表面涂层处理，可以使其拥有持久的亲水效果。

等离子体涂层处理的效果：PP 材料样品尺寸 40mm×200mm，浸在 30% 的 KOH 溶液，经等离子体处理后的样品在 1min 内吸附上升值为 27~31mm；一周后再测试仍旧一样，能达到持久亲水效果。未经等离子体处理吸附上升值为 0。而市场上提供的非等离子表面处理的 PP 非织造材料吸附上升值仅为 5~10mm。

8.2.2　光催化处理技术

空气污染直接影响人们的生活健康，特别是近年来 PM2.5 的污染越来越受到重视，人们对空气污染的关注开始不局限于传统的挥发性有机物，更多地开始关注气溶胶—VOCs 综合污染体系。空气中污染物来源主要有气溶胶和挥发性有机物，而有机物又是空气中气溶胶的重要组成部分，Chow 的研究表明 California 地区空气中有机物一般占空气中颗粒物 PM2.5 和 PM10 质量的 10%~40%。

目前处理气溶胶—VOCs 综合污染体系通常采用气溶胶消除和有毒有害气体清除串联的方法，而随着光催化技术的发展，发展一种既能过滤气溶胶又能消除有机物的功能性空气过滤材料成为研究的热点。所谓功能性空气过滤材料是指具有耐高温、耐腐蚀、抗静电、拒水、拒油、阻燃、抗菌（病毒）、清除有害气体等要求的空气过滤材料。

光催化技术以其操作简便、反应条件温和、氧化能力强、无二次污染等优势，近年来在纤维过滤领域迅速发展。综合利用光催化技术和纤维过滤技术消除空气中气溶胶—VOCs 污染物具有很好的应用前景。

8.2.2.1　光催化氧化技术

光催化氧化技术属高级氧化法中的新兴技术，在处理污染物时，它的氧化性比光化学氧化更强，且具有成本低、无毒无害、处理效果佳的特点。其反应原理是利用表面具有强氧化还原性的光催化材料在光照下与污染物产生化学反应的特性，以达到光催化氧化降解有机污染物的目的。光催化氧化技术的开端源自 20 世纪 60 年代，国外研究者 Fujishima 和 Honda 研究发现了二氧化钛（TiO_2）光解水产生 H_2 和 O_2 的原理。自此，世界上越来越多的研究者便将其目光投向了光催化氧化领域，尤其是在污染治理方面得到了广泛的应用。

光催化氧化法中最关键、最核心的是催化剂的制备，这直接影响到对垃圾渗滤液的处理效果。事实上，大多数催化剂本身并不直接参与到反应进程中，而是在光照下起到改变化学反应速率的作用，目前市面上应用最广的是 TiO_2、ZnO、CuS 和 CdS 等半导体催化剂，其光催化性能取决于半导体材料的能带结构。以 TiO_2 为例，其光催化的基本原理（图 8-11）是以 N 型半导体的能带理论为基础的，其禁带宽度为 $3.26eV$，当吸收了波长 ≤387.5nm 的光子后，价带上的电子被激发跃迁至导带，形成光生（e^-）和空穴（H^+），电子和空穴通过电场力的作用或扩散的方式运动迁移，迁移到半导体表面的空穴通常被 OH^- 和 H_2O 俘获，生成 $HO\cdot$，$HO\cdot$ 是一种氧化能力很强的自由基，几乎无选择地氧化多种有机物，是光催化氧化的主要活性物质，而迁移到半导体表面的电子通常被吸附在微粒表面的电子受体 O_2 俘获，生成 $O_2^-\cdot$、$HOO\cdot$ 等一系列自由基，它们能够参与多个氧化还原过程。

TiO_2 在吸收紫外线后，在紫外线能量的激发下发生氧化还原反应，其表面形成强氧化性的氢氧自由基和超氧阴离子山雄，能有效地将 NH_3、NO_x、SO_2、CO 及 VOC 等有害气体降解为 CO_2、H_2O 和相应的无机离子，并在常温常压下就能反应，从而达到净化空气和杀菌等目的，无二次污染的优点，并且不同的材料复合在一起可能会进一步提高室内空气的净化效果。

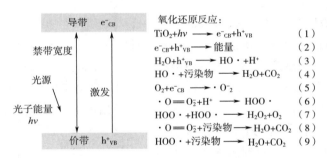

图 8-11　二氧化钛光催化原理

8.2.2.2　TiO_2 光催化纳米材料的改性技术

近年来光催化技术被广泛用于室内空气净化，通过改性和掺杂提升光催化性能。改性可以通过调节 TiO_2 的禁带宽度，降低电子—空穴复合率，还可以改变样品的形貌，以此增加它们的活性。

（1）半导体复合改性

半导体复合有两种情况，一种是和窄带隙半导体复合，另一种是和宽带隙半导体复合。宽窄带隙不同的半导体复合可以形成异质结，这种能带结构得益于两个半导体的不同能级。在异质结存在下，光生电子可以从能级高的位置迁移到能级低的位置，或者说从一个半导体导带迁移到另一个半导体导带，从而驱动光生电子—空穴对的有效分离，达到抑制其复合的目的。与此同时，两种半导体本身都具备光催化活性，复合后可在一定程度上拓宽光响应范围，提高光催化活性。TiO_2 与窄带隙半导体复合，一方面提高光生载流子的分离率，另一方面可以调节复合体系的能带结构，提高对可见光的光催化响应。相较于离子掺杂，半导体复合不用改变 TiO_2 的晶格结构即可扩大对可见光的响应区域。

（2）负载改性

由于 TiO_2 颗粒细小，所以选择合适的具有多孔特性的材料或大比表面积的纤维和织物为载体将 TiO_2 负载在上面，可以增加光催化剂的比表面积从而增大与有机污染物的接触面积，加快光催化速率，提高对有机物的降解效率。另外，相对于其他改性方法，该方法在催化剂的回收再利用方面有所突破。目前被研究的负载对象主要是分子筛、碳纳米结构材料以及一些纤维和织物等。

（3）表面光敏化改性

表面光敏化的基本原理是在催化剂表面吸附一定量的光敏材料，有机染料常用作光敏材料。光敏材料对可见光有较强的吸收能力和较宽的光谱响应范围。在染料光敏化 TiO_2 体系中，染料受到光的照射激发出电子，由于光敏化剂与 TiO_2 能带不同，所以其被激发的电子能跃迁到 TiO_2 导带上并成功附着在 TiO_2 表面，进而更易于使其表面的氧分子被还原，由此来形成一定强度氧化性的活泼自由基，最终促进有机物的高效降解。

（4）离子掺杂改性

离子掺杂改性可以分为金属离子掺杂改性和非金属离子掺杂改性。

金属离子掺杂时离子占据了 TiO_2 晶格中 Ti^{4+} 的格点位置引入了缺陷，在 TiO_2 的价带或导带附近引入浅能级致使电子或空穴被形成的电子—空穴陷阱所俘获，这样不仅实现了电子和空穴的高效分离，而且电荷转移率也明显增加，因此大大减小了复合率。但是同时也受到离子掺杂半径、最佳掺杂浓度等的影响。当掺杂离子浓度过低时，改善效果不明显；掺杂离子浓度过高时，又容易形成电子—空穴的复合中心，不利于提高 TiO_2 的光催化活性。

非金属 p 或 $2p$ 轨道与 TiO_2 中 O 原子的 $2p$ 轨道能量相近从而可以发生杂化，可以形成能量较高的能级导致 TiO_2 价带宽化上移、禁带宽度相对减小。非金属元素掺杂 TiO_2 部分替换或取代其晶格中的 O 原子，使 TiO_2 能隙变窄，而且大大增加了其亲水性能，所以表面吸附能力得到提升。这相对于金属掺杂进一步优化了 TiO_2 的光催化性能。

（5）表面沉积贵金属改性

在 TiO_2 表面沉积贵金属对于提高光催化活性表现在两个方面：一方面贵金属同过渡金属一样可以作为电子捕获器阻碍电子与空穴复合，促进氧化自由基生成，提高对有机物的光催化氧化降解效率；另一方面 TiO_2 与费米能级不同的贵金属结合，捕获了电子的贵金属其费米能级会到达更低的电势范围，这样一来金属的费米能级更加接近 TiO_2 的导带区域，TiO_2 导带电子可以顺利转移到金属离子，大大提高了光生电子—空穴对的分离率。该方法对光催化效率的增强效果比离子掺杂更加明显。

8.2.2.3　TiO_2 光催化技术在过滤领域中的应用

纳米 TiO_2/功能性空气过滤材料具有气溶胶过滤和有毒有害气体净化的双重性质，它是光催化技术和纤维过滤技术耦合形成的高效除尘去毒材料，在实际应用过程中往往还考虑光催化剂的灭菌、抑菌性能。光催化剂在纳米尺度具有较好的光催化作用，目前光催化剂在实际中的应用形式主要是将 TiO_2 制成薄膜，附载在玻璃、石英、不锈钢、陶瓷、硅胶、活性炭、高分子膜及沸石等上。但是光催化剂在纤维过滤中的应用不仅局限于二维纳米膜材料，基于纤维过滤的原理，还可以制备 TiO_2 纤维掺杂在过滤纤维中，或者直接制备 TiO_2 长纤维，甚至可以将 TiO_2 纳米颗粒利用气溶胶的形式负载在纤维表面，制备颗粒状或团簇状，大大提高光催化效率，同时提高了纤维过滤效率。

（1）TiO_2 膜材料在纤维表面的负载

TiO_2 的膜材料在实际应用过程中最为常见，包括室内涂料、功能性瓷砖等。将 TiO_2 以膜的形式负载在纤维上较为稳定牢固、不易脱落，因此备受青睐，光催化剂固载技术通常有粉体烧结法、溶胶—凝胶法、离子交换法、电泳沉积法、偶联法、分子吸附沉积法、掺杂法、化学气相沉积法和水解沉积法等。

近年来较多采用溶胶—凝胶成膜法将 TiO_2 在活性炭、玻璃纤维、碳纤维等基材上制膜。溶胶—凝胶成膜法反应温度低，设备简单，操作方便，可以得到粒径很小的 TiO_2 颗粒。其基本步骤是先制备溶胶—凝胶液体发生剂，然后用浸渍涂层、旋转涂层或喷涂法将溶胶溶液施于基材上，最后再将基材干燥焙烧，这样就在基材表面形成一层 TiO_2 膜。钛醇盐特别是四异丙氧基钛是制备 TiO_2 溶胶时用得最多的钛前驱物，也有采用钛的乙酰丙酮化合物；所用的溶剂则一般为醇，如异丙醇、丙醇和乙醇等；催化剂常用无机酸，如硝酸、盐酸。但是在溶胶—凝胶法制备过程中，TiO_2 很容易在纤维之间发生胶连，破坏纤维的微观结构，过滤效率降低，过滤阻力增大，同时二维纳米材料形式的膜材料限制了其比表面积，降低了催化效率和活性。

（2）TiO_2 纤维

TiO_2 纤维具有重要的应用前景，比膜材料具有更高的比表面积，具有较高的光催化活性，同时能够兼具纤维的特性。20 世纪 80 年代起，很多学者开始研究 TiO_2 纤维的制备方法，但几乎都是采用钛酸盐脱碱法来制备 TiO_2 纤维，这种方法获得的 TiO_2 纤维虽然具有层状结构和较高的光催化活性，但是所得的纤维长度仅仅为微米量级，难以满足纤维滤料的制备要求。TiO_2 纤维可以制备成为 TiO_2 纳米线，其长度通常较短，掺杂到普通纤维滤料中，可以通过气溶胶发生的发生负载，也可以通过制备纤维过程中混入 TiO_2 纤维。TiO_2 短纤维制备方法很多，如溶胶—凝胶法、静电纺丝法、水解法和两步合成法等。

（3）TiO_2 纳米颗粒在纤维表面的负载

半个世纪前，人们开始注意到粉尘在介质中沉积形成树枝状空间结构，一些学者利用电子显微镜拍摄已经使用过的过滤纤维照片，可很明显见到过滤介质中沉积下来的粉尘并非均匀地包裹住纤维，而是以树枝状结构黏在纤维表面上。

根据滤料工作过程特点，非常小的气溶胶粒子可以沉积在滤料内部的纤维表面上，并且随着工作时间的增加，沉积的粒子会更易于捕集气溶胶里的粒子，发生"粒子捕集粒子"的现象，形成所谓的树枝状结构，这正可以实现扩展催化剂与气体接触面积的目的。通过研究得到纤维滤料的透过性能、确定适宜的沉积粒径范围、使催化剂粒子发生为粒径可控的气溶胶，然后以滤料作为载体进行特殊的过滤沉积，形成既能过滤气溶胶，又能实现催化剂在内部充分分散的滤料状床层。

（4）悬浮体系去除空气中污染物

直接将 TiO_2 粉末分散于介质中，利用光催化降解有机物。分散的 TiO_2 颗粒具有较高的比表面积，相比其他形态的 TiO_2 能够更好发挥光催化作用。TiO_2 在介质中的分散通常带来了回收困难的问题，而且分散的 TiO_2 颗粒物本身就是污染源，空气中分散的 TiO_2 随气流运动，对人体有一定影响，有研究表面长期吸入纳米 TiO_2 能够导致肺部疾病的发生。可以通过先分散 TiO_2 降解有机物再通过过滤手段净化 TiO_2 颗粒物，但这种做法并不经济，只有在某些特定领域少量运用。

参考文献

[1]李岩,仇天宝,周治南,等.静电纺丝纳米纤维的应用进展[J].材料导报,2011,25(17):84-88.

[2]梁列峰,李代洋,杨婷,等.静电纺丝技术的研究进展[J].成都纺织高等专科学校学报,2016(4):126-131.

[3]ANTON F.Process and apparatus for preparing artificial threads:U.S.Patent 1975504[P].1934-10-02.

[4]冯佳文,李青山.静电纺丝最新研究进展[C].中国光学学会红外与光电器件专业委员会,中国光学光电子行业协会红外分会,国家红外及工业电热产品质量监督检验中心,中国机械工程学会工业炉分会,中国光学学会锦州分会.全国第十六届红外加热暨红外医学发展研讨会论文及论文摘要集.中国学术期刊(光盘版)电子杂志社,2017:372-378.

[5]邓伶俐,张辉.静电纺丝技术在食品领域的应用[J].食品科学,2020,41(13):283-290.

[6]BHARDWAJ N,KUNDU S C.Electrospinning:A fascinating fiber fabrication technique[J].Biotechnol Adv,2010,28(3):325-347.

[7]REN L-F,XIA F,SHAO J,et al.Experimental investigation of the effect of electrospinning parameters on properties of superhydrophobic PDMS/PMMA membrane and its application in membrane distillation[J].Desalination,2017,404:155-166.

[8]SUKIGARA S,GANDHI M,AYUTSEDE J,et al.Regeneration of Bombyx mori silk by electrospinning—part 1:processing parameters and geometric properties[J].Polymer,2003,44(19):5721-5727.

[9]TAN S H,INAI R,KOTAKI M,et al.Systematic parameter study for ultra-fine fiber fabrication via electrospinning process[J].Polymer,2005,46(16):6128-6134.

[10]GUPTA P,ELKINS C,LONG T E,et al.Electrospinning of linear homopolymers of poly(methyl methacrylate):exploring relationships between fiber formation,viscosity,molecular weight and concentration in a good solvent[J].Polymer,2005,46(13):4799-4810.

[11]薛海龙.静电纺丝改性醋酸纤维素及其性能表征[D].长春:吉林大学,2017.

[12]李芳,李其明.静电纺丝法制备超疏水微纳米纤维的研究进展静电纺丝法制备超疏水微纳米纤维的研究进展[J].辽宁石油化工大学学报,2018,38(4):1-9.

[13]YÖRDEM O S,PAPILA M,MENCELOĞLU Y Z.Effects of electrospinning parameters on polyacrylonitrile nanofiber diameter:An investigation by response surface methodology[J].Materials & design,2008,29(1):34-44.

[14]MEGELSKI S,STEPHENS J S,CHASE D B,et al.Micro-and nanostructured surface morphology on electrospun polymer fibers[J].Macromolecules,2002,35(22):8456-8466.

[15]BUCHKO C J,CHEN L C,SHEN Y,et al.Processing and microstructural characterization of porous biocompatible protein polymer thin films[J].Polymer,1999,40(26):7397-7407.

[16]MIT-UPPATHAM C,NITHITANAKUL M,SUPAPHOL P.Ultrafine electrospun polyamide-6 fibers:effect of solution conditions on morphology and average fiber diameter[J].Macromol Chem Phys,2004,205(17):2327-2338.

[17]KHALF A,MADIHALLY S V.Recent advances in multiaxial electrospinning for drug delivery[J].Eur J Pharm

Biopharm,2017,112:1-17.

[18]THERON S A,YARIN A L,ZUSSMAN E,et al. Multiple jets in electrospinning:experiment and modeling[J].Polymer,2005,46(9):2889-2899.

[19]KELLIE G. Advances in technical nonwovens[M]. Cambridge:Woodhead Publishing,2016.

[20]PERSANO L,CAMPOSEO A,TEKMEN C,et al. Industrial upscaling of electrospinning and applications of polymer nanofibers:a review[J]. Macromolecular materials and engineering,2013,298(5):504-520.

[21]FORWARD K M,RUTLEDGE G C. Free surface electrospinning from a wire electrode[J]. Chem Eng J,2012,183:492-503.

[22]WANG Z F,CHEN X D,ZENG J,et al. Controllable deposition distance of aligned pattern via dual-nozzle near-field electrospinning[J]. AIP Advances,2017,7(3):35310.

[23]张晓辉. 液喷纺丝制备疏水微纳米纤维膜及其吸油性能研究[D]. 海口:海南大学,2017.

[24]MEDEIROS E S,GLENN G M,KLAMCZYNSKI A P,et al. Solution blow spinning:A new method to produce micro-and nanofibers from polymer solutions[J]. J Appl Polym Sci,2009,113(4):2322-2330.

[25]王航,庄旭品,董锋,等. 溶液喷射纺纳米纤维制备技术及其应用进展[J]. 纺织学报,2018,39(7):165-173.

[26]桂早霞,刘茜. 溶液喷射纺丝技术的基本原理及其纤维应用[J]. 纺织导报,2021(6):70-74.

[27]TUTAK W,SARKAR S,LIN-GIBSON S,et al. The support of bone marrow stromal cell differentiation by air-brushed nanofiber scaffolds[J]. Biomaterials,2013,34(10):2389-2398.

[28]WANG H L,LIAO S Y,BAI X P,et al. Highly flexible indium tin oxide nanofiber transparent electrodes by blow spinning[J]. ACS Applied Materials & Interfaces,2016,8(48):32661-32666.

[29]DA SILVA PARIZE D D,FOSCHINI M M,DE OLIVEIRA J E,et al. Solution blow spinning:parameters optimization and effects on the properties of nanofibers from poly (lactic acid)/dimethyl carbonate solutions[J]. Journal of materials science,2016,51(9):4627-4638.

[30]UM I C,FANG D F,HSIAO B S,et al. Electro-spinning and electro-blowing of hyaluronic acid[J].Biomacromolecules,2004,5(4):1428-1436.

[31]LI L,KANG W M,ZHUANG X P,et al. A comparative study of alumina fibers prepared by electro-blown spinning (EBS) and solution blowing spinning (SBS)[J]. Mater Lett,2015,160:533-536.

[32]ZHENG W X,WANG X H. Effects of cylindrical-electrode-assisted solution blowing spinning process parameters on polymer nanofiber morphology and microstructure[J]. e-Polymers,2019,19(1):190-202.

[33]CALISIR M D,KILIC A. A comparative study on SiO₂ nanofiber production via two novel non-electrospinning methods:Centrifugal spinning vs solution blowing[J]. Mater Lett,2020,258:126751.

[34]HUANG Z N,KOLBASOV A,YUAN Y F,et al. Solution blowing synthesis of Li-conductive ceramic nanofibers[J].ACS Applied Materials & Interfaces,2020,12(14):16200-16208.

[35]HOOPER J P. Centrifugal spinneret:U. S. Patent 1500931[P]. 1924-07-08.

[36]孙婉莹,吴丽莉,陈廷. 离心纺丝技术的新进展[J]. 纺织导报,2015(12):69-71.

[37]董雅婕,梅顺齐,孔令学. 离心转子法制备纳米纤维技术研究[J]. 现代纺织技术,2017,25(6):81-86.

[38]黄冬徽,陈廷,吴丽莉. 离心纺丝技术的发展现状[J]. 纺织导报,2014(11):55-57.

[39]ZHANG X W,LU Y. Centrifugal spinning:an alternative approach to fabricate nanofibers at high speed and low cost[J]. Polymer Reviews,2014,54(4):677-701.

［40］EDA G,LIU J,SHIVKUMAR S. Solvent effects on jet evolution during electrospinning of semi-dilute polystyrene solutions［J］. Eur Polym J,2007,43(4):1154-1167.

［41］SMITH J N,FLAGAN R C,BEAUCHAMP J L. Droplet evaporation and discharge dynamics in electrospray ionization［J］. The Journal of Physical Chemistry A,2002,106(42):9957-9967.

［42］MCEACHIN Z,LOZANO K. Production and characterization of polycaprolactone nanofibers via forcespinning™ technology［J］. J Appl Polym Sci,2012,126(2):473-479.

［43］BADROSSAMAY M R,MCILWEE H A,GOSS J A,et al. Nanofiber assembly by rotary jet-spinning［J］. Nano Lett,2010,10(6):2257-2261.

［44］WEITZ R T,HARNAU L,RAUSCHENBACH S,et al. Polymer nanofibers via nozzle-free centrifugal spinning［J］. Nano Lett,2008,8(4):1187-1191.

［45］王进,赵银桃,朱士凤,等. 离心纺丝技术的发展及应用［J］. 山东纺织科技,2019,60(2):52-56.

［46］安瑛,刘宇亮,谭晶,等. 聚合物离心静电纺丝技术研究进展［J］. 中国塑料,2022,36(1):172-177.

［47］庄毅,张玉梅,王华平. 闪蒸纺丝技术［J］. 合成纤维工业,2000,23(6):26-28.

［48］SCHWEIGER T A. Flash-spinning process and solution:E. P. Patent 1264013［P］. 2002-12-11.

［49］夏磊,程博闻,西鹏,等. 闪蒸纺纳微米纤维非织造技术的研究进展［J］. 纺织学报,2020,41(8):166-171.

［50］任元林,程博闻. 闪蒸非织造布工艺研究及应用的进展［J］. 产业用纺织品,2006,24(2):1-4.

［51］HYUNKOOK S. Flash spinning solution and flash spinning process using straight chain hydrofluorocarbon co-solvents:U. S. Patent 2004119196［P］. 2004-6-24.

［52］袁协尧,杨洋,陈萍,等. 复合材料胶接表面的等离子处理技术［J］. 玻璃钢/复合材料,2016(5):94-100.

［53］FURTH H P. Tokamak research［J］. Nucl Fusion,1975,15(3):487-534.

［54］RAGOUBI M,GEORGE B,MOLINA S,et al. Effect of corona discharge treatment on mechanical and thermal properties of composites based on miscanthus fibres and polylactic acid or polypropylene matrix［J］. Composites Part A:Applied Science and Manufacturing,2012,43(4):675-685.

［55］林立中. 直流辉光放电冷等离子体在高分子材料表面改性上的应用［J］. 物理,1999,28(7):37-42.

［56］胡建杭,方志,章程,等. 介质阻挡放电材料表面改性研究进展［J］. 材料导报,2007(9):71-76.

［57］陈银,王红卫. 低温等离子体处理技术在非织造布中的应用［J］. 非织造布,2007,15(3):34-36,42.

［58］毛志勇. 低压真空等离子体表面处理在非织造过滤产品领域应用［J］. 非织造布,2009,17(6):22-24.

［59］EICHNER T,PETHIG R. International carbon emissions trading and strategic incentives to subsidize green energy［J］. Resource and Energy Economics,2014,36(2):469-486.

［60］任川齐,门泉福,高晓强,等. 光催化技术在功能性空气过滤材料中的应用研究［J］. 环境工程,2015,33(2):72-75,152.

［61］AKERDI A G,BAHRAMI S H. Application of heterogeneous nano-semiconductors for photocatalytic advanced oxidation of organic compounds:A review［J］. Journal of Environmental Chemical Engineering,2019,7(5):103283.

［62］耿悠然,国洁. 石墨烯-二氧化钛纳米管催化剂的光解水制氢性能研究［J］. 现代化工,2020,40(4):163-166.

［63］张鑫,蔡焕杰. 系统云灰色 SCGM(1,1)c 模型在作物需水量预测中的应用［J］. 节水灌溉,2010(9):5-7.

［64］朱佳新,熊裕华,郭锐. 二氧化钛光催化剂改性研究进展［J］. 无机盐工业,2020,52(3):23-27,54.

［65］陈顺生,曹鑫,陈春卉,等. TiO₂ 基复合光催化剂研究进展［J］. 功能材料,2018,49(7):7039-7049,7056.

［66］褚朱丹,邱琳琳,庄志山,等. 纤维或织物负载光催化剂的研究进展［J］. 纺织科技进展,2018(11):6-

10,14.

[67] 邱国兴, 卫新来, 金杰, 等. 光催化剂在垃圾渗滤液处理中的研究进展[J]. 化工新型材料, 2021, 49(11): 74-78.

[68] 王丽, 陈永, 赵辉, 等. 非金属掺杂二氧化钛光催化剂的研究进展[J]. 材料导报, 2015, 29(1): 147-151.

[69] 黄翔, 梁才航, 顾群. 纳米光催化功能性空气过滤材料降解甲醛及抗菌性能的实验研究[C]//纺织行业生产力促进中心, 中国纺织科学研究院, 北京纺织工程学会, 天津工业大学改性与功能纤维天津市重点实验室. 第五届功能性纺织品及纳米技术应用研讨会论文集. 北京, 2005: 23-32.

[70] VOROTILOV K A, ORLOVA E V, PETROVSKY V I. Sol-gel TiO$_2$ films on silicon substrates[J]. Thin Solid Films, 1992, 207(1-2): 180-184.

[71] PRZEKOP R, MOSKAL A, GRADOŃ L. Lattice-Boltzmann approach for description of the structure of deposited particulate matter in fibrous filters[J]. J Aerosol Sci, 2003, 34(2): 133-147.

[72] 崔兆杰, 高连存, 宋华. 悬浮态 TiO$_2$ 光催化降解苯系物的方法研究[J]. 环境工程, 2002, 20(4): 75-77, 6.